德國食尚甜點聖經

Das deutsche Konditoreibuch

技術監修◎安藤　明

給有志學習德國甜點的你

在學習製作前，請一定要多多品嚐各種不同的甜點。
吃到好吃的、特別合口味的，即可開始嘗試製作出一樣的味道。
德國甜點和日本人喜歡的風味相當接近，
雖然外觀看似樸實無華，味道卻藏有底蘊，
正因如此，更令人感到驚艷，擁有百吃不膩的獨特魅力。
點心本身的味道會依據材料及配方比例而產生變化，
怎樣才能作得好吃，就是技術與經驗的累積了。
當你翻開本書的同時，我必須先恭喜你，
因為你已經朝德國甜點的世界邁出成功的第一步。
接下來請享受從製作到賞味的所有的過程吧！
保持輕鬆的步調和愉悅的心情，
相信你親手製作的點心一定會非常出色美味！

JUCHHEIM 德國甜點製菓主廚
安藤明

目錄

Kapitel 1 Massen,Teige und Creme

基本款麥森麵團 堤格麵團及奶油醬

Kapitel 2 Baumkuchen

麵團的藝術 年輪蛋糕

攝影／大山裕平　設計／ohmae-d（中川 純）　編輯／浅井裕子　協助／株式会社JUCHHEIM
參考文獻　'Das Konditorbuch in Lernfeldern' von Josef Loderbauer　Dr. Felix Büchner/Handwerk und Technik 2009
《甜點們的指標》熊崎賢三著 合同酒精株式会社製菓研究室 1992

Kapitel

3 Kuchen

以質樸麵團 製作半熟成蛋糕

Kapitel

4 Hefeteig

以發酵麵團作點心

- 麵粉或可可粉等粉類請過篩後使用。若需要混合多種粉類，也請先各別過篩後再混合。
- 攪拌用奶油若無特別註記，皆需要置於室溫下回軟後使用。
- 不同品牌或型號的烤箱各有不同的特色。即使是同品牌型號的烤箱，在實際操作上也有可能出現差異。食譜內記載的烘烤溫度僅為基礎參考，請依照你所使用的烤箱特性作調整。
- 需要經過烘烤的糕點，依狀況事前在模型內塗上奶油，或舖上烘焙紙。

Kapitel

5 Torten,Schnitten

麵團與材料的完美平衡
鮮奶油蛋糕&塔派

● 麵團會因氣候、室溫、材料狀況、混合方式、烘烤時間等諸多因素，影響最後出爐的成敗。
請視操作條件微調，使最終成品維持在穩定的狀態，就是專業職人的真功夫。
● 關於材料的表記方式，在書中為了容易操作，份量已調整為少量。在一般甜點店中，通常是採用超大份量混合。
若想製作較大份量，僅以簡單的倍數法增加材料量，有可能造成鹽或香料比例過多，請多加留意。

Kapitel

6 Traditionelle Süßwaren und Lebkuchen

以風味獨特的麵團製作傳統點心

Kapitel

7 Teegebäck

以花式麵團製作小巧點心

後記

Die Geheimnisse der vielfältigen feinen Backwaren.

蛋糕基底是德國甜點的靈魂。

德國甜點的蛋糕基底種類繁多，例如：柔軟綿密的海綿蛋糕底、充滿堅果或巧克力香味的蛋糕底、酥脆爽口不黏膩的餅乾基底、經由酵母發酵過後的輕盈蛋糕底……其中最具特色的是，從中世紀流傳至今，以香氣溫和的蜂蜜混合充滿味覺刺激的香辛料製作而成的香料蛋糕底。而外形好似年輪，為現今德國甜點代表的年輪蛋糕，則是以層層疊疊的蛋糕底所組成。在日本，不只年輪蛋糕大受歡迎，許多德式甜點也同樣流行。許多日式洋菓子都帶有德式甜點的影子，像是最經典的草莓奶油蛋糕（Short Cake）其實是源自於草莓塔（Erdbeertorte）；熟成起司蛋糕是源自於起司蛋糕（Käsekuchen）；日式巧克力蛋糕是源自德式薩赫蛋糕（Sahertorte）。其中男仕巧克力蛋糕（Herrentorte）則是在第一次世界大戰時，一名作為俘虜抵達日本的德國甜點師傅所引進，而後在日本廣為流傳。

德國甜點的特色到底是什麼呢？答案琳瑯滿目。中世紀的德國曾經一分東西，由普魯士王國及哈布斯堡王朝二大政權及無數中小國群雄割據，一直演變至近代聯邦制的德國。經歷了歷史的淬鍊、文化的變革，要在「德國甜點為何？」這件事上下定義，是一件相當困難且無法一言以蔽之的事。時而充滿著日耳曼風格，時而帶有奧地利風味，時而融合了斯拉夫・撒克遜的樣貌。在巧克力由發現新大陸的西班牙傳入同時，瑞士糕點師傅也帶來了製作巧克力的技術。在層層變因之下，德國甜點真實呈現出歐洲中央地區複雜的歷史變革與深遠文化的傳承。其中蛋糕基底的多樣性與靈活變化的特色被保存了下來。

藉由研究德國的糕點，我們也可以一窺歐洲甜點的脈絡，這是一段淵源久遠且風貌瑰麗的味蕾旅程。

Rohstoffe

關於材料

有些德國隨處可見的材料，在東方國家並不容易取得。
本書的食譜配方以一般烘焙材料行可以購買的材料為主。
希望你也能輕鬆地依本書製作美味的點心。
在甜點店裡所使用的食材，有時並不符合一般家庭製作的成本考量，
因此不一定要以和當地一模一樣的材料製作。
但在德國有著什麼樣的材料？是什麼樣的味道？材料的用途或背景？能製作什麼樣的點心？
瞭解這些問題的重點則有其必要性。
因為不能瞭解這些問題的重點，就無法調整食譜的配方比例。
認識食材正是製作甜點的第一步。

Weizenmehl 麵粉

歐洲的麵粉是以所含有礦物質量作分類。而在日本，則是以麵粉中麩質含量多寡，區分成低筋麵粉、中筋麵粉、高筋麵粉。在德國相對應的麵粉分為作糕點用的type405；甜點或發酵麵團用的type550；麵包用的type812或type1050。例如在德國使用type550製作發酵麵團，在日本則以中筋麵粉或混合比例的低筋麵粉與高筋麵粉來製作。低筋麵粉的選擇至關重大，麵筋的成形方式或粒子的細緻程度，都會影響蛋糕的軟硬度及烘烤時膨脹的結果。

Weizenpuder 小麥澱粉

由小麥的澱粉所製成的粉類，在日本相當於名為「浮粉」的商品。以澱粉取代了一部分的麵粉，所作出的麵團麩質比例低，口感也更細緻。在德式甜點中有的麵團是完全不使用麵粉而以小麥澱粉來製作。

Butter 奶油

德國奶油基本上為發酵奶油。

羅馬帝國時期的羅馬人以橄欖油為尊，幾乎沒有接觸乳製品。但對於位處北方的日耳曼人而言，乳製品卻是相當珍貴的脂肪來源。在法國微生物學家巴斯德(Louis Pasteur)發明殺菌法、冷藏保存技術發達之前，奶油、乳酪雖然是日耳曼人的民生必需品，卻因為不易保存，必須在奶油裡添加比現今多3至5倍的鹽才能防止腐敗。且當時的乳牛飼養肥料尚未完全開發，泌乳旺盛期主要在自然繁殖的夏季為主，想在冬季取得新鮮大量的奶油，是一件相當費時費力的大工程。因此在當時使用大量奶油製作而成的甜點，是專屬於王公貴族享用的奢侈品。而後於德國人發明了離心機及連續式奶油連壓機，一改以木椿搗攪鮮奶油的繁複作法，奶油才得才以量產，進而普及於歐洲。

在日本，奶油約莫於明治時期傳入。但在日本所見的奶油與歐洲主要使用的發酵奶油不同，是一種名為Sweet Butter的非發酵奶油（歐洲一般使用發酵鮮奶油來製作成奶油，而直接以鮮奶油製作奶油稱之為Sweet Butter，並非加了砂糖變成甜的奶油）。或許是因為日本人不習慣乳酸菌發酵後產生的酸味，或過於濃烈的乳香味，所以選擇味道較為溫和的Sweet Butter。當然現在也能在一般市面上購得發酵奶油，不過用來製作點心的奶油，仍然以不含鹽分的非發酵奶油為主。

烘烤德國甜點時，使用哪一種奶油可隨喜好而定。本書所使用的奶油是以日本甜點常見的低含水量奶油為主。

Zucker 砂糖

古羅馬時期至中世紀中期的歐洲人尚未認識砂糖。當時所使用的甜味料通常以蜂蜜或帶有甜味的水果為主。加入蜂蜜製作蜂蜜蛋糕、德式薑餅；或加入乾燥水果，烤成脆硬的糖漬水果點心，我們可從這些點心中窺見傳統製菓的演變軌跡。十字軍東征時，歐洲人於伊斯蘭回教世界發現了甘蔗及甘蔗汁的結晶，才衍生出砂糖。初期的砂糖精製度低、顏色呈深褐色，雜質也多。當時主要作為藥品使用，是一種高級的進口奢侈品。發現新大陸後，在植民地廣闢了大量的甘蔗園，供給量逐漸趨向穩定，砂糖得以普及，成為家家戶戶的常備品。但是又因為拿破崙下達了對新大陸的封鎖令，使得砂糖難以進口至德國境內，因此發明了使用甜菜根製糖。現今德國人使用的糖類，主要來源為甜菜根，正是因為這樣的歷史典故所致。

日本北海道雖有生產甜菜根糖，但主要的甜味料還是以蔗糖為主。烘焙用糖大多為細砂糖。本書所載的砂糖即指細砂糖，而一部分的年輪蛋糕則使用了上白糖。這當中的差別在於細砂糖中的蔗糖純度較高、口感輕爽；而上白糖則因為含有轉化糖漿，口味較濃郁、甜度更明顯。而且由於含有轉化糖漿，使用上白糖烘烤時，遇熱過程會出現美拉德反應（Maillard Reaction），其特徵為使食物焦化、增加色澤。由於年輪蛋糕就是藉由一層一層烘烤重疊來表現其美味的特性，因此製作時特意使用上白糖用以引發明顯的美拉德反應。

Puderzucker 糖粉

比砂糖粒子更細的糖粉。強調口感入口即化或需要仔細混合材料時使用。

Nuss 堅果

Nuss雖意即所有的堅果類，但有時也單指榛果（Haselnuss），杏仁則為Mandel。堅果類是製作年輪蛋糕時不可或缺的材料。杏仁有時使用顆粒，有時使用粉末狀，還有時使用杏仁膏（Mazipan）進行製作。

Sahne 鮮奶油

德國製甜點的鮮奶油乳脂含量約為33%。而日本所使用的鮮奶油皆為低脂肪量，口感相對較為輕爽，而對於普遍乳脂含量為28%至30%的德國而言，這樣的鮮奶油的確是較為濃郁。加入鮮奶油5%比例的砂糖，或不加糖直接打發，再加入明膠（Gelatin），可製作裝飾用奶油，點綴於切片裝盤的鮮奶油蛋糕周圍。

Quark 奶渣／新鮮乳酪

新鮮的乳酪是日本較難找到的食材。口感介於奶霜乳酪（Cream Cheese）和優格之間。色白柔軟，帶有輕微酸味，多用於起司蛋糕（Käsekuchen）。建議以奶霜乳酪和茅屋起司（Cottage Cheese）等比例混合替代使用。

Marzipanrohmasse 杏仁膏底

以杏仁及砂糖混合研磨製成的杏仁膏（Marzipan），在中世紀時期由阿拉伯世界傳入歐洲後普及。復活節前的飲食禁忌期間，可以杏仁膏製作魚或肉類等擬真食材，非常受歡迎。在德國興盛的華麗杏仁膏雕花則起源於更早，當時常捏塑成花朵的形狀再塗成金色後，裝飾於貴族們的餐桌上，增添奢華感。

杏仁膏底(Marzipanrohmasse)和用來作精緻雕花用的杏仁膏(Marzipan)不同，其杏仁及糖的比例為2:1（杏仁膏為1:1）。

德國蘋果和日本蘋果有品種上的差異　Zwetchgen為小顆的李子

Obst(Früchte)　水果

德國的甜點大多使用新鮮水果來製作。和日本將水果改良為適合直接食用不同，德國的蘋果酸味較為明顯，李子類也稍微偏小，很適合用來製作點心。而懂得挑選好的水果也是一門學問，德國甜點師傅們可在挑選水果的技巧上一分高下。

Gewürz　香料

除了常見的香草籽Vanilleschote、肉桂Zmit之外，德國甜點中也經常大量添加小豆蔻Cardamom和肉豆蔻皮Mace等香料。在蜂蜜仍為主要甜味料的時代，香料也是餐桌上少見的奢侈品。由於這樣的歷史典故，以這兩者所組合而成的甜點不斷地作創新變化。

Honig 蜂蜜

在森林之國的德國，從很久以前就有食用蜂蜜的傳統，有著各式各樣不同蜜源的蜂蜜。以蜂蜜作為基底的點心，例如：蜂蜜蛋糕、德式薑餅……都是砂糖普及前，最為主要的點心。在中世紀的教會中，蜜蠟是製作蠟燭時，不可或缺的原料，因而帶動了副產業——蜂蜜生產的興起。據說，德式薑餅最初是由製造蠟燭的業者生產。現今德式薑餅仍為教會進行慶典時，主要分配的傳統點心，同時也是最具代表性的伴手禮。

Oblaten　脆餅

（烘烤用，也稱為聖餐餅）

在日本常見的脆餅既薄且軟，有著紙張般質地，正確而言應該稱為軟脆餅。而德國用於烘烤的硬脆餅，長得像薄煎，稍微彎曲便會斷裂。主要用於製作德式薑餅類的麵團基底。

增添德國甜點風味的三大材料

在麵團裡加入現磨萊姆皮、香草、鹽這三樣材料，是德國甜點最主要的特色。在近代甜點發展的初期，無論砂糖或其他材料都是相當高價的交易物品，是專屬於王公貴族們的奢侈品。當時的人們為了滿足對溫暖的南方國度的嚮往，而在宮廷裡的溫室花園栽種萊姆，製作點心。

以現今甜點口味發展來解讀，這三樣材料都具有提升奶油的清爽度、風味深度，及襯托其他材料的重要性。年輪蛋糕的酥餅麵團(Sandmasse)、維也納麥森麵團（Wiener Masse）、派皮堤格麵團(Mürbeteig)、酵母堤格麵團（Hefeteig）中，都添加有這三種最基本的材料。

Kapitel

1

Massen, Teige und Creme

基本款麥森麵團
堤格麵團及奶油醬

Massen, Teige

麥森麵團・堤格麵團

用來製作甜點的基底的麵團，有麥森Massen和堤格Teige兩種。

麥森麵團指的是將所有材料混合後，變成液狀的流動麵團。主要分為下列幾種：

- **酥餅麥森麵團**
  奶油打發後作成如磅蛋糕的麵團。
- **年輪蛋糕麥森麵團**
  屬於酥餅麥森麵團的一種，常用於製作年輪蛋糕。
- **維也納麥森麵團**
  全蛋打發的海綿蛋糕麵團。
- **蛋白糖霜基底**
  在蛋白糖霜裡加了糖粉製作而成的一種基底。
- **布蘭多麥森麵團**
  泡芙用麵團。
- **洛斯特麥森麵團**
  蜂蜜及奶油加熱後，加入杏仁的焦糖化麵團。
- **餅乾麥森麵團**
  不添加奶油（油脂類），只有麵粉、砂糖、蛋的清爽麵團。
- **馬卡龍麥森麵團**
  以蛋白、砂糖及堅果作出的馬卡龍麵團。

麥森麵團的命名會因為加入可可亞或堅果等副食材而改變。例如加入可可粉後的溫納麥森，被稱之為「巧克力溫納麥森」。

堤格麵團指的是將所有材料混合後施以力道加以整揉後製作出的固體麵團。主要為以下幾種：

- **派皮堤格麵團**
  塔類點心的基底或餅乾的麵團。
- **酥皮堤格麵團**
  以麵粉麵團和奶油重複重疊後作出的酥皮麵團。
- **酵母堤格麵團**
  經過酵母發酵的麵團。

堤格麵團是製作點心的過程中最基礎的步驟，每位德國的甜點師傅在實習完成後，最先學習製作的就是堤格麵團。雖然只是將材料混合均勻後，讓麵團休息的簡單動作，但在等待的時間裡，麵粉和其他材料產生了連結，麵團才得以完成。能否作出好的麵團，需要以眼睛觀察、雙手觸摸，直接和麵團進行交流。雖然製作麵團的基本材料配方會逐一詳列，但因為材料本身的差異、麵團完成的溫度、製作時的氣溫及濕度、製作的時間、烘烤的烤箱特性及火力的強弱，都有可能關乎最終出爐的成敗。

麥森或堤格麵團經烘烤後，可用在塔類點心的基底或中央。有時稱之為boden（波登），意即基礎、基底，例如：派皮堤格麵團基底（Mürbeteigboden）或維也納波登（Wiener Boden）。

Creme／Krem

奶油醬

Crème意即奶油醬。
Krem為德語的寫法，但近年來德國和法國的甜點技術交流頻繁，
因此直接寫成法文Crème也越來越多見。

最具代表性的奶油醬有三種。以這三個種類進行調味或改變一下配方，即可作出多種不同的變化。

- **香草醬**
  最基本的德式卡士達醬。
- **克林姆醬**
  以奶油（Butter）為主，再加入香草醬製作而成。
- **發泡鮮奶油（Schlagsahne）**
  將鮮奶油（Sahne）打發後的成品。有時也直接稱為鮮奶油。

Sandmasse

酥餅麥森麵團

奶油打發後製所作的基底麵團，即為酥餅麥森麵團。
特色是油脂含量較高，依配方比例的不同，
可分為清爽的Leichite Sandmasse及濃郁的Schwere Sandmasse兩種。

酥餅麥森麵團主要用於以奶油為主要材料所作出來的半熟甜點或蛋糕類點心。最具代表性的作品為砂蛋糕。基本配方比例為蛋4：砂糖4：麵粉 小麥澱粉4：奶油4，跟主要材料份量同比例的「磅蛋糕麵團」作法相同。

Schwere Sandmasse

濃郁酥餅麥森麵團

作法有二，一是以同一個攪拌機，先把奶油打發後加入全蛋；另一種作法則是先將蛋白打發，再倒入拌勻膨鬆的麵團基底。例如：堅果蛋糕、大理石蛋糕、砂蛋糕、薩赫蛋糕的麥森麵團、年輪蛋糕的麥森麵團等，都屬於這個類別。

配方的基本比例

全蛋── 4
砂糖── 4
麵粉／小麥澱粉── 4
奶油── 4

配方範例 砂蛋糕的酥餅麥森麵團
（作法請參見P.80）

〔材料〕
奶油　Butter ── 500g
香草籽　Vanilleschote ── 1/2根
現磨萊姆皮　geriebene Zitronenschale ── 1/2顆
鹽　Salz ── 4g
糖粉　Puderzucker ── 500g
全蛋　Vollei ── 400g
蛋黃　Eigelb ── 30g
低筋麵粉　Weizenmehl── 350g
小麥澱粉　Weizenpuder ── 150g
泡打粉　Backpulver ── 8g

Leichite Sandmasse

清爽酥餅麥森麵團

多用於輕盈版本的砂蛋糕、櫻桃蛋糕的麥森麵團中。與基本配方相比，蛋（水）的份量較多，因此完成的麵團相對地清爽許多。

配方範例 櫻桃蛋糕的酥餅麥森麵團
（作法請參見P.90）

〔材料〕
奶油　Butter ── 135g
砂糖　Zucker ── 170g
鹽　Salz ── 2g
現磨萊姆皮　geriebene Zitronenschale ── 1/4顆
香草籽　Vanilleschote ── 1/2根
肉桂粉　Zimtpulver ── 1g
丁香粉　Nelkenpulver ── 1g
全蛋　Vollei ── 225g
低筋麵粉　Weizenmehl ── 135g
泡打粉　Backpulver ── 2g
可可粉　Kakaopulver ── 20g
烘烤榛果粉　Haselnüsse, geröstet, geriebene ── 85g

Wiener Masse

維也納麥森麵團

Wiener Masse為全蛋一起打發所作出的海綿蛋糕麵團。在法式甜點中與pâte à génoise性質十分接近。
特色在於不只使用麵粉，還加入了小麥澱粉，吃起來口感輕盈且乾爽。
雖然是一款口味樸實的麵團基底，但加入了德國甜點的配方：鹽、現磨萊姆皮和香草籽後，在小麥的香氣之餘，有著萊姆的清爽滋味若隱若現地擴散開來，餘韻十足。

基本的配方比例

全蛋——4
砂糖——2
麵粉／小麥澱粉——2.5
奶油——1

◎製作維也納麥森麵團

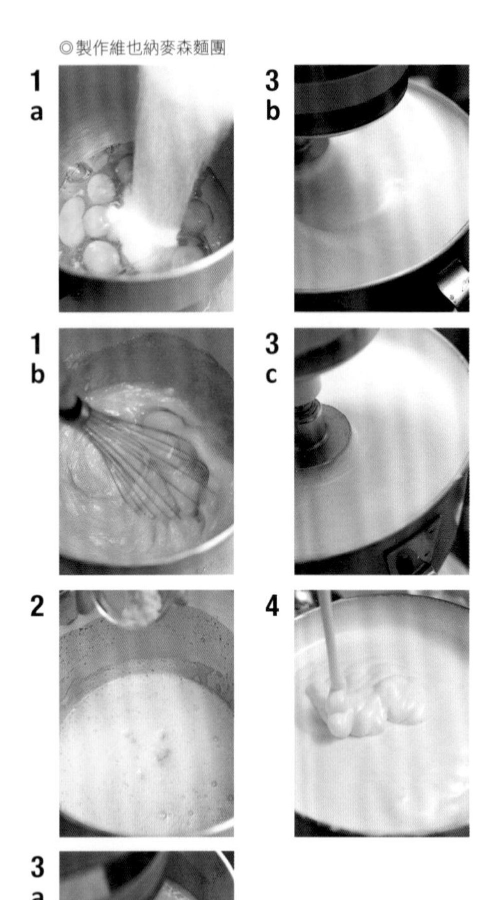

◎製作維也納麥森麵團

〔配方範例〕
全蛋 Vollei——350g
砂糖 Zucker——200g
鹽 Salz——1g
現磨萊姆皮 geriebene Zitronenschale——1/2顆
香草籽 Vanilleschote——1/2根
低筋麵粉 Weizenmehl——120g
小麥澱粉 Weizenpuder——100g
融化奶油 Butter, flüssig——100g

1. 混合蛋與砂糖（**1a**）。以隔水加熱的方式，將水慢慢加熱至43℃－45℃，同時攪拌均勻（**1b**）。
2. 加入鹽、現磨萊姆皮和香草籽，繼續打發（**2**）。
3. 以攪拌器高速打發，作出膨脹的份量感（**3a**）。再持續高速打發直至呈現乳白色且更為膨脹（**3b**）。充分打發後調降至低速，使氣泡縮小收緊（**3c**）。
4. 持續低速攪拌至麵團出現光澤，撈起時呈現如緞帶狀的垂落感即可（**4**）。

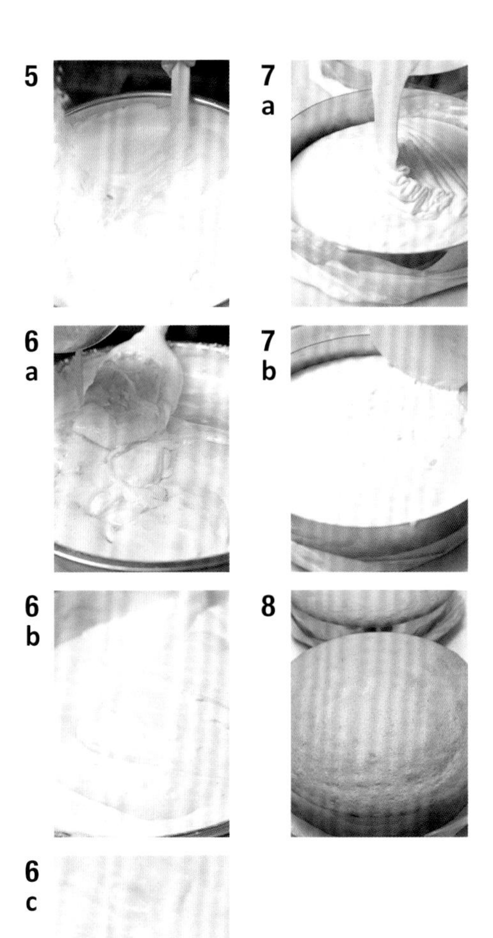

5　混合低筋麵粉與小麥澱粉，少量多次慢慢地加入步驟 **4** 中，同時攪拌均勻（**5**）。

6　融化奶油（約 60℃）以刮杓牽引，加入麵團內混勻（**6a**）。趁奶油還熱的時候倒入，較容易攪拌。如果一口氣將奶油倒入麵團裡，會造成只有一個特定部位溫度過高而容易變質，經由刮杓較為均勻。刮杓以水平橫向移動，好似要切開麵團般攪拌均勻（**6b**）。

7　將麵團倒入事先舖好烘焙紙的烤模內（**7a**）。抹平表面（**7b**）。一個模型的麵團份量為 500g。

8　放入烤箱以 200℃烘烤 20 分鐘，移動模型的前後位置，續烤 20 分鐘即完成（**8**）。

重點

德式甜點多為鮮奶油蛋糕風格，因此無須在蛋糕基底上，再塗糖漿。也不需要烤出有大氣泡的基底，而是要烤出緊實、酥脆的口感。

Wiener Masse Schokolade

維也納巧克力麥森麵團

維也納巧克力麥森麵團為基本款巧克力麵團。製作時，將一部分的小麥澱粉替換成可可粉即可。
經常作為黑森林櫻桃蛋糕這類的基底（boden）。切開來時，黑色的基底不但有點綴功能且略帶巧克力的苦香味，味道很適合莓果類的水果。若想作巧克力口味的奶油醬，可將可可粉配方降低10%，避免口感過於濃郁（參考松露巧克力蛋糕）。
在混合粉類材料時，可可粉容易因吸收水分而結塊，請避免過度攪拌。不含可可粉的維也納麥森麵團，可加入60℃的融化奶油進行攪拌，可攪拌得均勻漂亮；但若是含有可可粉的配方，奶油溫度太高會使麵團結塊，無法平均乳化，此時奶油必須降為45℃左右。

基本的配方比例

全蛋——4
砂糖——2
麵粉／小麥澱粉——2
可可粉——0.5
奶油——1

◎製作維也納巧克力麥森麵團

〔配方範例〕

全蛋 Vollei——350g
砂糖 Zucker——200g
鹽 Salz——1g
現磨萊姆皮 geriebene Zitronenschale——1/4顆
香草籽 Vanilleschote——1/4根
低筋麵粉 Weizenmehl——120g
小麥澱粉 Weizenpuder——60g
可可粉 Kakaopulver——40g
融化奶油 Butter, flüssig——100g

1. 混合蛋與砂糖，以隔水加熱的方式，將水慢慢加熱至 43℃－45℃，同時攪拌均勻。
2. 加入鹽、現磨萊姆皮和香草籽，繼續打發。
3. 打發至膨脹後，把攪拌器由高轉速改為低速，使麵團的氣泡縮小收緊。
4. 持續低速攪拌直至麵團出現光澤、撈起時呈現如緞帶狀的垂落感即可（**4**）。
5. 將低筋麵粉、小麥澱粉、可可粉混合後，慢慢加入步驟 **4** 裡（**5a**），仔細攪拌均勻（**5b**）。
6. 將融化奶油（約 45℃）以刮杓牽引倒入麵團內（**6a**），仔細拌勻（**6b**）。
7. 把麵團倒入事先舖好烘焙紙的模型內，抹平表面。一個模型的麵團份量為 500g。放入烤箱，以 200℃烘烤 20 分鐘，移動模型的前後位置，續烤 20 分鐘後即完成（**7**）。

◎製作維也納巧克力麥森麵團

4

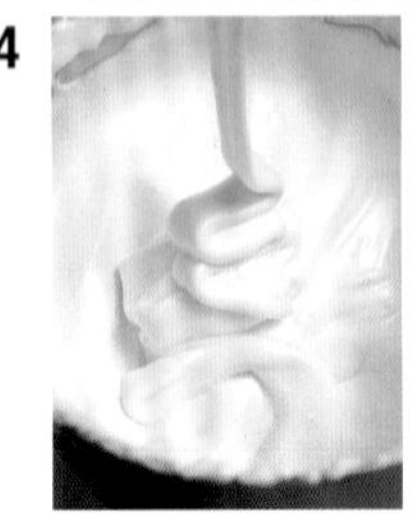

6a

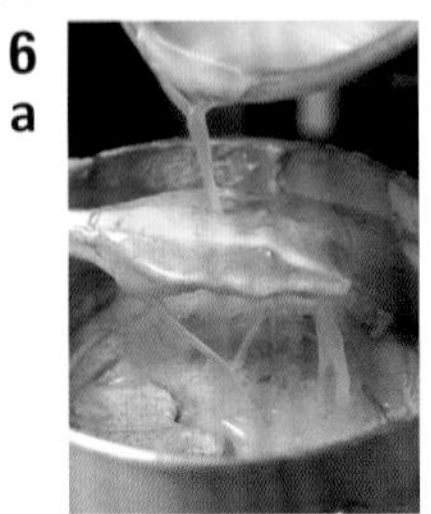

5a

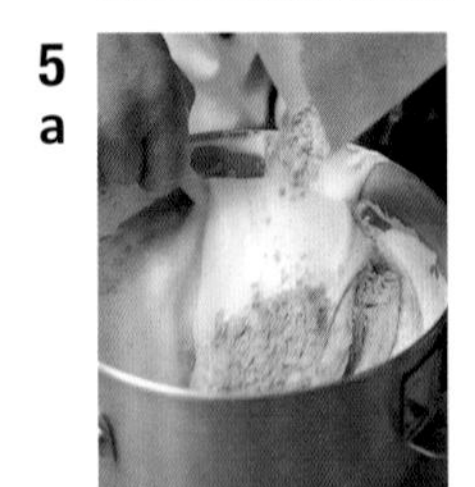

6b

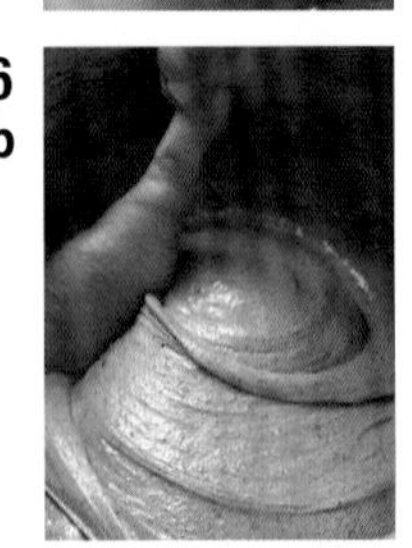

5b

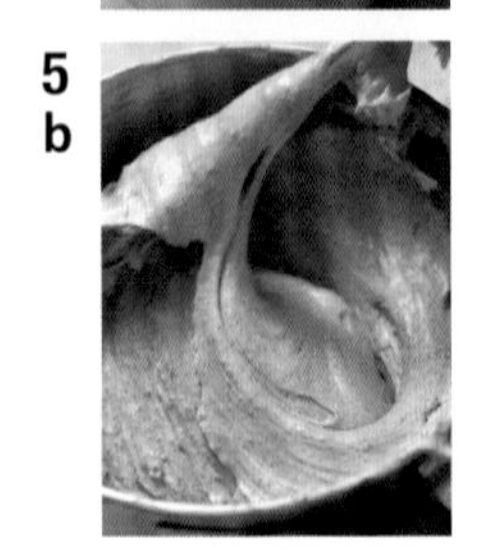

7

Eischnee
蛋白糖霜（打發後的蛋白）

在蛋白裡加入砂糖後打發至起泡的步驟，德文稱為Eischnee。德國甜點的特色是在蛋白中一次性加入完整份量的糖進行打發。雖然打發時間需耗時較長，但能打出純白、細緻且綿密的氣泡。蛋白和糖的基本比例為1：1，在德文裡稱為Baiser或是Schaummasse，Schaum即為氣泡之意。法式甜點的蛋白糖霜作法，是將砂糖一點一點地加入後打發；義大利式的蛋白糖霜作法，則是將砂糖加熱成糖漿後使用。和德式蛋白糖霜相比都較為新穎，現今的德國甜點也逐漸受到法式甜點的影響，在製作Eischnee時，開始有人將砂糖分多次慢慢加入。法式作法的優點在於很快就能打出柔軟的氣泡，但也有著氣泡穩定性不夠的缺點。在製作年輪蛋糕的麥森麵團時，需要加入扎實且有強度的氣泡，一定要使用德式傳統作法才足以維持麵團的良好狀態。現代人基於衛生的觀點，發明了冷凍殺菌蛋白液。從新鮮生蛋分離出蛋白所含有的蛋白質，與容易打發起泡的水樣化蛋白液的蛋白質比例幾乎完全相同。但經過數天後，新鮮蛋白中的蛋白質會開始分解而水樣化，再經過冷凍等過程，會改變蛋白質的質地，變得較容易打發，但若打發時間過長，氣泡會變得不夠緊實、沒有韌性。在蛋白液中加入砂糖後，會吸收蛋白當中的水分，變得容易凝固。而德式蛋白糖霜的氣泡較為緊緻是因為砂糖一口氣吸收了蛋白中的水分。在鹼性蛋白中，加入酸性檸檬汁或加入鹽吸收水分，皆可幫助蛋白凝固，使蛋白較容易打發，且可完成緊實的蛋白糖霜。依蛋白狀態或蛋白糖霜混合時所使用的蛋黃基底狀態的不同，配方比例也會有所差異。例如麵團的配方比例表中，有在蛋黃裡加鹽或在蛋白裡加鹽兩種作法，便是調整蛋白糖霜密度的方式。

基本的配方比例

蛋白—— 1
砂糖—— 1

德國蛋白糖霜的特徵為泡泡緊密扎實，結構穩定。

Baisermasse
蛋白糖霜基底

在打發的蛋白糖霜裡加入糖粉作成的基底，稱之為Baisermasse，意即蛋白糖霜基底。經低溫烘烤後，可作成鮮奶油蛋糕需要的材料。和混合義式蛋白糖霜的麵團性質相近，但Baisermasse的口感更為柔軟、緊緻、香甜，且略帶些微黏性。

◎製作鮮奶油蛋糕專用的蛋白糖霜基底

〔配方範例〕

蛋白 Eiweiß —— 165g
砂糖 Zucker —— 165g
糖粉 Puderzucker —— 83g

Mürbeteig

派皮堤格麵團

Mürbeteig（餅乾用基底）的mürbe為柔軟之意。因含有大量奶油而質地柔軟，是較為脆弱的麵團。除了可以餅乾模型壓出形狀，直接烘烤享用之外，也可作為水果塔或蛋糕的基底，增添酥軟口感。

1-2-3 Mürbeteig

1-2-3 Mürbeteig

派皮堤格麵團為砂糖1：奶油2：麵粉3 的比例進行製作。是屬於餅乾類的麵團，亦可以使用於蛋糕類的基底。

混合所有材料後，放置休息一日，待麵團完整融合後再使用。不需要揉麵產生筋性，只要攪拌均勻即可。

少量製作時，可於工作檯上進行混合；份量多時，可使用攪拌器進行低速攪拌。

剛出爐的1-2-3派皮堤格麵團既脆弱又容易碎散剝離，但酥脆的口感令人著迷，和鮮奶油或其他食材也能完美契合，是一款德式鮮奶油蛋糕裡不可或缺的重要基底麵團。

基本的配方比例

砂糖—— 1
奶油—— 2
麵粉—— 3

其他變化

〔用於烘烤點心裡的Mürbeteig（P.142）〕

在模型內周圍鋪滿派皮堤格麵團後，和麥森麵團一起烘烤，此時使用1-2-3派皮堤格麵團容易崩壞。為了增添蛋糕側面的口感，需調整配方增加蛋及麵粉的份量。派皮堤格麵團不只酥脆，獨特的口感在烤蛋糕中也能搭配得恰到好處。

〔用於花式麵團裡的香草餅乾Spritzgebäck Vanille（P.250）〕

可以擠花的柔軟堤格麵團。配方裡奶油（＝油脂）和蛋（＝水分）較多，因此麵團鬆馳，以攪拌器低速攪拌即可完成。麵團混合完成後，立刻裝入擠花袋，擠出烘烤，即可製作出酥脆爽口的口感。砂糖請選用糖粉，和奶油較容易混合，也能入口即化。

使用攪拌器的作法

1
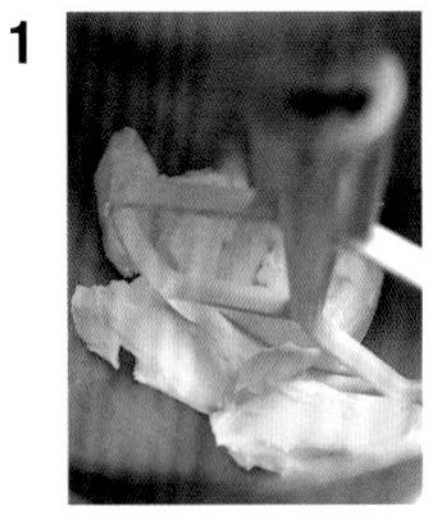

2
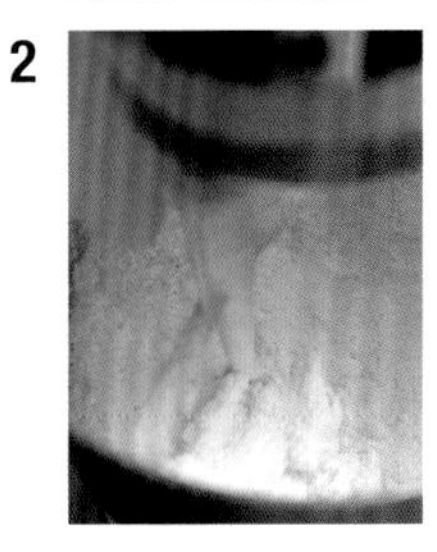

3a

3b

3c

4

5
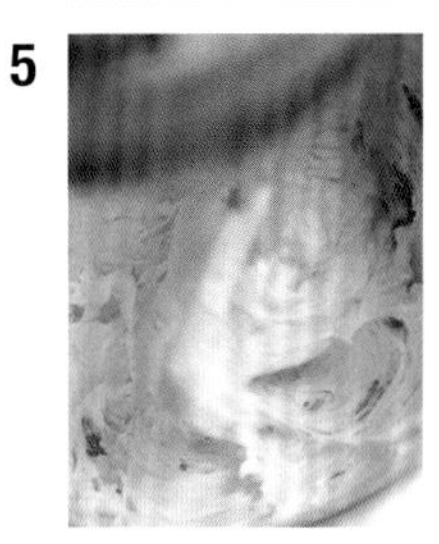

6
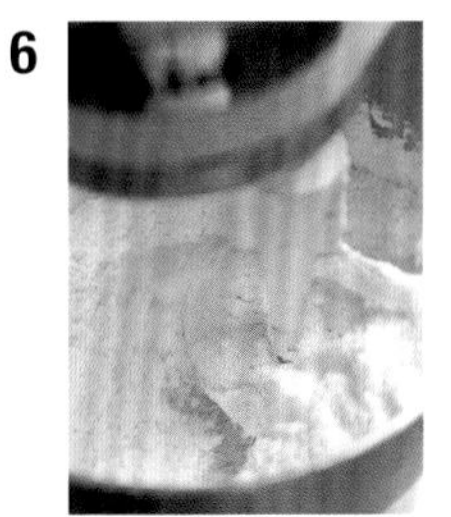

7
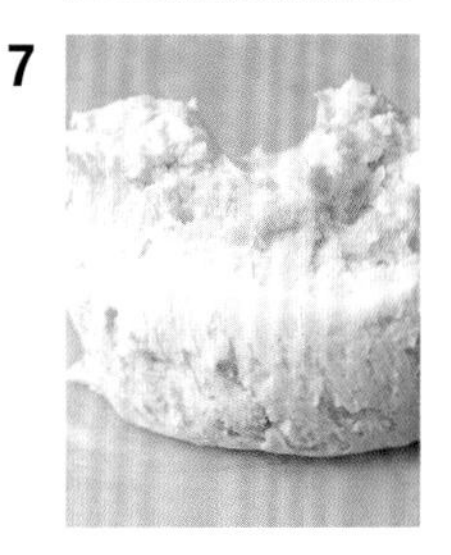

◎製作1-2-3酥皮堤格麵團

〔基本配方〕

低筋麵粉 Weizenmehl——450g
糖粉 Zucker——150g
奶油 Butter——300g
鹽 Salz——1g
現磨萊姆皮 geriebene Zitronenschale——1/2顆
香草籽 Vanilleschote——1/2根
全蛋 Vollei——45g
蛋黃 Eigelb——20g

使用攪拌器的作法

1. 以攪拌器低速奶油，使其軟化（**1**）。
2. 加入糖粉，混合均勻（**2**）。
3. 依序加入鹽、香草籽、現磨萊姆皮（**3a,3b,3c**）。
4. 步驟 **3** 混勻後，再慢慢加入全蛋及蛋黃（**4**）。
5. 所有蛋都攪拌均勻後的狀態。注意不要起泡（**5**）。
6. 倒入麵團，持續低速攪拌（**6**）。
7. 全部材料攪拌混合後的狀態（**7**）。外觀略顯粗糙不均勻，但質地不會過於堅硬。
8. 以保鮮膜包覆後，靜置冰箱冷藏休息一日。
9. 經過休息後的麵團會產生光澤，表面也變得平滑。切取適量使用即可。

以雙手混合的作法

1

4

2

5
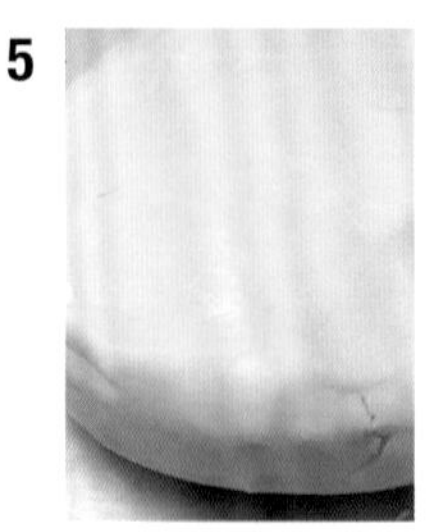

3
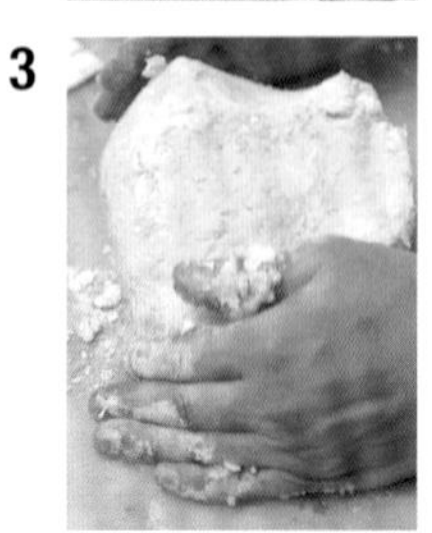

以雙手混合的作法

1 將麵粉撒在工作檯上，堆出小山形狀後，中央作出凹槽。在凹槽中打入蛋、撒上鹽，再放入砂糖及奶油，以刮板切拌混合所有材料（**1**）。
2 吸收水分的麵粉會呈現小碎塊狀，以雙手掌心搓勻，變成如圖的鬆散奶酥狀即可。請避免用力揉麵團（**2**）。
3 以手將麵團靠攏整合（**3**）。
4 揉合成一個完整的麵團（**4**）。以保鮮膜包覆後，靜置冰箱冷藏休息一日。
5 經過休息後的麵團會產生光澤，表面也變得平滑（**5**）。

蛋糕基底

1

4a
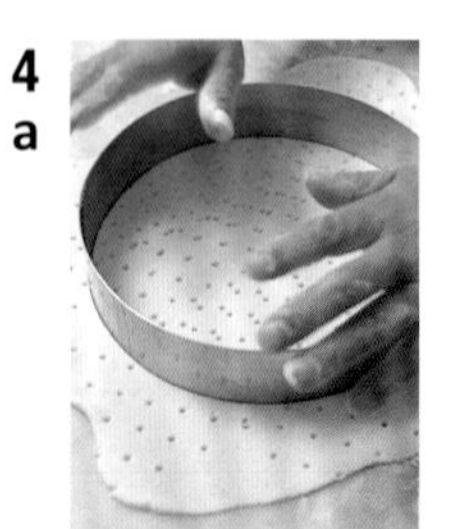

2
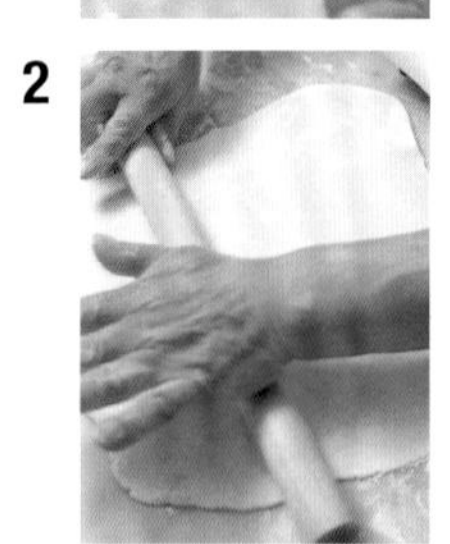

4b
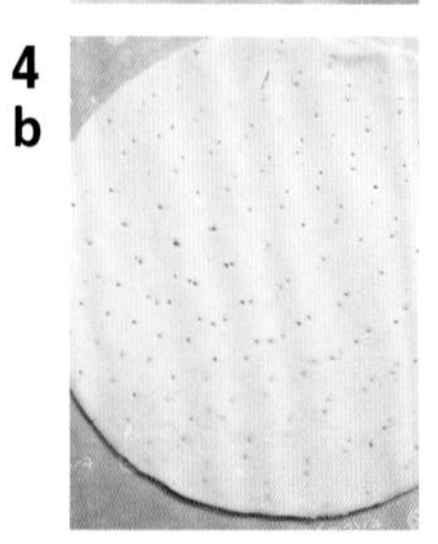

3
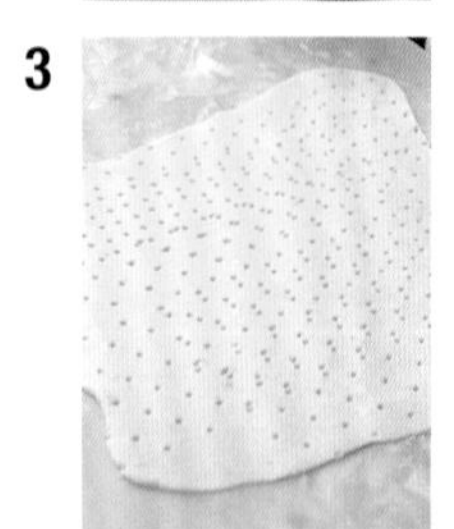

7
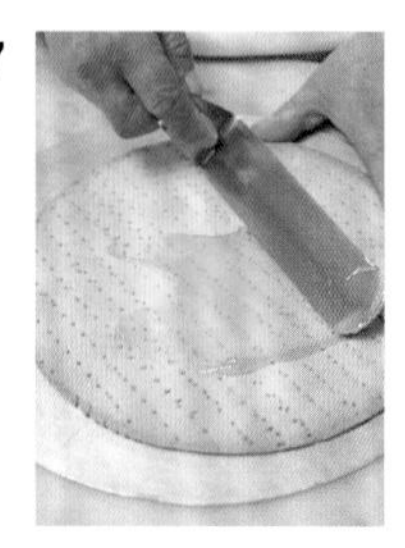

◎使用派皮堤格麵團
作為蛋糕的基底（boden）

1 以擀麵棍從上方將麵團輕輕推壓，擀成 5mm 厚（不要過度施力）（**1**）。
2 均勻推平成比模型略大的面積（**2**）。
3 以派皮戳洞器或類似工具戳洞（**3**）。
4 以和模型相同大小的圓模壓出形狀，再以刀子切取需要的麵團（**4a**），去除多餘部分（**4b**）。
5 放入烤箱，以 180℃烘烤上色。
6 由於出爐後蛋糕會略微收縮，最後完成的大小會比原先的基底略小一些。
7 組合成品時，可塗上覆盆子、杏桃或巧克力醬，重疊上其他的基底，藉此防止奶油的水分滲透到基底中（**7**）。

烤盤蛋糕的基底

1

4

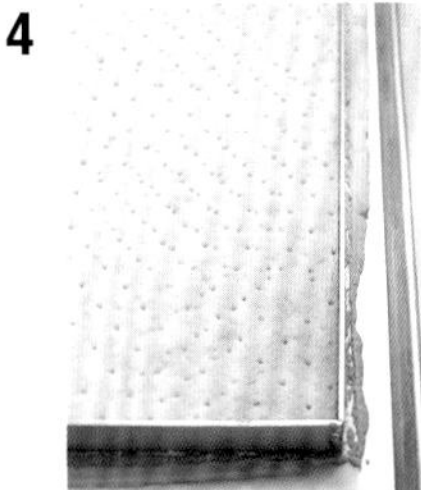

2

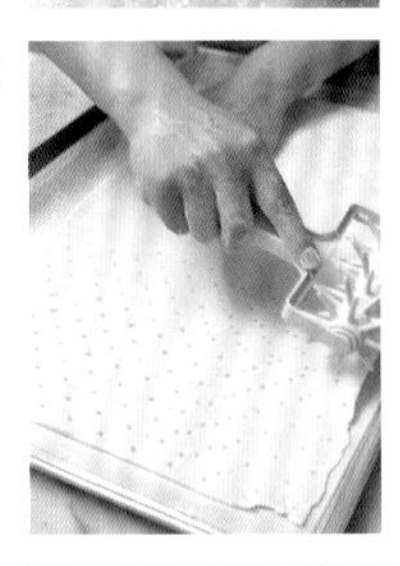

5

3

製作巧克力麵團

1

5

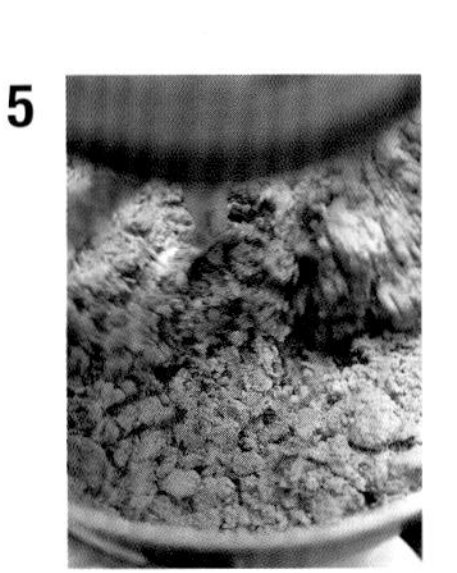

2

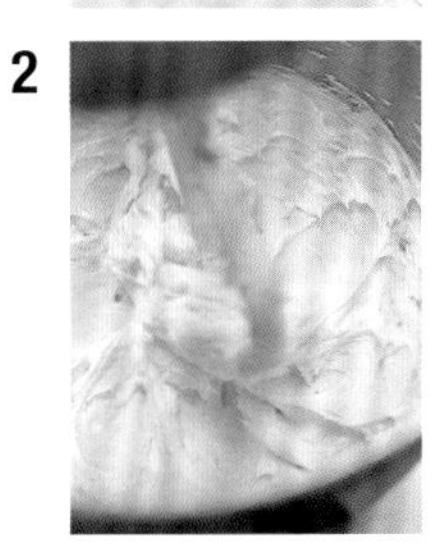

6

4

7

烤盤蛋糕的基底（boden）

1 麵團以擀麵棍擀成 5mm 厚（**1**）。
2 配合烤盤大小切去餘分，再以派皮戳洞器戳洞（**2**）。
3 放上外圍模型，放入烤箱，以180℃烘烤上色（**3**）。
4 由於出爐後蛋糕會收縮，請烤得比模型略大一些（**4**）。
5 塗上杏桃果醬（任喜歡的果醬），以防止其他餡料或水果的水分滲入基底（**5**）。

花式麵團小點心（Teegebäck）

由於麵團屬於餅乾類的基底，只擀成薄長形，再以餅乾模型壓切，即可烤成 Teegebäck。以下為幾個範例：

以花形餅乾模壓切後，擠上果醬，就作成小男孩果醬餅乾（Spitzbuben）（P.254）

將麵團作成細長棒狀後，編成心形作成蝴蝶餅（Bretzel）（P.255）

和可可麵團組合成格子餅乾（Sshwarz-Weiß-Gebäck）（P.256）

1-2-3 Mürbeteig Kakao

1-2-3 派皮堤格巧克力麵團

只要將粉類的20％換成可可粉，即可作出巧克力麵團。步驟順序如下：

◎巧克力麵團作法

〔配方範例〕
奶油 Butter —— 200g
鹽 Salz —— 1g
糖粉 Puderzucker —— 100g
全蛋 Vollei —— 30g
蛋黃 Eigelb —— 12g
低筋麵粉 Weizenmehl —— 240g
可可粉 Kakaopulver —— 60g

1 將可可粉和過篩後的麵粉混合備用（**1**）。
2 奶油攪拌軟化後，加入香草籽、現磨萊姆皮、鹽，混合均勻（**2**）。
3 加入糖粉，拌勻。
4 把步驟 **1** 混合完成的可可粉＆麵粉倒入步驟 **3**（**4**）。
5 全程皆以低速攪拌，不需出筋只要均勻混合，呈現鬆散小塊狀即可（**5**）。
6 集中成一個完整麵團（**6**）。
7 不需整形成圓球而是作成扁平狀，更適合用來製作 Teegebäck。以保鮮膜包覆後，送入冰箱靜置冷藏一日（**7**）。

Hefeteig
酵母堤格麵團

Hefe意指酵母，Hefeteig即為經過酵母發酵過的麵團。在德國有許多甜點都使用發酵麵團製作，也因為這樣的特色使德式甜點獨樹一幟。麵粉使用Type550（P.8）製作，可製作出介於麵包和甜點之間的麵團。如果無法購入Type550，可以等比例的低筋麵粉和高筋麵粉混合替代。
在烤盤內鋪上發酵麵團後，加上奶油醬或水果類進行烘烤，出爐後就是烤盤蛋糕。除了烤盤蛋糕之外，還有油炸點心，例如：甜甜圈（Berliner）或Stollen蛋糕、堅果彎月點心（Nussbeugel）……也常以酵母堤格麵團來製作。

◎酵母堤格麵團的種類

以油脂量來區分

- **輕酵母麵團** Leichter Hefeteig
  麵粉1000g配100至150g的油脂
- **中酵母麵團** Mittelschwerer Hefeteig
  麵粉1000g配150至250g的油脂
- **重酵母麵團** Schwerer Hefeteig
  麵粉1000g配250至500g的油脂

以製作方法來區分

- **輕酵母麵團** Plunderteig
  油脂以層疊狀出現（丹麥麵團）
- **重酵母麵團** Gerluhrter Hefeteig
  由於油脂含量多，麵團混合時不揉，僅攪拌均匀。

◎酵母堤格麵團的揉麵法

（直揉法／先揉法）

以下介紹烤盤蛋糕專用的酵母堤格麵團的作法。特色是口感膨鬆柔軟好入口，但時間一久容易變硬，出爐後直接享用最適合。揉麵法雖然分為直揉法和先揉法二種，但在製作奶油蛋糕（Butterkuchen）或奶酥蛋糕（Streuselkuchen）時，由於沒有太多的裝飾配料，簡單樸實的蛋糕即可吃出麵團本身的香味，所以使用發酵時間較長、酵母氣味不明顯的先揉法來製作麵團較為適合。例如李子派（Zwetschgenkuchen）等使用風味較強烈的水果時，則可以採用直揉法來製作酵母堤格麵團，不僅風味契合也可縮短製作流程。

直揉法

直揉法（直接法）只要混合以下材料即可。

〔配方範例〕

低筋麵粉 Weizenmehl——300g
高筋麵粉 Weizenmehl——300g
牛奶 Milch——240g
生酵母 Hefe——35g
砂糖 Zucker——90g
奶油 Butter——120g
全蛋 Vollei——90g
鹽 Salz——5g
現磨萊姆皮 geriebene Zitronenschale——1/2顆
香草籽 Vanilleschote——1/2根

先揉法

先揉法是中種法的其中一種。使用溫牛奶和砂糖、酵母、少量麵粉，先作成前置麵團（Vorteig），撒上剩下的麵粉後靜置30分鐘，待酵母活化後，再和其他材料混合揉勻，完成正規麵團（Hauptteig）。

◎製作酵母堤格麵團（先揉法）

前置麵團 Vorteig（合計=545g）

牛奶　Milch —— 240g
砂糖　Zucker —— 30g
生酵母　Hefe —— 35g
低筋麵粉　Weizenmehl —— 120g
高筋麵粉　Weizenmehl —— 120g

正規麵團 Hauptteig（合計=1180g）

Vorteig（上記）　Vorteig —— 545g
低筋麵粉　Weizenmehl —— 180g
高筋麵粉　Weizenmehl —— 180g
砂糖　Zucker —— 60g
奶油　Butter —— 120g
全蛋　Vollei —— 90g
鹽　Salz —— 5g
現磨萊姆皮　geriebene Zitronenschale —— 1/2顆
香草籽　Vanilleschote —— 1/2根

先揉法

1
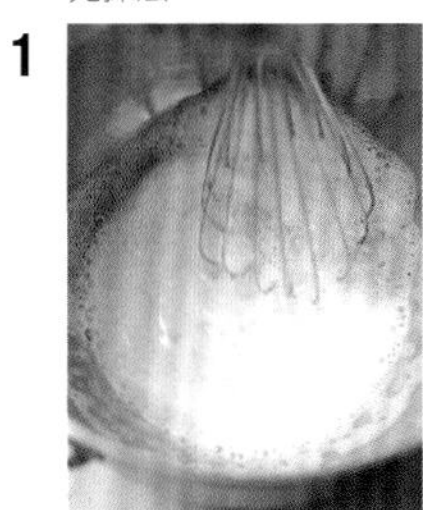

3

2
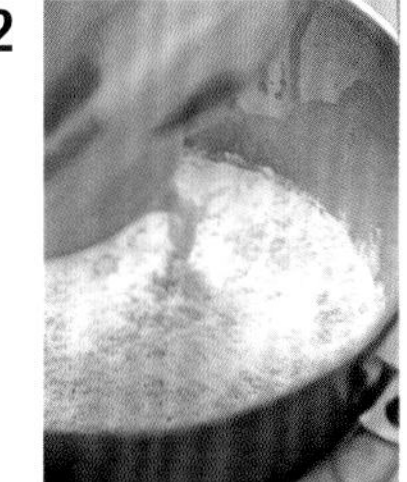

前置麵團 Vorteig 作法

1. 在鋼盆內倒入牛奶，加入砂糖後溫熱至35℃至38℃。加入捏碎後的生酵母，混合均勻（**1**）。
2. 加入麵粉，以單勾式攪拌棒拌勻（**2**）。
3. 攪拌至整體融合為一大塊，即完成了前置麵團（**3**）。
4. 立刻進行製作正規麵團 Hauptteig 的步驟。

製作正規麵團

1

2

3

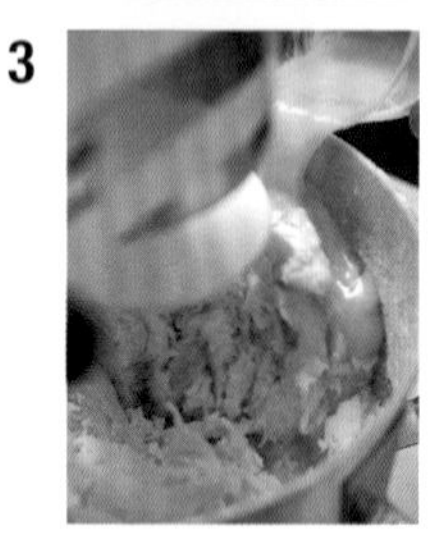

4a

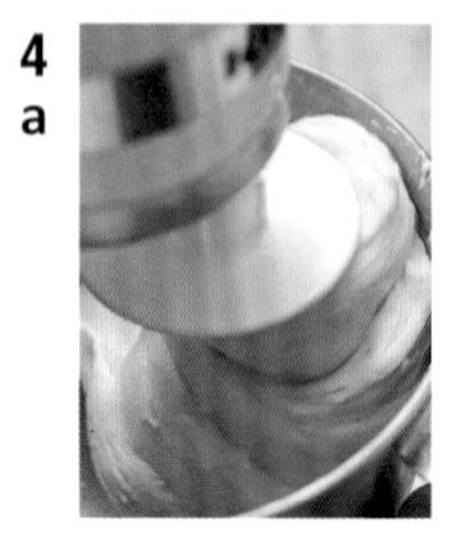

4b

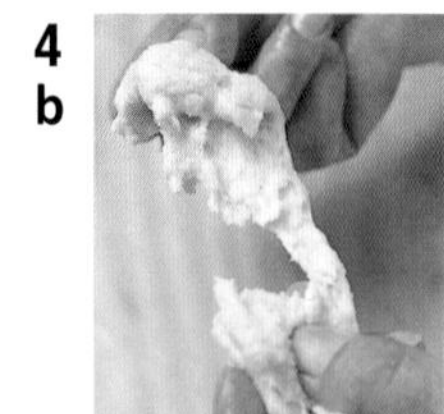

4c

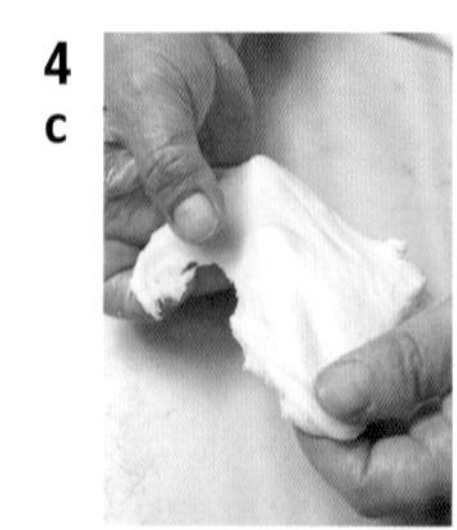

5a

5b

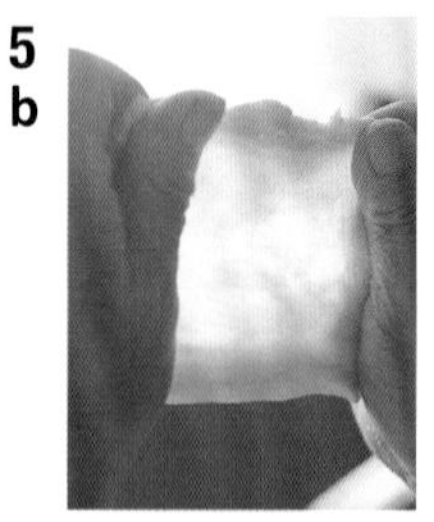

6

製作正規麵團

1. 將正規麵團用的麵粉，覆蓋於前置麵團上後，靜置一段時間（**1**）。
2. 待酵母發酵後，麵粉堆會膨脹龜裂開來（**2**）。
3. 待步驟 **2** 麵團充分膨脹後，以麵團攪拌棒揉麵。加入砂糖、鹽、打散的全蛋、現磨萊姆皮、香草籽，攪拌均勻（**3**）。
4. 持續攪拌至產生筋性、麵團完全整合即可(**4a**)。此步驟如果沒有完全出筋就加入油脂，會妨礙之後的黏性產生。可以取一點點麵團撕開檢查，如果馬上裂開即表示尚未完成（**4b**），請繼續攪拌至麵團充滿延展性（**4c**）。
5. 待麵團完全出筋後，加入奶油（**5a**）。攪拌至麵團產生光澤、延展性更佳、拉開時可透光的程度（**5b**）。
6. 將麵團從攪拌盆裡取出後整成圓形，靜置約 1 小時等待發酵（**6**）。

重點

● **要注意溫度控管**

酵母麵團的溫度控制相當重要。能讓酵母活性化的最佳溫度為25℃至28℃；發酵時間為30至45分鐘。若發酵不足，麵團會沒有份量感；發酵過度，麵團則會走味。

● **務必在麵團完全出筋後再加入奶油**

製作酵母麵團時，油脂一定是最後一個步驟。因為油脂會阻斷麩質的形成，所以一定要讓麵粉中的麩質完全形成，且有充分的延展性後，再加入奶油。

Blätterteig

酥皮堤格麵團

酥皮堤格麵團（鮮奶油蛋糕用麵團）是使用小麥麵團Grundteig和同等分量的奶油，以層疊方式製作完成。摺疊的方法有三種：順摺法（以奶油包覆麵團）、逆摺法（以麵團包覆奶油）、速成法（奶油切塊直接和麵團揉合）。在德國則分為德式、法式和荷蘭式，和法國點心作法中的分類方式不同。

層疊的鮮奶油蛋糕麵團需要不斷地重覆摺疊動作，在最初的小麥麵團（Grundteig）階段時不需要揉麵，只要把材料混合即可，不讓麵團產生筋性。如果麵團出筋，黏性強且有力道，奶油和麵團之間則不易形成一層一層效果。

摺疊時要從兩個方向進行，完成後送入冰箱冰棟，才能確保層層的美觀。

製作小麥麵團Grundteig

1 2 3 4 5 6

◎製作順摺酥皮堤格麵團

〔配方範例〕

高筋麵粉　Weizenmehl —— 250g
低筋麵粉　Weizenmehl —— 250g
水　Wasser —— 250g
鹽　Salz —— 10g
融化奶油　Butter, flüssig —— 40g
砂糖　Zucker —— 30g
蛋黃　Eigelb —— 20g
摺疊用奶油　Butter —— 500g

製作小麥麵團Grundteig

1. 在工作檯上把麵粉堆成小山丘形狀，在中央作出像堤防的凹槽（**1**）。
2. 把水倒入麵團的凹槽內，再加入鹽和砂糖（**2**）。
3. 從凹槽內側慢慢把麵粉和水混勻（**3**）。
4. 把融化奶油和蛋黃混合後，慢慢倒入步驟**3**的中央，攪拌均勻（**4**）。
5. 待水分消失後，以刮板將外側剩餘的麵粉向中央集合，慢慢融合在一起（**5**）。
6. 不要用力揉麵，只需要混合所有材料即可。將麵團整成球狀，裝入夾鏈塑膠袋內防止乾燥（**6**）。送入冰箱冷藏靜置30至40分鐘。

摺疊奶油

1
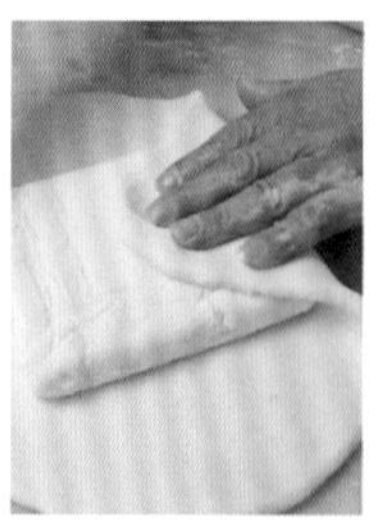

2
a
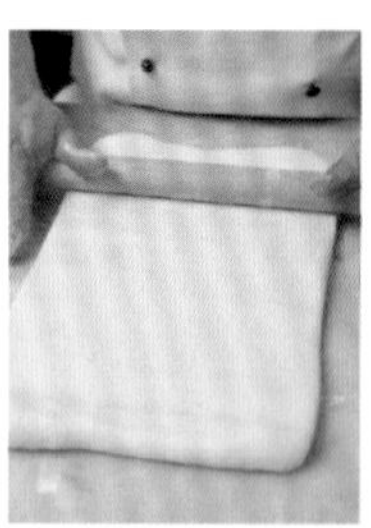

2
b
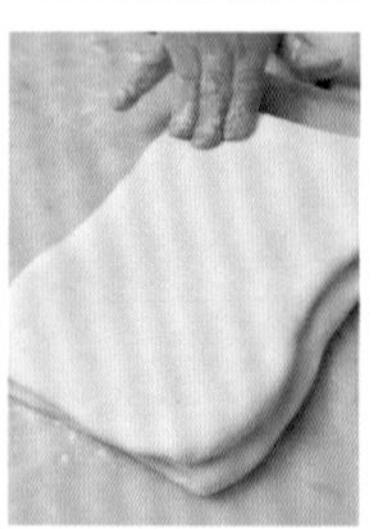

2
c
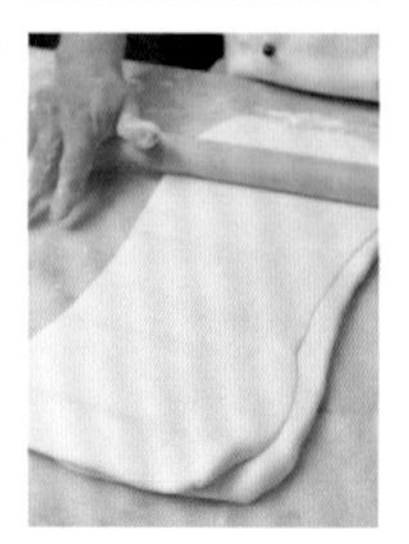

2
d
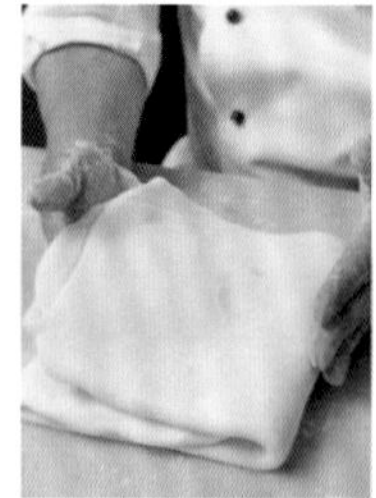

3
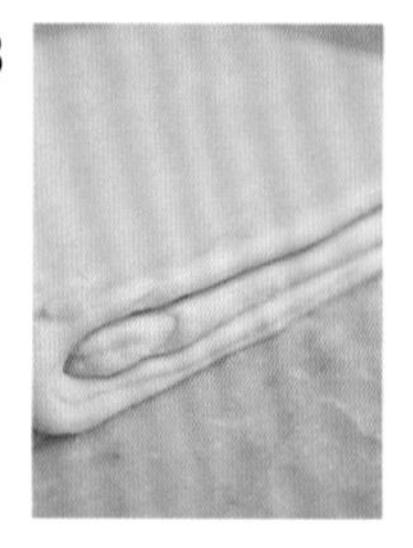

摺疊奶油作法

1. 在工作檯上先將小麥麵團擀成 30cm 至 40cm 的正方形後，再將 500g 冰涼的奶油擀成比麵團小一倍的正方形後，把奶油放在麵團上，錯開 45 度角包起（**1**）。
2. 以擀麵棍將麵團擀成長方形，再將長邊由左右二邊向中央摺疊成 3 摺。疊好後轉變方向，再依同樣方式擀成長方形，再疊 3 摺。完成後休息 30 分鐘（**2a-d**）。
3. 重覆步驟 **2** 的作動 3 次（意即 6 次 3 摺）。即可完成派皮堤格麵團（**3**）。

- 上述作法為在大理石材質的工作檯上進行小麥麵團的製作，可依實際製作的份量，改以電動攪拌器製作。若以機器製作，混合時間為2分鐘，攪拌時間為7分鐘。
- 麵團溫度為22℃至24℃，並使用冷水。摺疊用的奶油最適合的溫度為15℃。
- 麵粉種類為德國Type550（P.8），在日本可以等比例混合低筋麵粉＋高筋麵粉來取代。

Streusel
奶酥

奶酥指的是把奶油、砂糖、麵粉混合後作成的材料，使用時是碎散的小塊狀。為了增加酥脆口感時，會撒在麵團或奶油醬上進行烘烤，或直接加熱製成點心的裝飾材料，類似英國甜點Crumble。

◎製作奶酥

〔配方範例〕
奶油 Butter —— 240g
鹽 Salz —— 1.5g
現磨萊姆皮 geriebene Zitronenschale —— 1/2顆
香草籽 Vanilleschote —— 1/2根
砂糖 Zucker —— 240g
低筋麵團 Weizenmehl —— 360g

製作奶酥

1
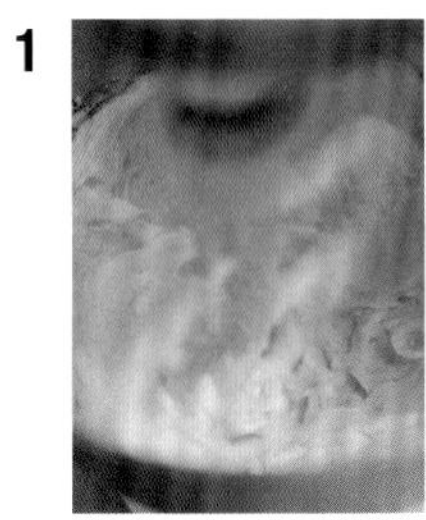

3
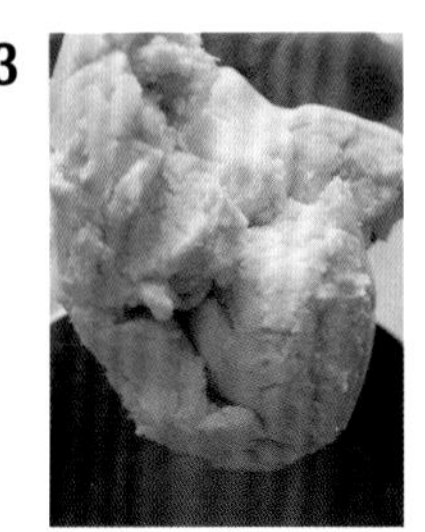

2
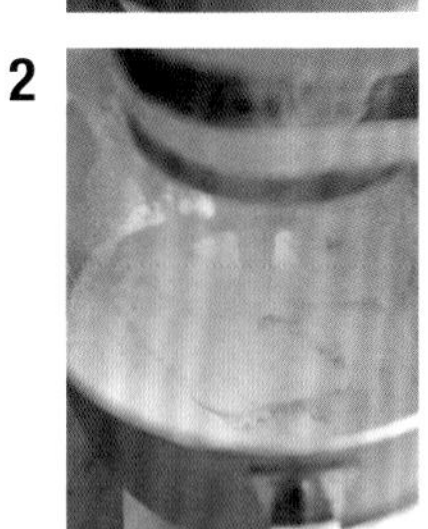

4

1. 在攪拌盆內放入奶油、現磨萊姆皮、鹽、香草籽、砂糖，混合均勻（**1**）。
2. 在步驟**1**混合的過程中，慢慢倒人麵粉，攪拌至完全混合（**2**）。
3. 待麵團表面粗糙不平的狀態出現後，把麵團從機器中取出，以刮杓切拌麵團的方式繼續混合。請不要推揉麵團（**3**）。
4. 在冰涼的工作檯上攤平麵團，如果還有大結塊，請以刮板切碎。送入冰箱冷藏，待麵團變硬後即可使用（**4**）。

Brösel
麵包粉

Brösel意指麵包粉。而標記為「Süße Brösel甜麵包粉」時，指的是將剩下的維也納麥森麵團壓碎後的材料。在製造甜點的過程中，派波堤格麵團或維也納麥森麵團可能會有些許剩餘，將剩餘的部分壓碎後再次利用。因此麵包粉也代表著不浪費食材的德意志精神。

在製作烤盤蛋糕或鮮奶油蛋糕時，會撒在奶油醬和水果之間，以防止水分滲透。或於製作生起司蛋糕（Käsesahnetorte，P.164）時，在維也納麥森麵團的白色部分選用麵包粉作為裝飾。

製作花式小點心（Teegebäck）時，也為了增添爽脆口感，在麵團裡混入麵包粉。

Vanillecreme
香草醬

香草醬是蛋黃醬（Custard cream）的一種。和法式甜點中常見的Crème pâtissière很像。如同法文原名‘Crème pâtissière’直譯即為「甜點店的奶油醬」，是一款很重要的奶油醬，可以擠在泡芙中當成內餡，直接品嚐奶油醬的自然風味。因此，奶油醬必需製作得醇厚豐潤。但是在德式甜點中的香草醬，大多扮演配角。常與奶油混合，作成克林姆醬（Buttercreme），或塗在維也納波登（Winerboden）之類的海綿蛋糕基底上。利用香草醬隔離，使新鮮水果的果汁或凝膠不會滲透蛋糕體，可保持蛋糕本身的口感。無論是塗抹於基底或和奶油混合使用，作法都極為簡單，風味也清爽無負擔。如果想在味道上增加一些深度，可以加入鮮奶油製作。
在德國經常可見名為Cremepulver這類已加入香草香料的澱粉烘焙產品，可直接使用，在製作上更為便利。

◎ 基本的香草醬種類

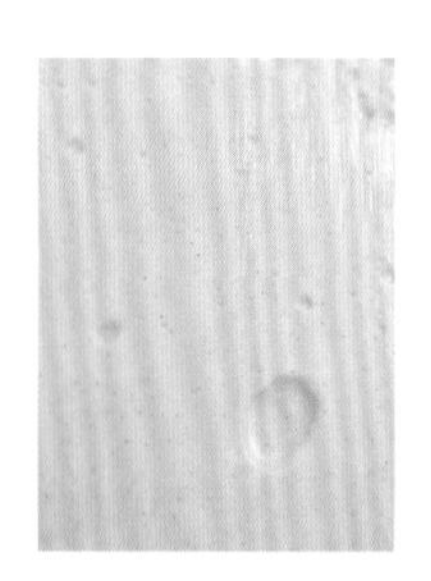

烤盤蛋糕或鮮奶油蛋糕的基底塗層

塗抹於烤盤蛋糕或鮮奶油蛋糕等點心基底的香草醬，是以少量的蛋對比份量較多的牛奶混合製作，因此水分較多、口感清爽。
為了方便塗於蛋糕上，香草醬質地柔軟，且擁有將基底和其他材料結合的「黏合」功能。調味上也較為平實，以突顯其他材料的味道。

製作香草醬

1
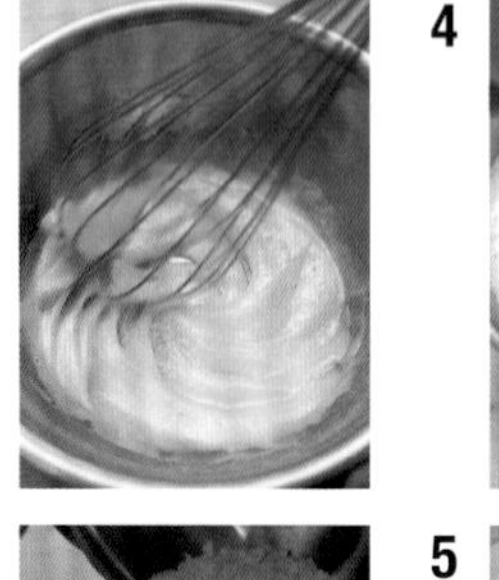

2

3

4

5

6
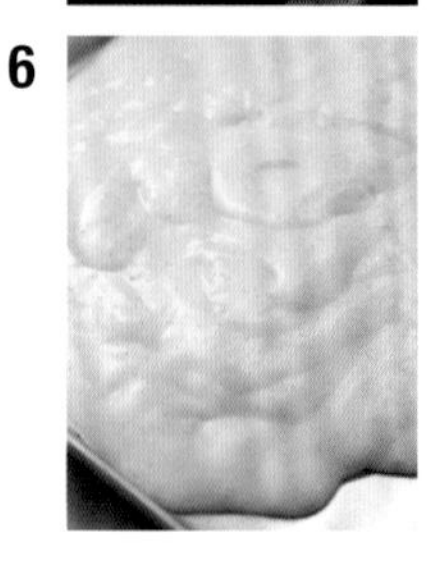

◎製作香草醬❶

〔配方範例〕
蛋黃 Eigelb——30g
砂糖 Zucker——50g
小麥澱粉 Weizenpuder——25g
牛奶 Milch——425g
香草籽 Vanilleschote——1/2根
鹽 Salz——2g

1. 在蛋黃裡加入 1/2 砂糖的份量，攪拌混合至顏色變淡（**1**）。
2. 在步驟 **1** 中加入小麥澱粉後，混合均勻（**2**）。
3. 在鍋內放入牛奶，加入剩下的 1/2 砂糖、香草籽、鹽，加熱直至即將沸騰即可熄火（**3**）。
4. 把步驟 **3** 慢慢倒入步驟 **2** 中（**4**），再倒回鍋內，一邊攪拌，一邊以大火加熱（**5**）。
   ＊為了避免鍋底燒焦，請務必不斷地攪拌。不可使用小火。當奶油醬加熱完全的一瞬間看起來可能會不甚美觀，但只要持續攪拌就會產生光澤。圖中是奶油醬完成的樣貌。
5. 倒入淺盤內散開來（**6**），以保鮮膜覆蓋後，放入冰箱冷藏即可。

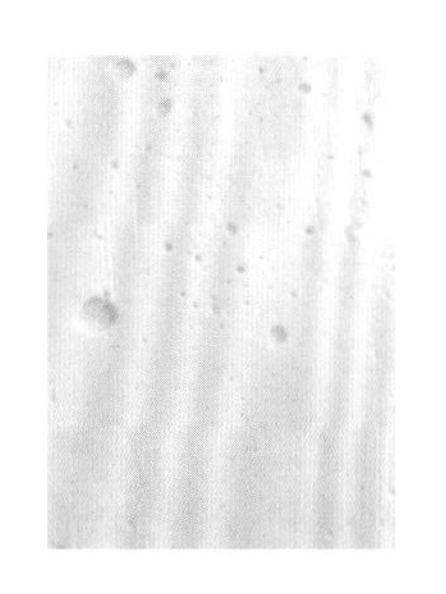

和奶油或其他材料混合使用

這款香草醬是為了可以和奶油或巧克力混合，變成鮮奶油蛋糕用的奶油醬。

蛋只使用蛋黃部分，水分比例較少，味道也較為濃郁。和巧克力或堅果醬（Praline）混合時，可降低甜度，調整成較為清淡的版本（請參考P.187堅果奶油蛋糕）。

◎製作香草醬❷

〔配方範例〕

蛋黃　Eigelb —— 100g

砂糖　Zucker —— 50g

小麥澱粉　Weizenpuder —— 30g

牛奶　Milch —— 500g

香草籽　Vanilleschote —— 1/2根

鹽　Salz —— 2g

1. 在蛋黃裡加入1/2量砂糖，攪拌混合至顏色變淡（**1**）。
2. 在步驟**1**中加入小麥澱粉後，混合均勻（**2**）。
3. 在鍋內放入牛奶，加入剩下的1/2砂糖、香草籽、鹽，加熱至快要沸騰，即可熄火（**3**）。
4. 將步驟**3**緩緩倒入步驟**2**（**4a**），再倒回鍋內，一邊攪拌，一邊以大火加熱（**4b**）。

   ＊為了避免鍋底燒焦，請務必不斷地攪拌。不可使用小火。當奶油醬加熱完全的一瞬間看起來可能會不甚美觀，但只要持續攪拌就會產生光澤。圖中是奶油醬完成的樣貌。
5. 倒入淺盤內平鋪開來（**5**），以保鮮膜覆蓋後，放入冰箱冷藏即可。

製作香草醬

1
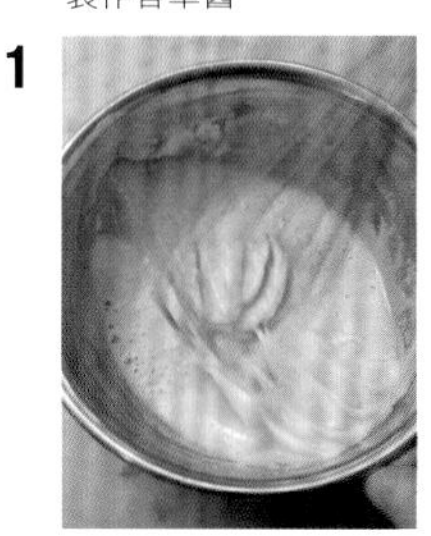

4b
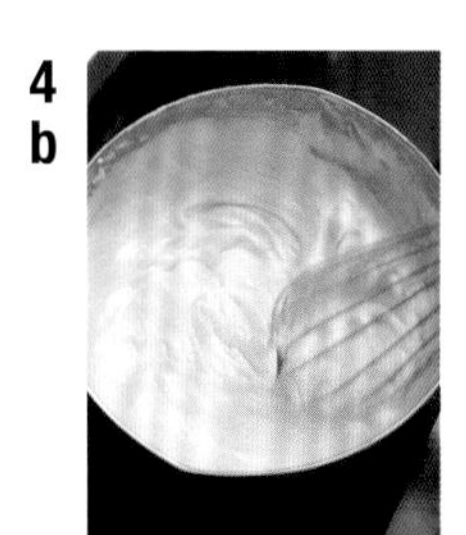

2
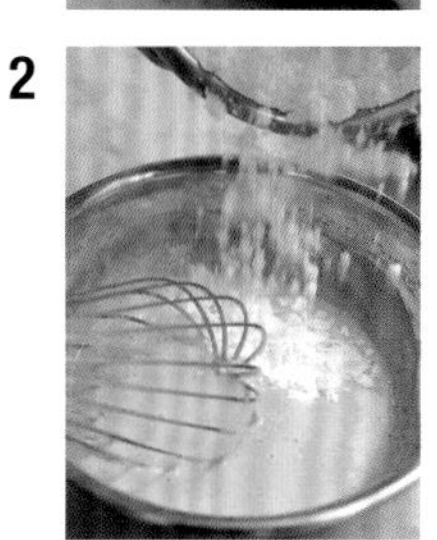

5
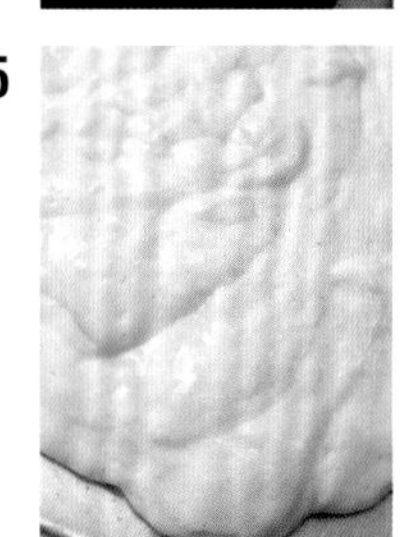

4a
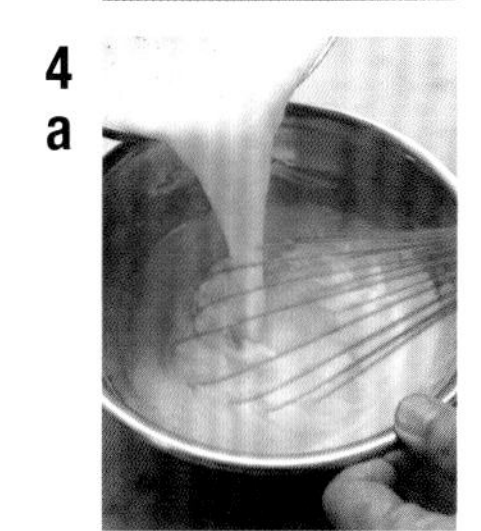

其他變化

〔法蘭克福皇冠蛋糕Frankfurter Kranz用香草醬〕（P.146）

這也是香草醬的一種，配方幾乎相同，差別只在於使用全蛋製作，能作出清爽的口感。法蘭克福皇冠蛋糕除了蛋糕體及杏仁香氣之外，沒有其他明顯的風味，是一款以克林姆醬（Buttercreme）為主的蛋糕，因此調味上會經過調整，口味略偏甜。

Buttercreme
克林姆醬

德式克林姆醬是一款將攪拌過後的奶油和香草醬混合製成的抹醬。配方比例為奶油1比1.5至2倍的香草醬。常用於鮮奶油蛋糕的奶油夾心或裝飾奶油。
在鮮奶油普及之前，鮮奶油蛋糕大多以克林姆醬製作。克林姆醬雖名為Buttercreme，卻並非早期常見的充滿油脂口感的奶油醬，而是膨鬆柔軟帶有空氣感，且和香草醬搭配有如天作之合的奶醬。
奶油的品質是左右克林姆醬風味的關鍵。以傳統的攪拌法所製作出來的奶油，脂肪球較小、香味濃，用於裝飾奶油上也不會過於膩味，清爽怡人。
克林姆醬也可再調味，加上巧克力、堅果、摩卡、蛋酒等酒類、水果……作出豐富的變化。

基本的配方比例

奶油—— 1
香草醬—— 1.5至2

製作克林姆醬

1
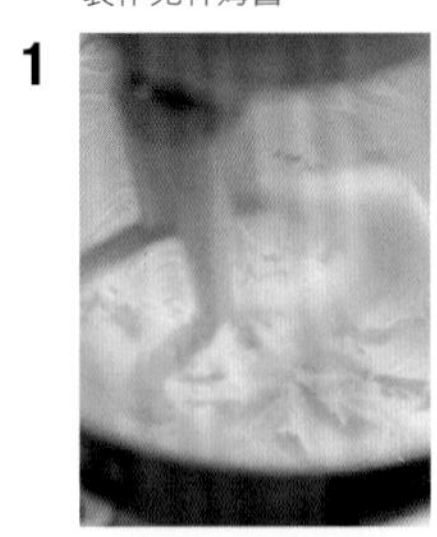

3
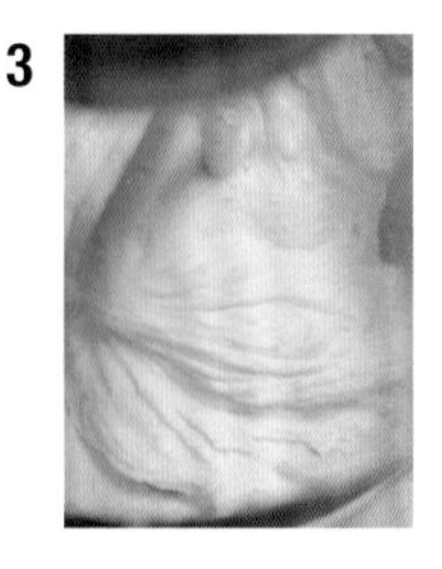

2
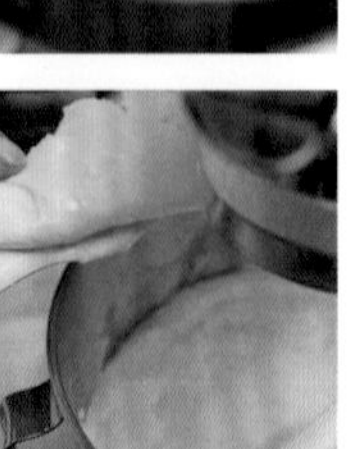

◎製作克林姆醬

〔配方範例〕
奶油——350g
香草醬——735g

1 奶油以電動攪拌器攪拌至質地變得柔軟（**1**）。
2 加入香草醬（**2**）。
3 完成克林姆醬（**3**）。

其他變化

〔堅果奶油蛋糕Nusscremetorte的克林姆醬〕（P.187）
為了使克林姆醬和堅果醬或巧克力彼此融合，提引出副食材的香味，香草醬的蛋份量要減少，整體比例也以香草醬為多（堅果和巧克力都含有脂肪，可藉此達到平衡）。

Sahne
鮮奶油

在德文裡Sahne指的是鮮奶油。製作甜點時所使用的鮮奶油乳脂含量為32%至35%，屬於低脂含量且口感清爽。
若是像製作日式鮮奶油蛋糕般以鮮奶油作為裝飾奶油，就要使用乳脂含量42%的鮮奶油，擠花效果才會明顯而持久，口感也較德式鮮奶油濃郁。
德國甜點裡使用鮮奶油時，口感一定比較輕盈。甜度也低，有時候甚至不加糖，即使加了糖，比例大概也只有鮮奶油的5%左右。

Schlagsahne
發泡鮮奶油

〔配方範例〕
鮮奶油 Sahne —— 1000g
砂糖 Zucker —— 50g

發泡鮮奶油的德文全名是Schlagsahne，在點心廚房很多時候也被簡稱為Sahne（同鮮奶油）。
打發鮮奶油時，有些時候加糖，有些時候不加。如果需要加糖，份量也只有鮮奶油的5%。以發泡鮮奶油（Schlagsahne）或鮮奶油（Sahne）來製作鮮奶油蛋糕（Torte）需要用的奶油醬（Creme）時，會搭配使用明膠（Gelatin）幫助穩定。

乳脂含量**32 %**　乳脂含量**42 %**

● **關於乳脂含量32%和42%的鮮奶油，作為裝飾奶油時的差異**
左：使用了乳脂含量35%的鮮奶油900g加上牛奶95g，等於於乳脂含量32%的鮮奶油後，經打發後用於裝飾的狀態如圖示。雖然打發後比較粗糙，但即使鮮奶油份量較多吃了也不膩。
右：使用乳脂含量42%的鮮奶油，擠花形狀立體而明顯，雖然口感濃郁，但用在直徑大小約24cm至26cm的德式鮮奶油蛋糕上相當適合。

Kapitel

2

Baumkuchen

麵團的藝術
年輪蛋糕

Baumkuchen
年輪蛋糕

◎何謂年輪蛋糕

在主要為品嚐麵團本身風味為重點的甜點裡，年輪蛋糕有著出類拔萃的地位。將麵團層層重疊後烘烤，過程看似簡單，出爐的成品卻相當具有深度，在德式點心中有著「甜點之王」的封號。年輪蛋糕最初的原形可以追溯至古希臘時代，將麵包以麵團捲起後，直接在火上烘烤，製作成名為Obelias的點心。到了15世紀，出現了一款名為Spiesskuchen的點心，是以麵粉、牛奶、奶油、蜂蜜製作麵團，加入啤酒酵母發酵後，再捲成如繩子般烘烤。現今我們所見這種以薄麵團層層重疊後烘烤，有著如樹木的年輪般外貌的年輪蛋糕，則是18世紀才出現。Baum是樹的意思，Baumkuchen指的是「樹木蛋糕」，因為很像年輪切面而被稱之為「年輪蛋糕」，但它的原意應該更接近最初將麵團捲在樹枝上烘烤的意思。

由於德國各地的甜點店皆視年輪蛋糕為重點招牌甜點，所以究竟要以一個地區的食譜為準，非常難以界定。據說科特布斯（Cuttbus）的食譜最古老，但年輪蛋糕其實是從德勒斯登（Dresden）發展起來的，而薩爾茨韋德爾（Salzwedel）則建立了現今年輪蛋糕的基礎。

本書中就以麵團及作法來區分，名稱冠上城市名字以強調各地區的特色。但比起重視定義，更希望將重點放在歷史背景的演變，及其食譜配方的奧妙上，認真地看待這道點心。在德國，若要取得專業烘焙執照，一定要學會作年輪蛋糕，是一道甜點店最終極的考試科目。

◎年輪蛋糕麵團

用來烘烤年輪蛋糕用的麵團，稱為年輪麥森麵團（Baumkuchenmasse）。屬於濃郁的酥餅麥森麵團（Sandmasse）的一種。德國食品的基準，麵團是由麵粉或小麥澱粉、奶油、蛋、砂糖、杏仁所組成。杏仁有顆粒狀或粉狀，也可以杏仁膏底Marzipanrohmasse製作。不使用泡打粉、乳瑪琳或乳化劑，外層裝飾（Coating）只使用巧克力或糖衣。除了基本材料之外，搭配的副材料是鹽、萊姆皮、香草籽這三個重要的材料，再加上利口酒作增添風味。蛋黃與蛋白分開打發的分蛋法，為德國年輪蛋糕的基本作法。整顆蛋一起打發的全蛋法，偶爾也會在某些場合裡看到。

本書中介紹的德勒斯登年輪蛋糕就是使用了全蛋法，但德勒斯登當地的作法，還是以分蛋法來製作。而科特布斯年輪蛋糕則是使用了分別把蛋黃、蛋白、奶油分開打發的三分法。

◎年輪蛋糕作法

年輪蛋糕是高難度的點心。要將麵團捲在棒子上，在烤爐前旋轉，短時間烘烤。不斷重覆上述這些動作才能完成。利用離心力，在麵團垂落之前烤好，有效控制麵團跟熱源之間的距離及旋轉的速度是成功的關鍵。製作年輪蛋糕會失敗的原因通常在於烘烤的過程中，麵團來不及烤熟而掉落。有可能是麵團捲太厚、烘烤時間不夠久、沒有充分麵糊化而導致。也有可能是麵團內所含的氣泡太多，遇熱後破裂開。或因為過度烘烤，使得麵團過硬。為了成功烤出完美的年輪蛋糕，麵團的溫度相當重要，請依標示的所需溫度及比例製作，並以年輪蛋糕專用烤箱進行烘烤。一般烤箱一次只能烤一根，也有一次可烘烤數根的種類，溫度約為300℃至400℃，熱源則有瓦斯式和插電式。瓦斯式的烤箱能預防麵團乾燥，熱度集中在鐵網上，麵團只有面對鐵網的那一面才會烤到。

a

b

c

（**a**）這是一次烘烤一根的標準年輪蛋糕烤箱。圖中是蓋上烤箱門的模樣。右邊有能設定旋轉圈數的撥盤及把手。

（**b**）打開烤箱門、掛上棒子的準備狀態。烤箱下方是用來調整火力的旋鈕。

（**c**）棒子最好選用木製品。德國從以前就喜歡使用青剛木，為耐熱且無氣味。且木頭的好處是不會像金屬材質般過熱。

Baumkuchen

基本款年輪蛋糕

基本款年輪蛋糕的配方比例是奶油1：砂糖1：麵粉1：蛋2。
為了層疊烘烤出好看的顏色及風味，在此使用了上白糖，這是德國沒有的食材。
使用細砂糖或甜菜根糖製作亦可。
最重要的還是麵團的製作和烘烤方式。

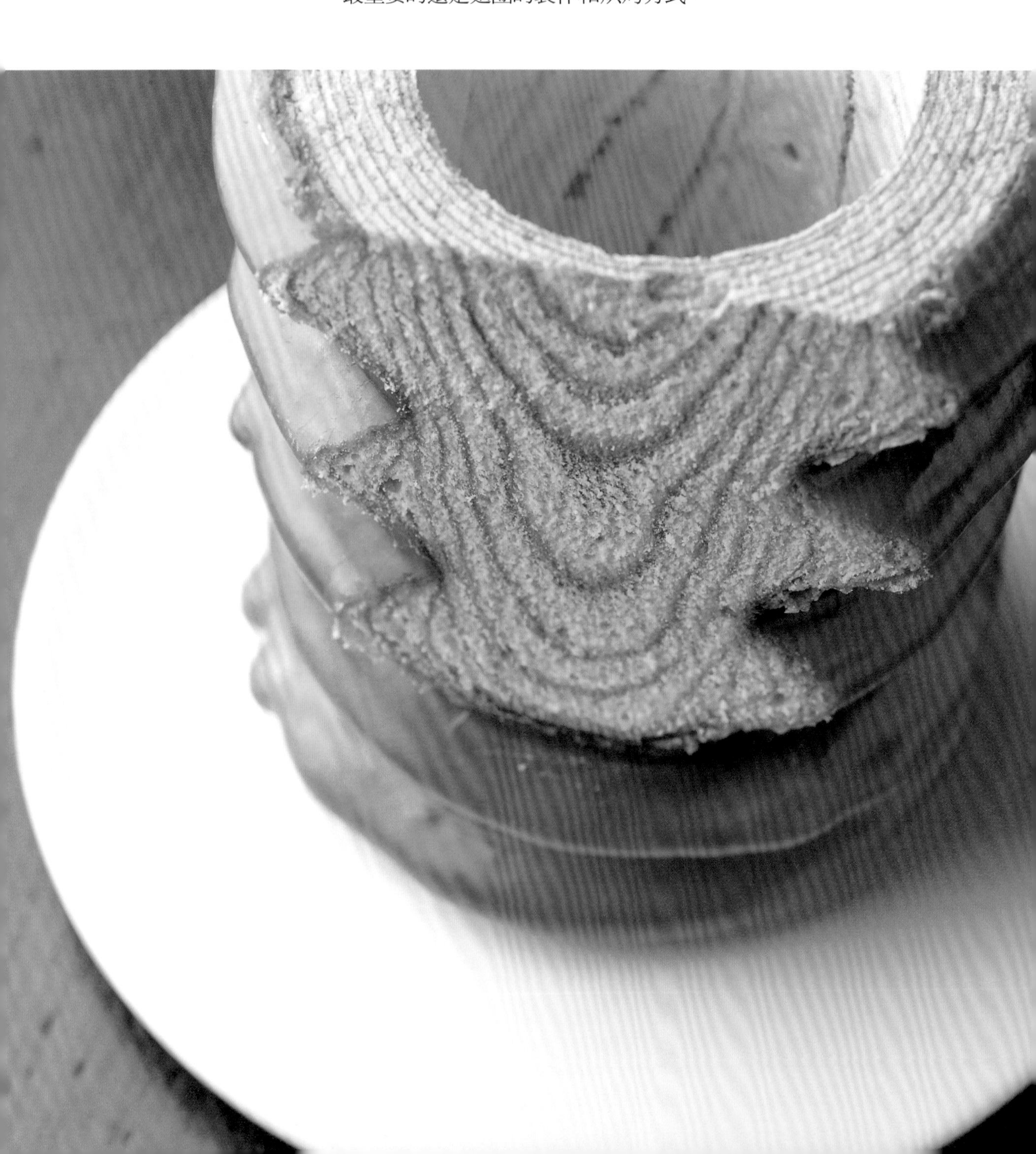

尺寸 120cm木棒 2根份

〔年輪蛋糕麥森麵團〕（合計=16620g）

奶油 Butter —— 3000g

杏仁膏底 Marzipanrohmasse —— 900g

鹽 Salz —— 15g

現磨萊姆皮 geriebene Zitronenschale —— 15g

香草籽 Vanilleschote —— 3本

蘭姆酒 Rum —— 375g

小麥澱粉 Weizenpuder —— 1500g

蛋黃 Eigelb —— 2700g

蛋白 Eiweiß —— 3600g

砂糖 Zucker —— 3000g

低筋麵粉 Weizenmehl —— 1500g

〔裝飾〕

杏桃果醬… 加溫後使用

糖衣… 糖粉600g加上蘭姆酒160g後溶解備用

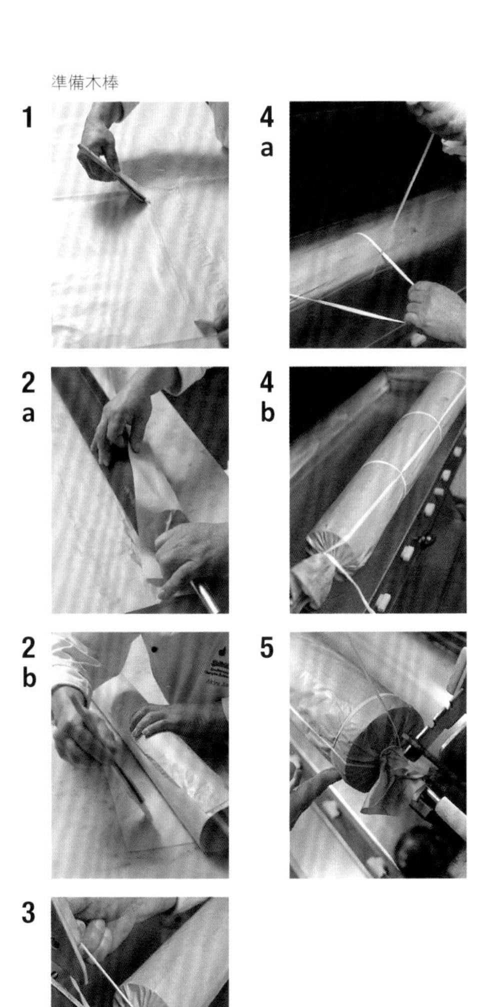

準備木棒

1 先備好紙。為了完整包覆木棒，紙的長度必需比木棒長 20cm 左右。如果紙張太小，可以蛋白黏接（**1**）。

2 將木棒以紙仔細包好（**2a**）後，以蛋白封口固定（**2b**）。掛上烤爐。

3 在左端的金屬棒上，紙張向中央收合，稍微旋轉一下，再以棉線把好固定（**3**）。

4 沿著木棒的中央位置，每隔一段固定間隔就綁上一圈棉線（**4a/4b**）。

5 最後右端的金屬棒位置也同樣以紙包覆後，再以從左端綁過來的棉線固定。綁緊後剪去多餘的線，兩端多出來的紙也容易烤焦，請一併剪掉（**5**）。

6 把年輪蛋糕專用烤箱點火後，確認木棒能在架上順利轉動，即準備完成。

打發蛋白

1 3  2  4

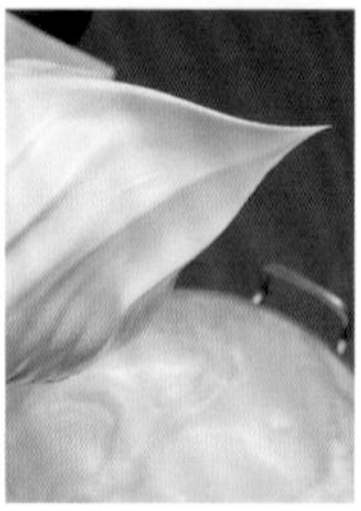

打發奶油

1 4 2 7 3a 8 3b 9

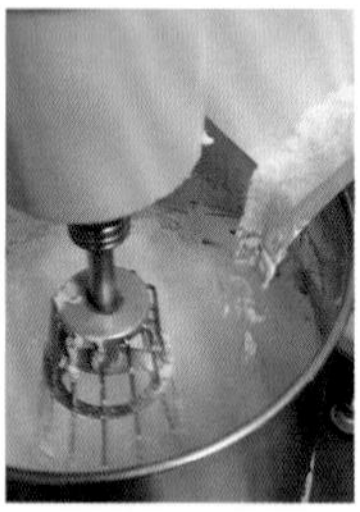

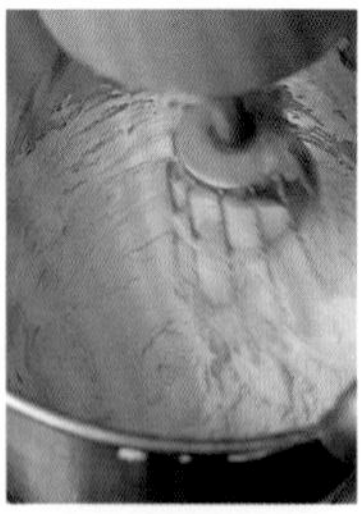

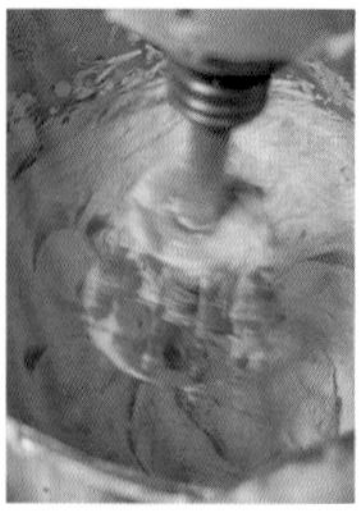

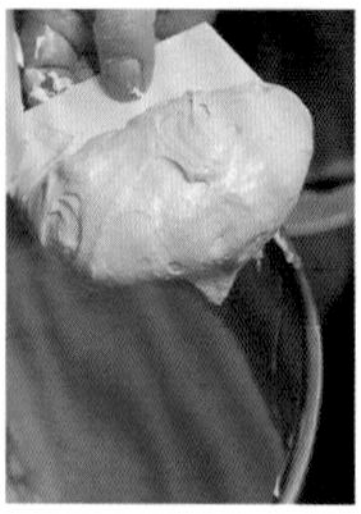

打發蛋白

作法…分蛋法
年輪蛋糕麵團比重…0.68至0.72
完成後蛋糕溫度…29℃

打發蛋白

1 打散蛋白，加入全部份量的上白糖，一起進行打發。雖然一口氣把糖全部加入後，打發需要的時間比較長，但能打出氣泡綿密、質地扎實的蛋白糖霜（**1**）。
2 為了讓蛋白能充分地被打發，要持續以高轉速攪拌（**2**）。
3 待膨脹飽滿度出現後，即可調降為低速，讓泡沫變得緊實（**3**）。
4 以攪拌器沾取蛋白，若呈現立體且前端尖細的形狀，即完成（**4**）。

＊使用砂糖為上白糖。改以細砂糖製作亦可。用法的差別請參考 P.9。

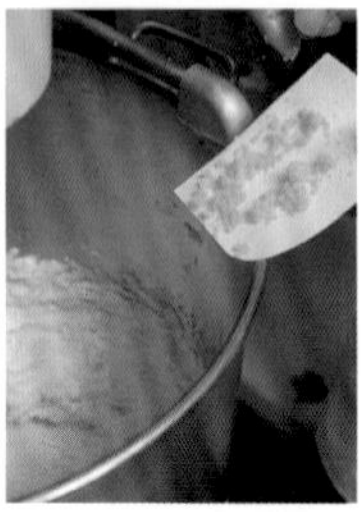

打發奶油

1 打發蛋白的同時，也可一併打發奶油。待奶油軟化後，慢慢加入杏仁膏底Marzipanrohmasse（**1**）。
2 依序加入現磨萊姆皮、鹽、香草籽（**2**）。
3 步驟 **2** 持續攪拌至完整混合不結塊，且顏色開始變淡（**3a**）。攪拌均勻後，倒入 1/2 份量的蘭姆酒（**3b**）。
4 接著倒入1/2份量的小麥澱粉後，繼續攪拌（**4**）。
5 倒入剩下的蘭姆酒。為了不使麵團結塊，需數次暫停攪拌，以刮杓將攪拌盆四周及盆底沒有拌到的部分仔細混合。
6 倒入剩餘的小麥澱粉。若這時麵團溫度偏低，可以瓦斯槍（Buner）加熱。
7 慢慢倒入蛋黃（**7**）。若蛋黃的溫度較低，可能會降低麵團的溫度，需要視情況加溫，使麵團維持在 28℃至 29℃（考慮室溫條件）。
8 慢慢加入蛋黃使麵團逐漸乳化，直至整體混合均勻即可（**8**）。

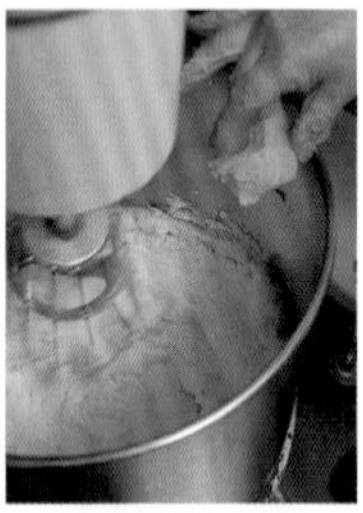

＊理想狀況是在這個步驟的同時，蛋白糖霜 Eischnee 也已經充分打發完成。

9 奶油麵團呈現光澤感、柔軟膨鬆有如霜狀（pomade）的質感為最佳（**9**）。

混合基底

1
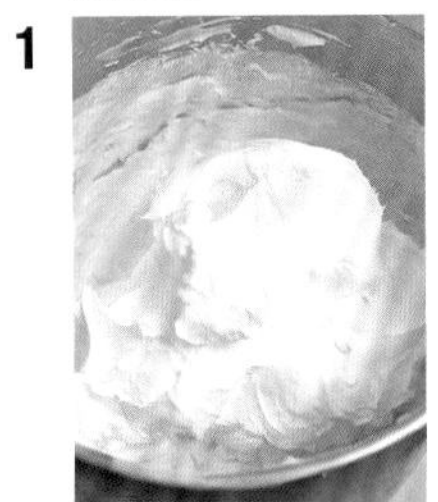

2a
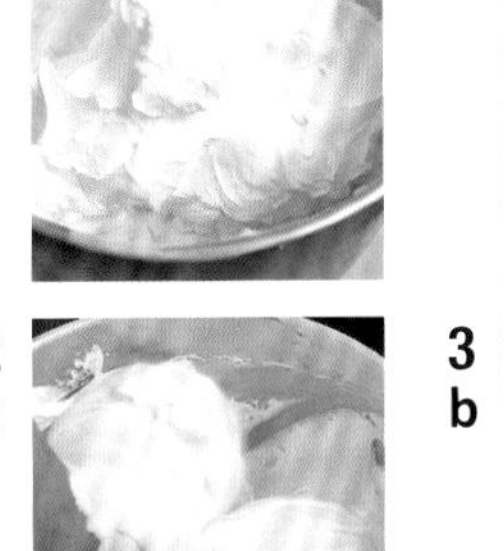

2b
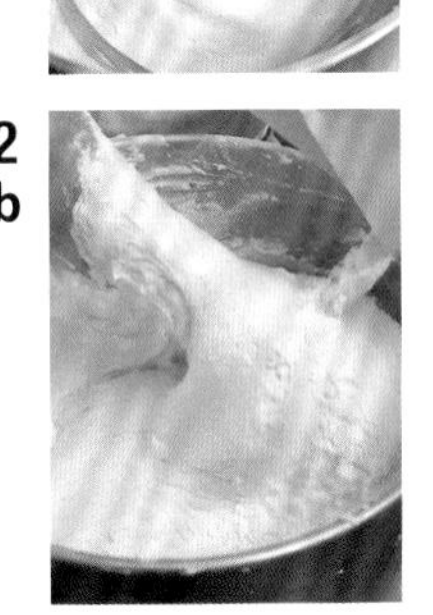

3a
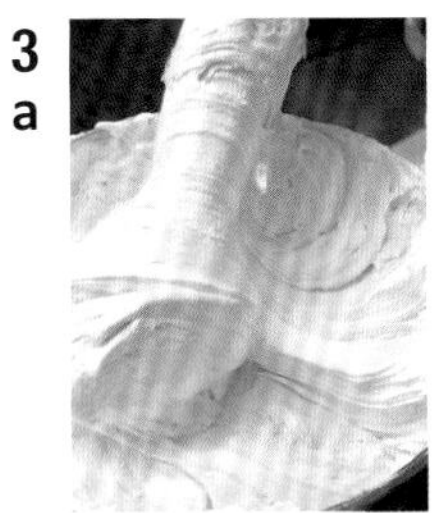

3b
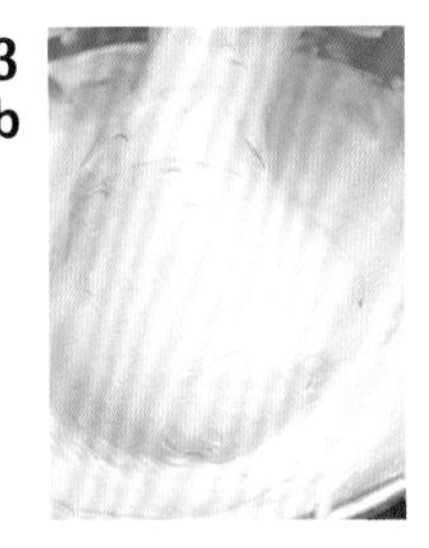

混合基底

1 把 1/3 份量的蛋白糖霜加入裝有奶油麵團的攪拌盆內（**1**）。

＊此步驟在德式作法中稱為「犧牲蛋白糖霜」。為了讓奶油麵團和蛋白糖霜能夠更完整混合，損失一些蛋白糖霜的泡沫。

2 混合的同時，慢慢倒入麵粉。(**2a**)為了發揮麵粉的黏性，當麵粉愈倒愈多時，拌攪的速度及旋轉攪拌盆的速度都要增加，並用力攪拌（**2b**）。

3 攪拌至粉末完全消失，再將麵團倒回裝有蛋白糖霜的調理盆內（**3a**）。仔細混合兩種基底，並盡量避免破壞蛋白糖霜的氣泡。最後完成顏色偏白、質地柔軟膨鬆的基底麵團（**3b**）。

製作基底麵團的重點

● **麵團溫度的管理**

如果奶油和蛋黃的溫度偏低，就會拉低最後完成的麵團溫度，導致烘烤時溫度不容易均勻穿透，使成品不佳。因此奶油需視情況加溫，以保持溫度，尤其冬天氣溫較低的時候，特別需要注意。如果一邊攪拌，一邊同時以瓦斯槍加熱，無法讓麵團帶有充分的空氣。最好在攪拌前就先控制好材料的溫度。

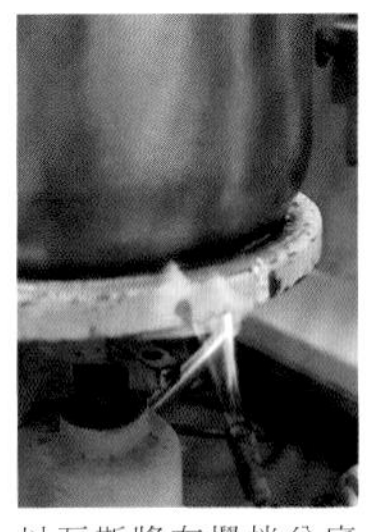

以瓦斯將在攪拌盆底部，一邊加熱，一邊攪拌。

● **基底麵團混合方式**

蛋白經過徹底打發後的氣泡，決定了麵團的質地。也因此蛋白糖霜、奶油麵團及麵粉「混合方式」非常重要。將攪拌盆抱在胸前的姿勢可以攪拌得又快又好。如果動作不夠快，氣泡就可能會消失。混合的作法，是以右手握住刮板，從攪拌盆的底部開始，以順時針方向，由下往上地翻攪。翻攪的角度要大，刮板沿著攪拌盆內壁從下往上移動。同時間左手以逆時針方向轉動攪拌盆。如此一來，便能花最少的力氣達到最好的攪拌效果。此時請小心，不要破壞蛋白糖霜的氣泡。當刮板沿著攪拌盆內壁滑動時，刮板和內壁間的麵粉及其他基底是以自然的方式流動，所以掌握適當的力道就是最理想的混合方法。

以不破壞蛋白糖霜氣泡的方式，由下向上翻攪，和奶油均勻混和。

● **使用上白糖的理由**

藉由使用上白糖而非細砂糖的作法，能作出甜度明顯且質地細緻的蛋白糖霜。同時，上白糖的美拉德反應（Maillard Reaction）較為優秀，能烘烤出漂亮的色澤，也更能增添美味。

烘烤

以凹槽板成形烘烤

塗上杏桃果醬

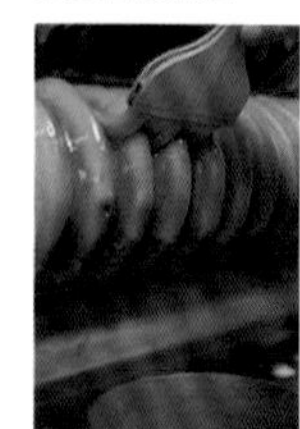

塗上糖衣

烘烤

1 木棒放置烤箱內，關閉烤箱門，再將年輪蛋糕烤箱的火力開到最強。將木棒加熱至手無法觸碰的熱度（**1**）。

2 把麵團倒入烤箱專用的船型槽內（**2a**）。把麵團混合攤平，同時讓麵團加熱，使質地潤滑（**2b**）。

3 以加熱過的木棒沾取麵團。一開始旋轉木棒的速度放慢，使木棒能均勻沾取麵團（**3a**）。接著把木棒掛回烤箱內架上，關上烤箱門（掛在熱源的正前方）。為了讓麵團能烤出好看的顏色，改以中速旋轉木棒（**3b**）。

4 第一次烤完後，以手在綁繩的位置從上往下施壓，讓麵團和紙及綁繩都能確實密合。第一次烘烤的火力要強一點（**4**）。

5 沾取第 2 層麵團（**5a**）。第 2 層以後的麵團只要烘烤上色後，即可接著沾取下一層麵團，並放置熱源前方烘烤，重覆基本動作（**5b**、**5c**）。隨著蛋糕層加厚，重量也會增加，需要視情況調整木棒的旋轉次數及軸心的位置。

以凹槽板成形烘烤

1 以凹槽板成形的裝飾法。沾取了第 8 層麵團後，再加以凸槽板成形（**1**）。

2 以凹槽板成形後的第 1 層，顏色偏淺（**2**）。

3 凹槽板接觸到麵團的位置，會在麵團上形成凹處有如山谷，此處沾取不到麵團，所以接下來凹槽處會重覆被烘烤（**3**）。

4 為了不使麵團的凹槽處烤焦，必需注意烘烤時間及距離（圖中是第 3 層）（**4**）。

5 使用凹槽板成形後的第 4 層。麵團凹槽處已經幾乎沾取不到麵團，形成明顯的高低差距（**5**）。

6 形狀烤出來後就可以視為最後一層了（**6**）。

7 烘烤完成（**7**）。凹槽的深度視年輪蛋糕本身的比例優美而定，先烤 8 層後再烤 4 層凹槽。年輪蛋糕烘烤完成後，即可關閉烤箱電源，但讓木棒繼續旋轉，烤箱門關閉，慢慢散熱即可。如果烤箱門打開，蛋糕會因為接觸到外面的冷空氣而縮小。

裝飾步驟：塗上杏桃果醬

以溫熱過的杏桃果醬，塗在放涼的年輪蛋糕上，這個步驟是為了防止蛋糕乾燥。均勻塗抹後，待果醬自然乾燥即可。

裝飾步驟：塗上糖衣

1 在糖粉中加入蘭姆酒，以小火加熱至糖粉溶化且沒有結塊（**1**）。

2 以刷子將糖衣塗在蛋糕上（**2**），等待自然乾燥即可。

＊若想薄塗一層糖衣，請在年輪蛋糕尚有餘溫時塗，因為蛋糕的溫度會增加糖衣的延展性，比較方便薄塗。若喜歡偏甜的口味，可以等到年輪蛋糕隔天完全冷卻後再塗抹，糖衣會比較厚。

烘烤重點

● 烘烤時的節奏

烘烤年輪蛋糕的基本動作，簡單來說就是「緩慢轉動讓麵團沾得略厚，再增加轉動速度讓麵團平均分佈，並以大火瞬間烘出膨鬆感」。只要掌握以上節奏感，就能烤出顏色好看且厚度均勻的年輪蛋糕。烤箱內溫度有300℃至400℃，烤一層麵團需要的時間非常短。烘烤的程度可以用旋轉的次數來調整，如果烘烤時間過長，蛋糕口感會變得太硬過於扎實。請掌握好轉速，烘烤出膨鬆美味的蛋糕。

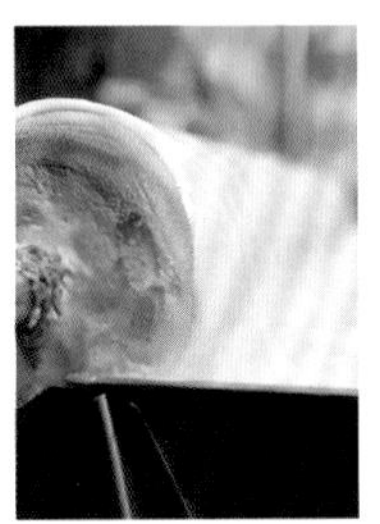

為了烤得均勻漂亮，木棒的旋轉速度相當重要。

● 不要留有氣泡

烘烤時表面若出現氣泡，尤其出現在內側層，一定要以竹籤將氣泡戳破，不可讓空氣留在麵團中。如果留下氣泡浮起的部分，裡面的空氣會因為熱度而膨脹，導致麵團破裂而脫落。

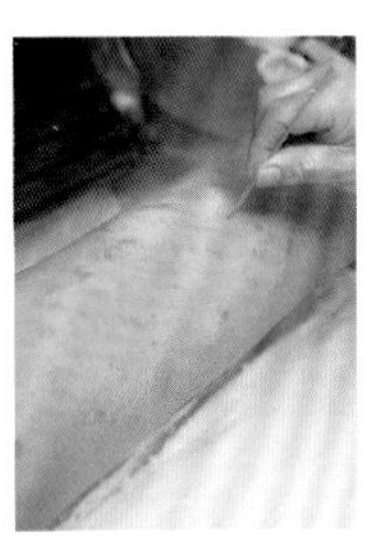

如果內側的氣泡不戳破，會導致麵團脫落。

● 如何從船形槽內沾取麵團

倒入船形槽內的麵團，表面受到烤箱溫度加熱，整體溫度不平均，需要常常攪拌，使溫度均勻。從攪拌盆內將麵團倒入船形槽內時，也要將槽內剩下的麵團和新麵團重新混合攪拌，使質地均勻。倒入麵團時，會夾帶許多空氣，烘烤時表面容易破裂脫落，這時增加旋轉的速度可以讓多餘的麵團掉落，也可使新的一層麵團和上一層麵團結合得更好。須特別注意避免讓麵團層過薄。

若想烘烤出漂亮的年輪蛋糕，即使麵團不斷重新補充倒入，每一層年輪還是必須烤得平均整齊。木棒一旦沾完麵團放回熱源處後，多餘的麵團就會脫落。依烤箱設計的不同，有的船形槽可向內推，接住掉落下來的麵團。但這個動作也需要特別小心，如果不快點把船形槽拉出，整個槽內的麵團都可能會被烤到。

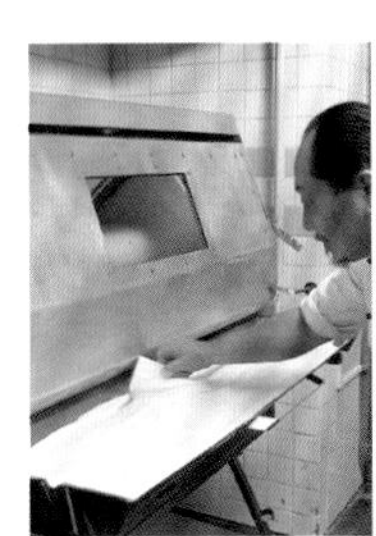

保持船形槽內麵團的良好狀態。

● 木棒的粗細

木棒粗細的不同，相對麵團的離心力也有所不同。細的木棒麵團裹薄一些，粗的木棒麵團裹厚一些。而若層數相同時，細的年輪蛋糕由於麵團層較薄，比粗的年輪蛋糕容易乾燥。

也因為離心力的關係，想作出凹槽較深、高低落差較大的蛋糕時，請使用粗的木棒軸。

● 蛋糕層數

在日本，年輪蛋糕是以一個一個為販賣單位，所以一次會烤許多個，為使每一個蛋糕的大小都相同，蛋糕體的層數及直徑是固定的，例如：12層或18層。但在德國，年輪蛋糕的主要販賣方式是秤重計算，因此是以最終出爐的大小來決定，層數則各有不同。

Salzwedeler Baumkuchen

薩爾茨韋爾德年輪蛋糕

這是一款以旋轉木棒軸作出自然的山谷高底形狀而聞名的年輪蛋糕。
因此麵粉量偏多，且延展性佳，
快速轉動質地輕盈的麵團後即可烘烤而成。
表面塗上甜甜的糖霜是德國人最喜歡的裝飾方式。

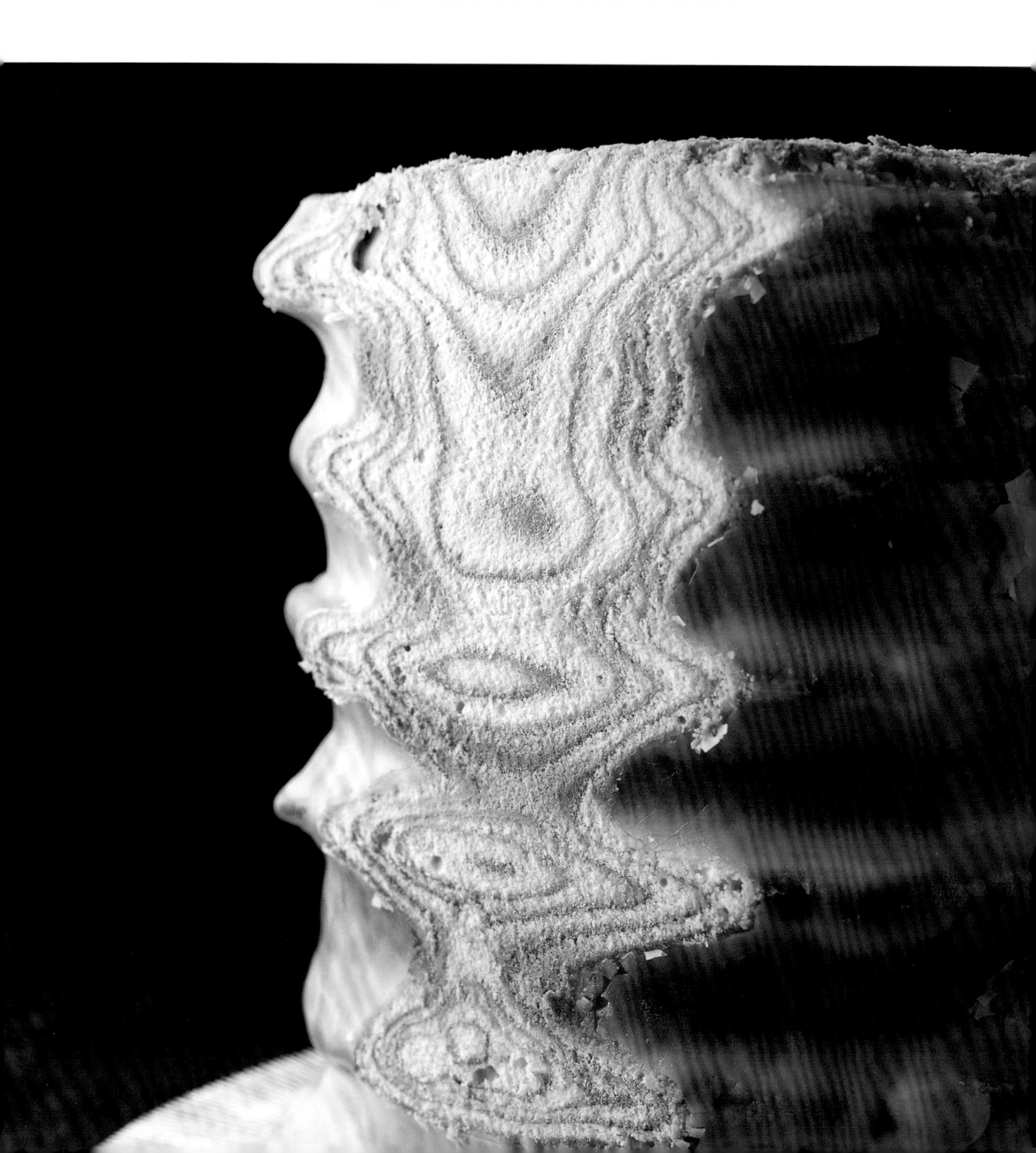

尺寸　120cm　2根份

〔年輪蛋糕麥森麵團〕（合計＝17270g）

奶油　Butter——3000g
杏仁膏底　Marzipanrohmasse——840g
鹽　Salz——15g
現磨萊姆皮　geriebene Zitronenschale——15g
香草籽　Vanilleschote——3根
蘭姆酒　Rum——300g
小麥澱粉　Weizenpuder——1800g
蛋黃　Eigelb——3200g
蛋黃用砂糖　Zucker——900g
蛋白　Eiweiß——4300g
蛋白用砂糖　Zucker——2000g
低筋麵粉　Weizenmehl——1800g

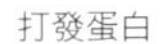

打發蛋白

1

2

打發奶油

1

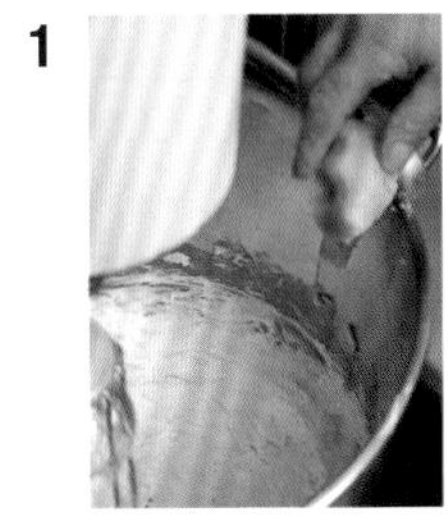

4

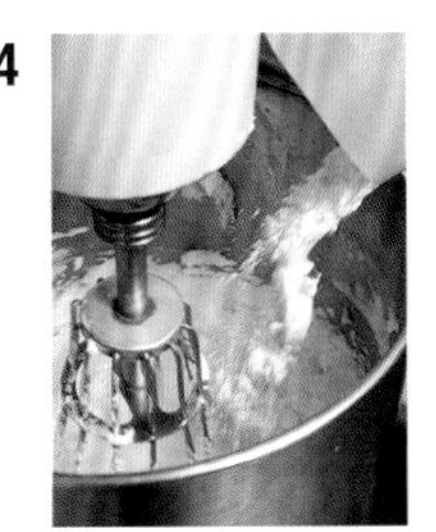

2

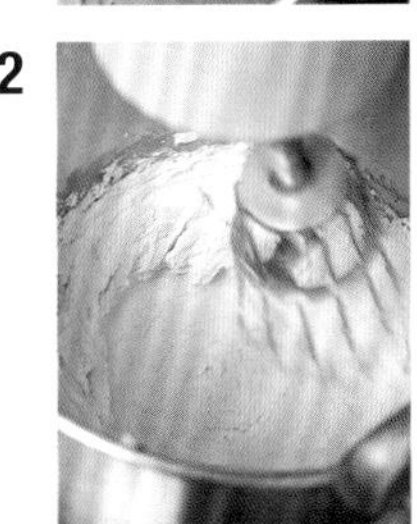

5

3

〔裝飾〕

杏桃果醬…溫熱。
糖霜（Fondant）…糖霜加入熱水，使質地變軟。

準備木棒

- 參考基本款年輪蛋糕（P.39）。
- 若使用較短的木棒，只要在木棒的熱源位置點火即可，火力全開。

製作麵團

作法…分蛋法
麵團比重…0.65至0.7
完成後的麵團溫度…27℃

打發蛋白

1 先將蛋白打散，倒入全量砂糖後，進行打發。一開始調至高速攪拌（**1**）。

2 待質地份量明顯膨脹後，改以中速攪拌使泡沫緊實，完成結構扎實的蛋白糖霜（**2**）。

＊砂糖使用細砂糖，會比使用上白糖來得乾爽，完成的糖霜質感也較輕盈。

打發奶油

1 在打發蛋白的同時，也可同時打發奶油。待奶油變軟後，加入杏仁膏底，持續攪拌至滑順不結塊（**1**）。

2 待步驟 **1** 顏色開始變淡後，加入現磨萊姆皮、鹽和香草籽（**2**）。

3 待步驟 **2** 混合均勻後，加入全量萊姆酒（**3**）。

4 再加入小麥澱粉，全部混合均勻（**4**）。

5 慢慢倒入蛋黃，仔細混勻使其乳化。視情況加溫提高奶油麵團的溫度。此階段的奶油麵團溫度應為35℃為佳（**5**）。

混合基底

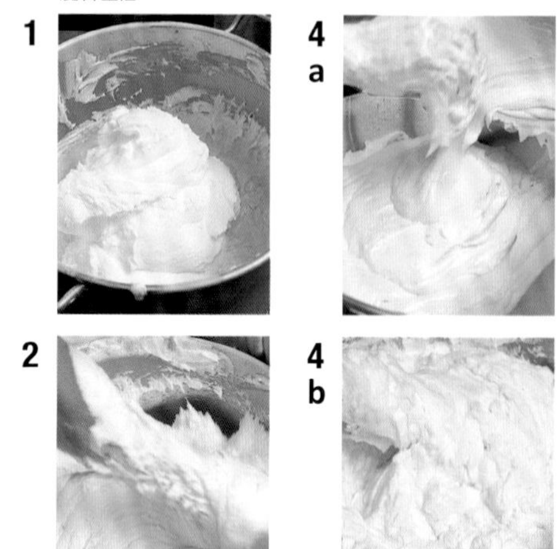

混合基底

1 將 1/3 量的蛋白糖霜加入裝有奶油麵團的攪拌盆內（**1**）。
2 以單手握住刮板，大動作地混合均勻（**2**）。
3 混合的同時，在蛋白糖霜尚未完全消失前，慢慢倒入麵粉，全部混合（**3**）。
4 把步驟 **3** 倒回裝有蛋白糖霜的調理盆內（**4a**）。仔細混勻兩種基底，並注意盡量不要破壞蛋白糖霜的氣泡，仍可看到些許蛋糖霜塊也無妨。完成顏色偏白、質地柔軟膨鬆的基底麵團（**4b**）。

製作基底麵團的重點

薩爾茨韋爾德版本的麵團配方和基本款相近。德國的砂糖為細砂糖，在此我們也使用細砂糖製作。比起上白糖，以細砂糖烘烤出來的色澤較淡（上白糖的焦化反應較明顯），成品的甜味及口味都較清爽。最後再塗上糖霜，以糖霜取得甜度上的平衡。

烘烤

烘烤

1 把麵團倒入船形槽內，混合整平。

2 慢慢轉動木棒軸，沾取麵團（**2a**）。第1至4層以低速旋轉方式烘烤，使木棒和麵團確實貼合。烘烤時請注意有無產生氣泡（**2b**）。

3 第5至8層。與步驟**2**相同方式，緩慢旋轉沾取（**3a**）。掛回架上後，提高旋轉的速度，增加離心力同時有熱源烘烤，會自然形成凹凸形狀（**3b**）。

4 製作第9至10層，沾取麵團時，為了讓已經形成的凸出部分更為明顯，可以刮板沾取麵團加強於高山處（**4a**）。同樣以快轉速增加離心力的方式烘烤（**4b**）。

5 到了第11至12層時，只要緩慢旋轉木棒沾取麵團即可，無須再加強凸高處（如果凸出的位置太高，最後裝飾時容易斷裂）（**5**）。

6 整體烘烤出漂亮的色澤後，即可熄火，關上烤箱門，讓木棒軸持續轉動散熱（**6**）。

裝飾：塗上杏桃果醬

溫熱過後的杏桃果醬趁年輪蛋糕尚未完全冷卻之前塗上。放置一晚。

裝飾：刷上糖霜（隔天）

糖霜先加入熱水軟化後，熱水即不再使用。之後加入冷水，一邊進行加熱，一邊攪拌均勻。待糖霜加熱至45℃左右，即可刷在年輪蛋糕上。

刷上糖霜

烘烤重點

薩爾茨韋爾德年輪蛋糕的傳統作法是以自然的方式烤出角度明顯，形成高低落差樣貌。

使用比較短的木棒軸時，要注意左右兩側的麵團是否烤熟（如圖）。內側的蛋糕層和基本款年輪蛋糕相同，若出現氣泡請以竹籤戳破，以釋放空氣，以預防麵團崩落。

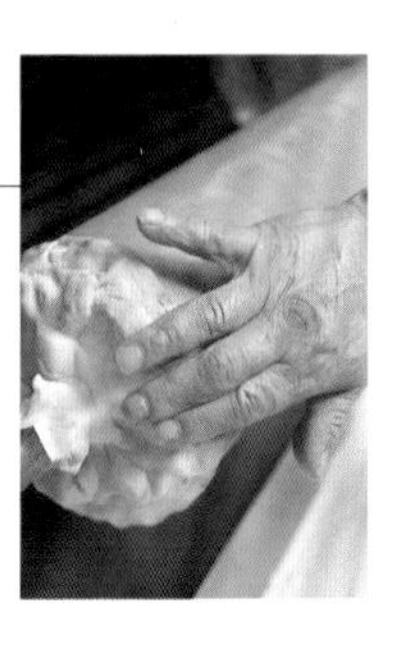

Dresdner Baumkuchen

德勒斯登年輪蛋糕

在德勒斯登可以找到許多不同種類的年輪蛋糕，相互爭奇鬥豔。
在攪拌器發明之前所製作的蛋麵團，是使用全蛋法，
成品的口感有如蜂蜜蛋糕般柔軟綿密。
現今的德國幾乎找不到這樣傳統的作法。

尺寸　120cm木棒　2根

〔年輪蛋糕麥森麵團〕（合計=8745g）

蛋　Vollei —— 3000g
蛋黃　Eigelb —— 600g
砂糖　Zucker —— 1500g
鹽　Salz —— 10g
現磨萊姆皮　geriebene Zitronenschale —— 10g
香草籽　Vanilleschote —— 3根
奶油　Butter —— 1500g
白蘭地　Weinbrand VSOP —— 300g
麵粉　Weizenmehl —— 600g
小麥澱粉　Weizenpuder —— 600g
杏仁粉　Mandeln, gerieben —— 600g

〔裝飾〕

糖衣…糖粉600g中加入茴香酒（Arak）160g後溶解

製作麵團

1

4
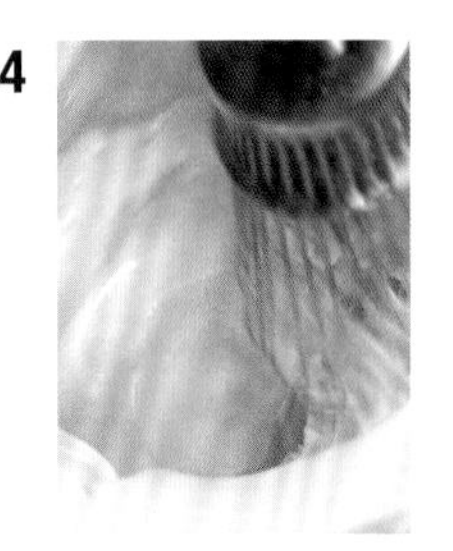

2
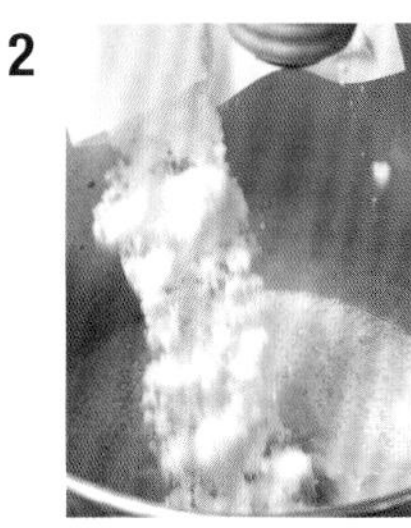

5

3
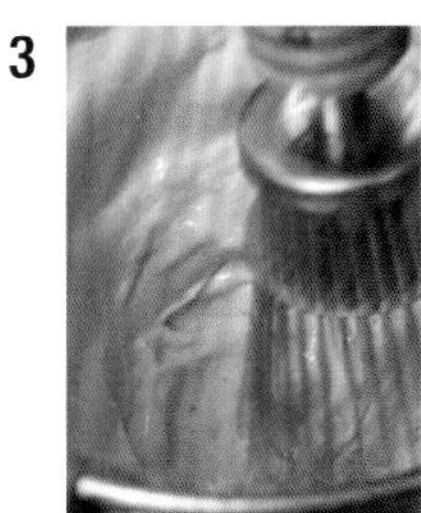

6
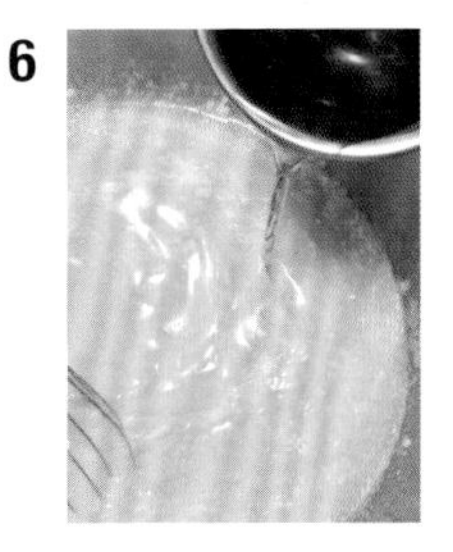

準備

- 由於是全蛋打發，質地較輕盈，因此杏仁用的是杏仁粉而非杏仁膏底。
- 先混合麵粉、小麥澱粉及杏仁粉。
- 年輪蛋糕烤箱火力全開，木棒軸置於架上預熱。

木棒的準備

請參考基本款年輪蛋糕（P.35）

製作麵團

作法…全蛋法
麵團的比重…0.4
完成後的麵團溫度…35至37℃

1　攪拌盆裡放入蛋及蛋黃後打散，隔水加熱至42℃。加熱完成後移至攪拌器內（**1**）。
＊加熱後較容易打發起泡，蛋可先置於室溫下回溫。冬天溫度低較難以打發，可視情況一邊加熱，一邊攪拌。

2　加入砂糖。再加入現磨萊姆皮、鹽、香草籽（**2**）。

3　一開始先以高速攪拌。由於砂糖的比例較高，起泡的速度較慢。若能使用攪拌能力較強的機器，效果會更好（**3**）。

4　待步驟**3**漸漸變白後，將機器轉速調為中低速，將大氣泡打得更細緻，作出緊實的小氣泡。基底請適時加熱，以維持在50℃左右（**4**）。

5　以隔水加熱的方式將奶油融化至65℃至70℃左右。和蛋麵團混合時，為了不降低整體溫度，時間的掌握相當重要（**5**）。

6　在融化奶油裡加入白蘭地（**6**）。

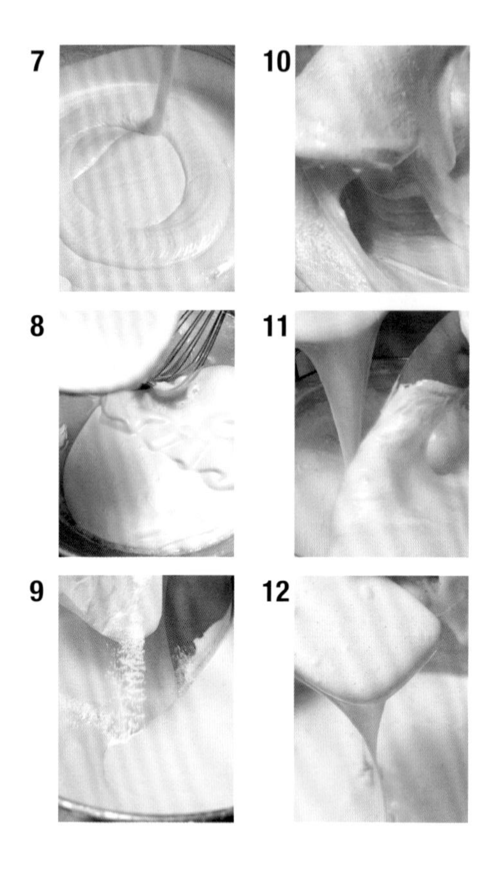

7　步驟**4**的蛋麵團徹底打發後的模樣。基底麵團的氣泡極細，攪拌棒滑過的痕跡有如緞帶的紋理(**7**)。

＊若氣泡過大，烘烤後會造成許多氣泡孔，使口感粗劣。

8　將步驟**7**的一部分（與奶油等量）倒入步驟**6**的融化奶油中，仔細混合均勻（**8**)。待奶油完全浮起來後，再進行攪拌。

9　將粉類慢慢倒入步驟**8**中，一邊慢慢倒入粉類，一邊以單手握住刮板進行混合（**9**)。

10　以從調理盆底部往上大動作翻攪的方式，將所有材料混合均勻。此步驟可讓麵粉產生黏性(**10**)。

11　把確實混合好的步驟**10**倒入步驟**7**。由於奶油麵團和蛋麵團的質地相近，很容易就能攪拌均勻(**11**)。

12　麵團均勻混合後，產生光澤感的柔滑狀態。由於麵團較容易糊化，請將溫度保持在35℃至37℃(**12**)。

製作麵團的重點

● 注意分離

全蛋法製作的麵團容易分離。請一定要在攪拌盆內確實混合至完全均勻。一旦麵團分離，沉在底部的麵團會導致烘烤後的烤色不均，而烘烤失敗。

● 容易變硬

雖然使用的是全蛋法，但年輪蛋糕麵團的溫度要比海綿蛋糕麵團高。如果麵團溫度太低，烘烤成形時會變得過硬（麵團糊化需要時間）。

烘烤

1

2a
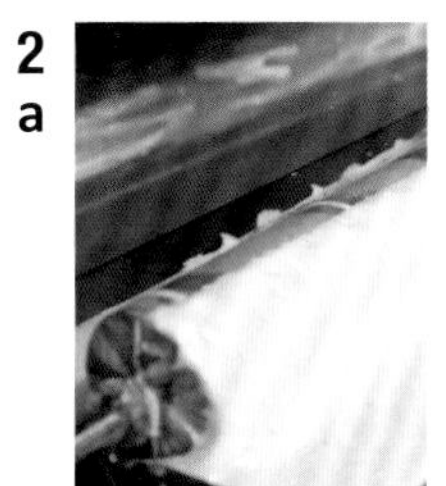

2b
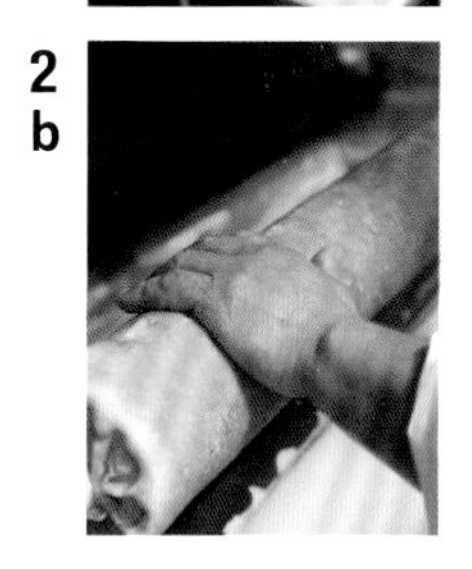

3
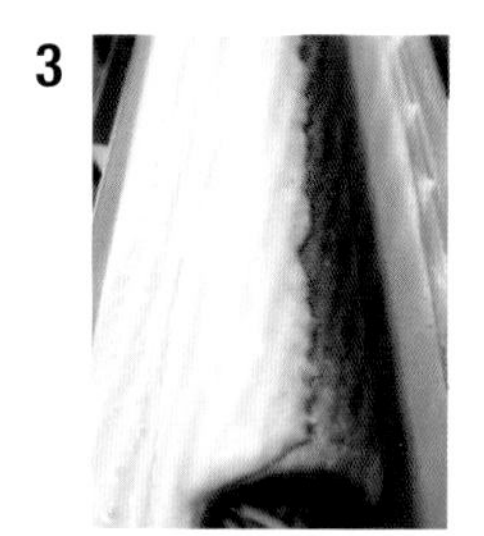

4
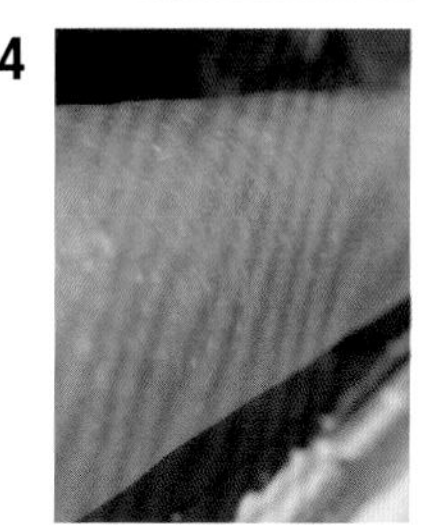

裝飾

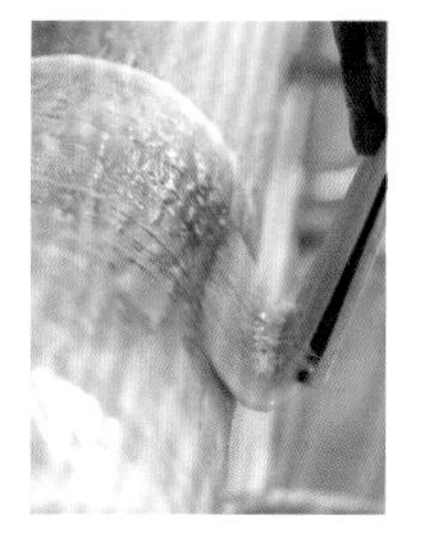

烘烤

1. 麵團倒入船形槽內後，稍微放置一下，使麵團溫熱，達到鬆弛的效果。如果剛剛混合好的麵團馬上沾取烘烤，會造成氣泡過大，容易崩壞破裂（**1**）。
2. 第 1 層麵團以低轉速沾取後烘烤（**2a**）。完成後以手掌按壓綁繩處，擠出多餘空氣，防止蛋糕脫落（**2b**）。
3. 第 2 層至第 10 層的作法，皆為沾取麵團後，以中轉速烘烤。想要烤出平整沒有凹凸起伏的模樣，木棒軸的轉速不能太快（**3**）。
4. 每一層都烤得鬆軟有彈性。烘烤得表面平整的模樣（**4**）。
5. 烘烤完成好後，請立刻熄火，關閉烤箱門，並維持木棒軸旋轉，以達到散熱。如果未確實散熱即打開烤箱門，蛋糕會緊縮而出現皺紋。

裝飾

趁蛋糕還有餘熱時，塗上以糖粉和茴香酒作成的糖衣。掛回架上冷卻，隔天再切開享用。

烘烤的重點

● 烤得柔軟平滑

雖然全蛋法比分蛋法容易操作，但相對地因為氣泡較脆弱，容易烤得過硬。最理想的口感為膨鬆、濕潤、柔軟，且表面平滑平整。訣竅在於確實掌握烘烤時間，不要烤得過久。

Cottbuser Baumkuchen

科特布斯年輪蛋糕

科特布斯是保有現今年輪蛋糕最古老的食譜的城市。
奶油、蛋白、蛋黃分別打發，再混和顆粒較粗的杏仁粉，
製作出略為爽脆卻濃郁的口感，別具一番風味。
最後淋上了大量的調溫巧克力作為裝飾。

尺寸　20cm　14根份（1根1000g）
〔年輪蛋糕麥森麵團〕（合計=13918g）
蛋黃　Eigelb —— 2600g
蛋黃用砂糖　Zucker —— 500g
奶油　Butter —— 3000g
香草籽　Vanilleschote —— 3根
小麥澱粉　Weizenpuder —— 1500g
現磨萊姆皮　geriebene Zitronenschale —— 12g
蛋白　Eiweiß —— 3300g
蛋白用砂糖　Zucker —— 1500g
鹽　Salz —— 10g
低筋麵粉　Weizenmehl —— 1200g
杏仁粗顆粒　Mandeln, grob gehackt —— 300g
肉桂粉　Zimtpulver —— 5g
*混合低筋麵粉
小豆蔻粉　Kardamompulver —— 3g
*混和低筋麵粉
茴香酒　Alak —— 200g

〔裝飾〕
調溫巧克力 —— Kuvertüre

打發蛋黃

1
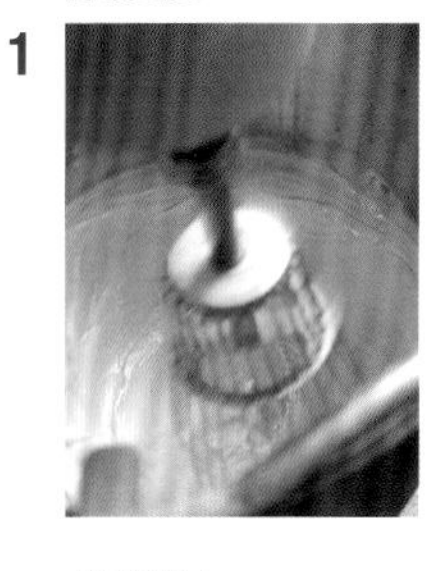

2
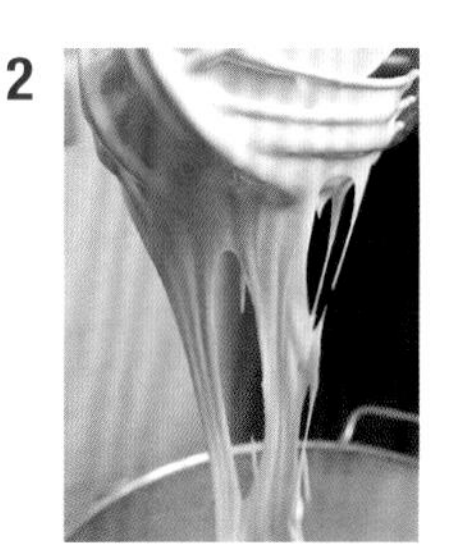

打發奶油

1
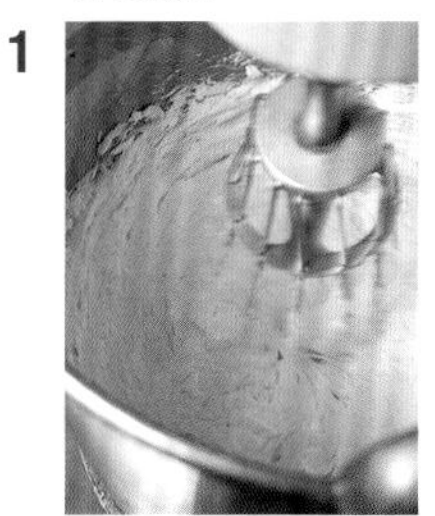

3

2

打發蛋白

準備木棒

使用長度20cm的圓椎形木棒軸。先以紙包覆並以蛋白封口固定，再穿過金屬軸心。裝置完成後將兩端卷起，以棉繩綁好。裁去多餘的紙。如果會用到凹槽板成形，請記得對準凹槽板的位置。

製作麵團

作法…三立法
麵團的比重…0.75至0.78
完成後的麵團溫度…28至29℃

打發蛋黃

1　蛋黃加入砂糖後打發（**1**）。
2　打發至顏色變淡產生黏性（**2**）。

打發奶油

1　奶油加入香草籽後，打發至質地變成乳霜狀即可（**1**）。
2　交替加入小麥澱粉、茴香酒，混合均勻（**2**）。
3　打發至氣泡扎實，質地呈現光澤感即可（**3**）。

打發蛋白

蛋白加入全量砂糖後，打發至質地緊緻，且以攪拌器舀起時前端呈明顯尖針狀即可。

混合基底麵團

1a
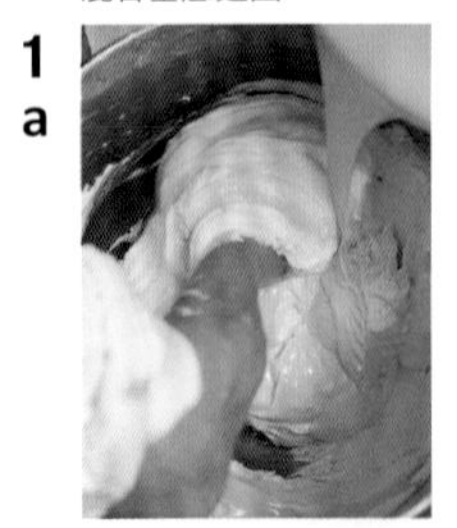

4
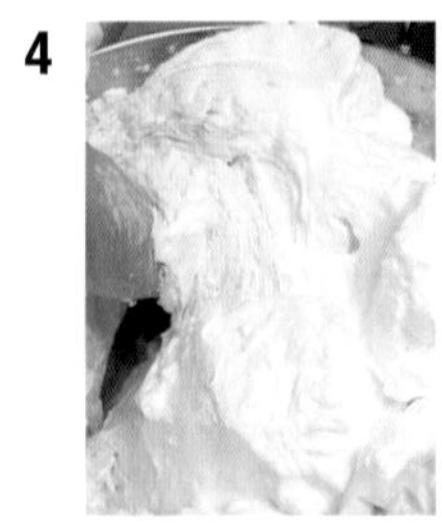

1b
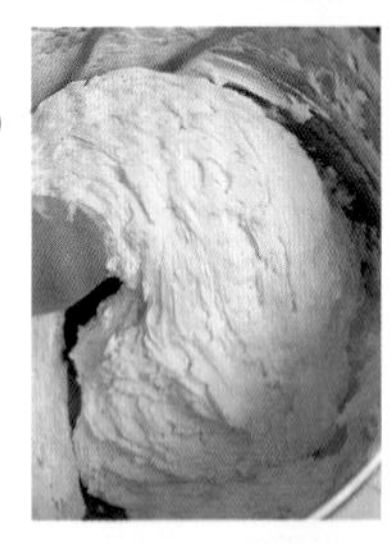

5
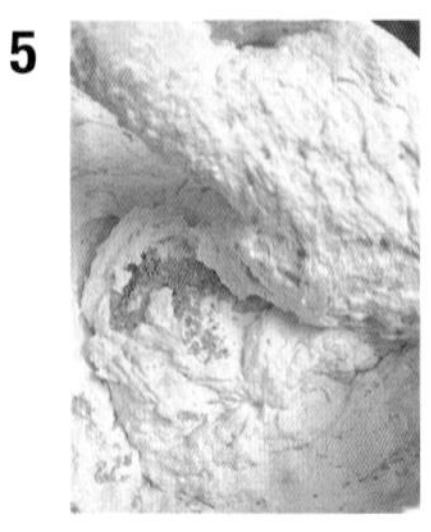

2
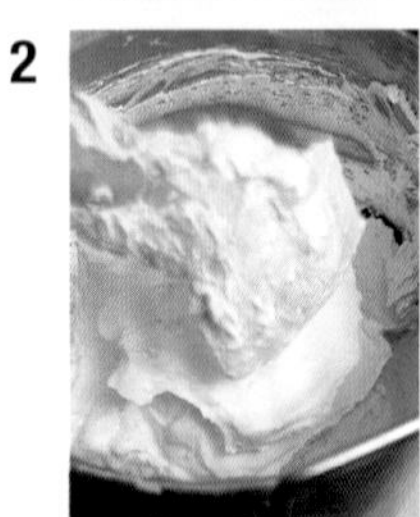

3a

3b

混合基底麵團

1 將打發後的蛋白加入打發後的奶油內（**1a**）。單手持刮板，動作像畫一個大圓般，仔細攪拌均匀（**1b**）。

2 混合完成後，將一部分的蛋白糖霜加入步驟**1**中，可以預防基底乳化，也能製造出爽脆的口感（**2**）。

3 在蛋白糖霜消失的步驟**2**前，加入混合了低筋麵粉、肉桂粉和小豆蔻粉的粉類，再慢慢倒入（**3a**），直至粉末完全混和即可（**3b**）。

4 把步驟**3**倒回蛋白糖霜的攪拌盆內，全部混合均匀（**4**）。

5 加入杏仁顆粒後拌匀（**5**）。完成的麵團質地略為粗糙。

製作麵團的重點

● 三立法

這裡使用的三方法，是分別將蛋黃、蛋白、奶油各自打發後再混合而成。所以會用到三個攪拌盆。如果能擁有三台攪拌器最為方便。如果只有兩台，那麼蛋白請留到最後打發。因為蛋白打發完成後的氣泡最不耐放。

雖然使用了三立法來製作，卻是以手動方式將分別打發的蛋黃及奶油基底混合。其實這樣的方法並不容易攪拌得均匀，但也正因為如此更顯得有趣，能夠製作出令人驚喜的爽脆口感，正是此款蛋糕最迷人的特色。

由於三立法費時費工，操作起來困難度又高，大多數的作法是將蛋黃加入奶油中，使其乳化後再進行製作。

● 使用杏仁顆粒

使用16等分杏仁顆粒（將一顆完整杏仁碎成16等分，每一小顆約為2.5mm至4mm大小），經烘烤後，再以擀麵棍壓得細碎。杏仁顆粒除了搭配麵團略為粗糙的口感之外，也融入了年輪蛋糕的歷史背景。科特布斯年輪蛋糕所用的食譜為年輪蛋糕最早期發展的樣貌。加入食譜中的杏仁也隨著時間演變，從最早的杏仁顆粒轉變至杏仁粉，最終改以杏仁膏底作為食材。

● 加入香料

在麵粉裡加入了肉桂粉和小豆蔻粉等香料的作法，並非僅限於科特布斯。自古以來，德國的年輪蛋糕就會添加了許多香料粉，這是因為昂貴的香料能提升蛋糕本身的價值。

烘烤

1a

1b

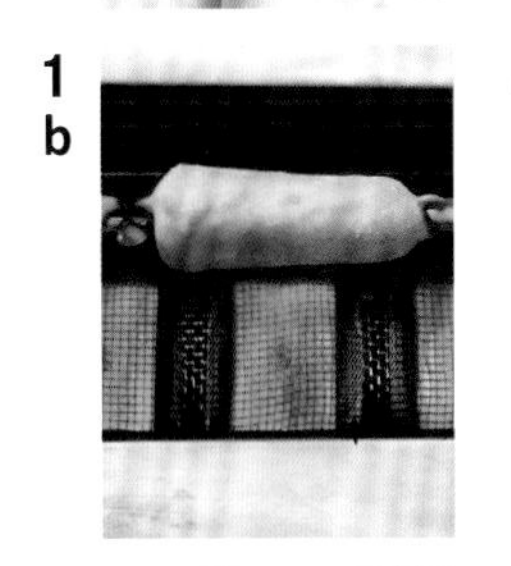

2a

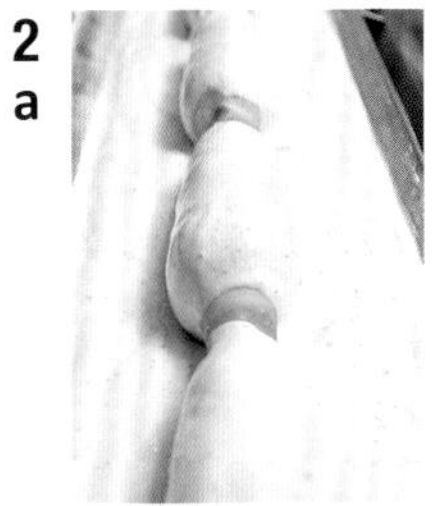

2b

3a

3b

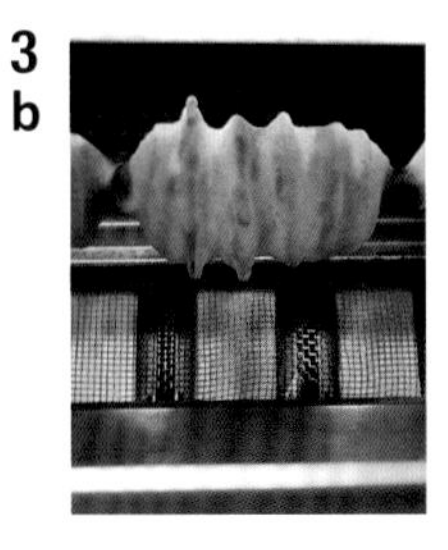

裝飾

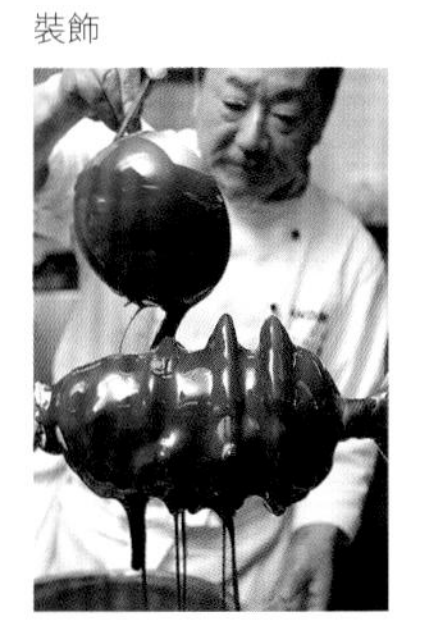

烘烤

1. 第 1 至 6 層以低速烘烤。圓椎形木棒軸沾取麵團時，除了表面之外，側面也要沾到麵團，因此在船形槽內木棒軸要壓得深一點（**1a**）。雖然是低速烘烤，但請調整到靠近熱源的位置，讓蛋糕烤得膨鬆且上色。作法雖然跟普通的年輪蛋糕相同，但因為麵團裡添加了杏仁顆粒，使麵團較有重量，請特別注意是否烤透。圖中是第 3 次烘烤的模樣。（**1b**）。
2. 隨著沾取麵團的層數愈多，木棒軸的側面也會變得愈來愈難沾取。圖中是沾取第 7 層麵團的樣子（**2a**），沾完第 7 層後旋轉的速度也要調快，讓離心力在麵團上形成自然的高低落差（**2b**）。
3. 從第 8 層開始，直接在由離心力自然形成的高峰處加上大量的麵團，轉速也調得更快，讓凸起的部位更明顯（**3a**）。直至第 12 次即可都採相同的作法，烘烤出漂亮的顏色（**3b**）。 烘烤完成後熄火，關閉烤箱門，改為低速旋轉散熱。

裝飾

放到架上，等待充分冷卻後，將融化後的調溫巧克力（Kuvertüre）淋在年輪蛋糕上。

烘烤重點

以圓椎形木棒沾取麵團後，製造出自然的小山形狀。由於科特布斯麵團質地較為厚重，沾到木棒軸的麵團份量也會偏多。烘烤的時候一定要注意是否都有烤透。自然的小山形狀最適合年輪蛋糕，可一個個獨立完整販售。

Baumkuchen

Original von Meister Andoh

安藤主廚的私房年輪蛋糕

比起基本款年輪蛋糕，這道食譜的水分較多，口感較為濕潤。
外型不多加裝飾，出爐後即為完成的模樣。
有別於德式年輪，外形樸素卻風味絕佳，是日本人喜好的風格。

尺寸　120cm木棒　2根份
〔年輪蛋糕麥森麵團〕（合計=18730g）
奶油　Butter —— 3000g
杏仁膏底　Marzipanrohmasse —— 600g
香草籽　Vanilleschote —— 3根
現磨萊姆皮　geriebene Zitronenschale —— 15g
鮮奶油　Sahne —— 300g
蛋黃　Eigelb —— 3000g
白蘭地　Asbach —— 700g
小麥澱粉　Weizenpuder —— 1200g
蛋白　Eiweiß —— 4700g
砂糖　Zucker —— 3500g
鹽　Salz —— 15g
低筋麵粉　Weizenmehl —— 700g
杏仁粉　Mandeln, gerieben —— 1000g
*和低筋麵粉混合

準備木棒

請參考基本款年輪蛋糕（P.39）。

製作麵團

作法…分蛋法
麵團比重…0.68至0.7
完成後麵團的溫度…28℃至29℃

打發蛋白

1　蛋白內加入鹽及砂糖後打發（**1**）。
2　待完整打發後把機器降為中速，使泡沫緊緻，持續打發至蛋白糖霜呈現扎實的質感即可（**2**）。

打發蛋白

1

2
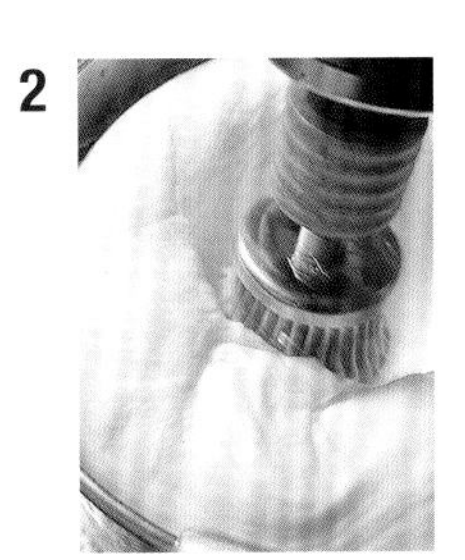

打發奶油

1　在打發蛋白的同時，即可把奶油攪拌軟化，加入杏仁膏底，仔細混合均勻（**1**）。再加入現磨萊姆皮、香草籽。
*在杏仁膏底尚未與奶油完全混合之前，不加入任何水分，以避免造成結塊。
*如果奶油太硬，可以瓦斯槍加溫。
*將噴濺在攪拌盆四周的奶油刮撥回盆底，確保麵團份量完整混勻。
2　整體攪拌至滑順均勻後，倒入鮮奶油和Asbach白蘭地，混合均勻（**2**）。
3　慢慢倒入小麥澱粉，混合均勻（**3**）。
4　在步驟**3**裡慢慢加入蛋黃，使其乳化（**4**）。

打發奶油

1

3

2
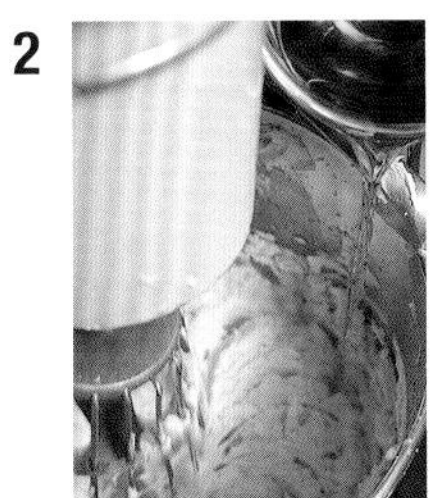

4
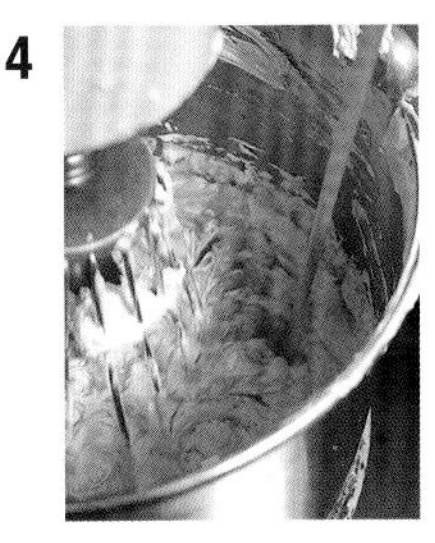

1a
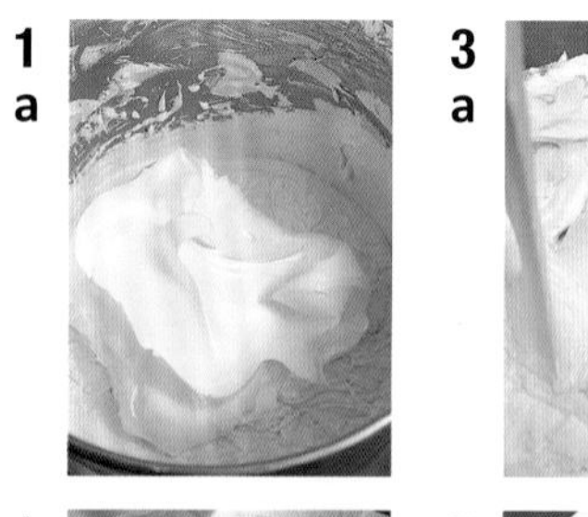

1b
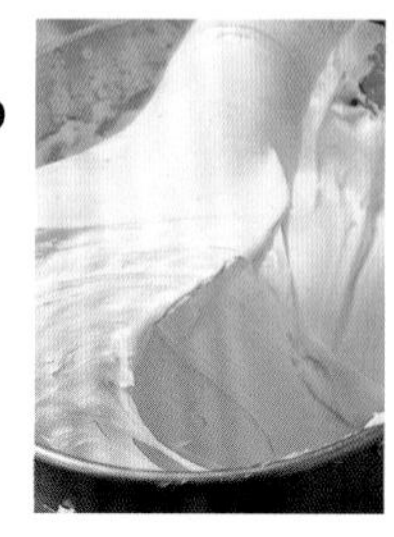

2
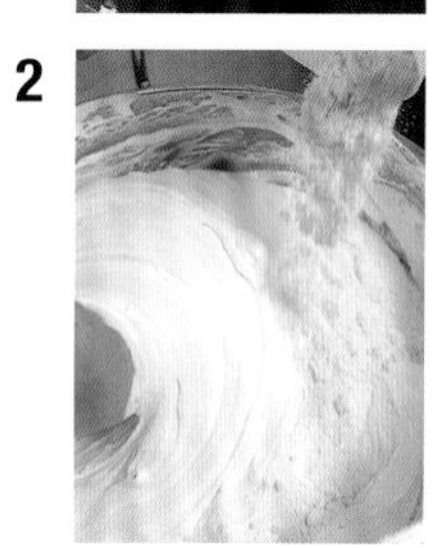

3a
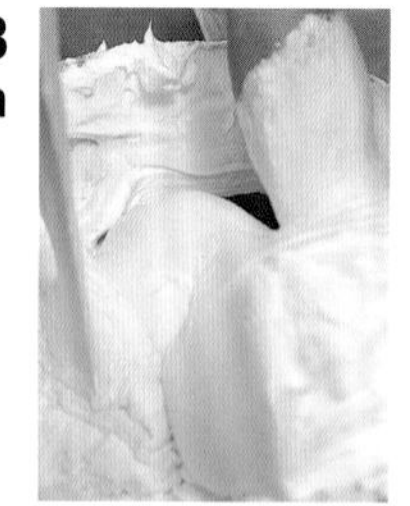

3b
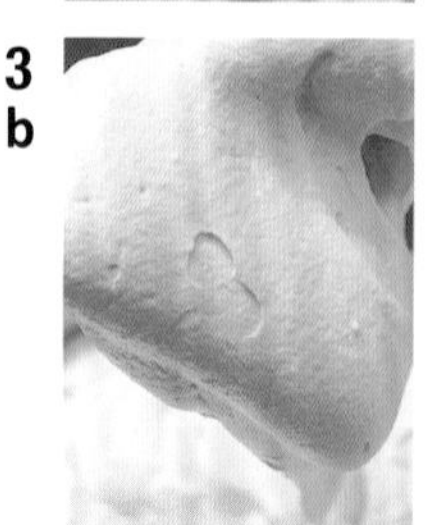

混合麵團

1 在奶油麵團裡加入 1/4 量的蛋白糖霜(**1a**)。以單手握住刮板，從攪拌盆底部向上翻舀的方式，混合均勻(**1b**)。

2 慢慢倒入粉類，混合均勻(**2**)。

3 將步驟 **2** 倒入裝有蛋白糖霜的攪拌盆裡(**3a**)。仔細拌勻，但盡量避免破壞蛋白糖霜的氣泡(**3b**)。

製作麵團的重點

●蛋白打發時加鹽

基本的作法是在奶油裡加鹽。在蛋白裡加鹽可以加快蛋白打發的速度，又能作出質地緊實的蛋白糖霜。鹽具有讓蛋白中的蛋白質凝固的作用，會造成蛋白的組成不穩定，因此較容易打發起泡。

砂糖後加，縮小打發的氣泡，使氣泡更加穩定。

德式蛋白糖霜作法是一口氣加入全量的糖，打發成綿密細緻的氣泡，而藉由加入少量的鹽，能更快打出更細緻且緊實的氣泡，和水分較多的奶油麵團混合時也不容易分離。

●油脂和水分偏多的麵團

加了鮮奶油、杏仁膏底和杏仁粉等非常豐富的配方，再搭配大量的酒(水分)。麵團既重又濕潤，為了避免分離，要加入粉類混合。這款麵團的烘烤難度較高。

烘烤

1 a

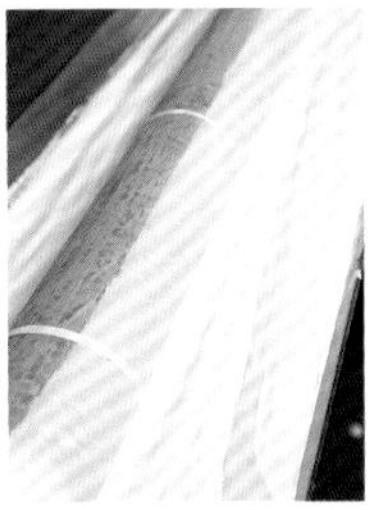

1 b

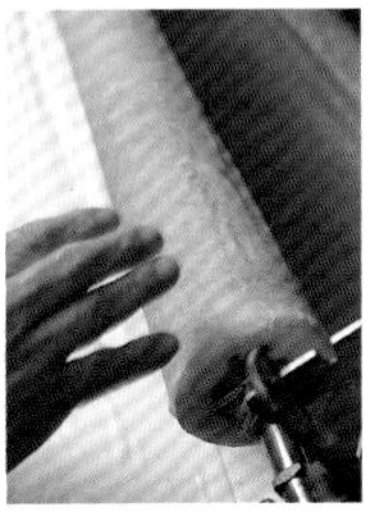

2 a

2 b

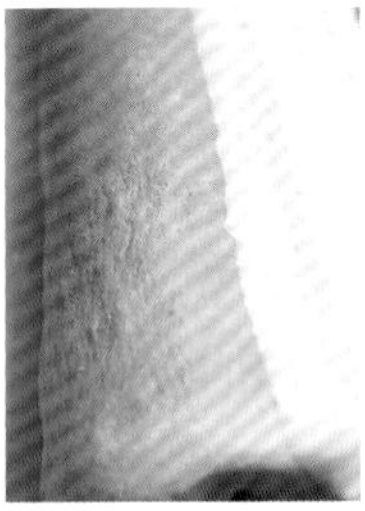

3

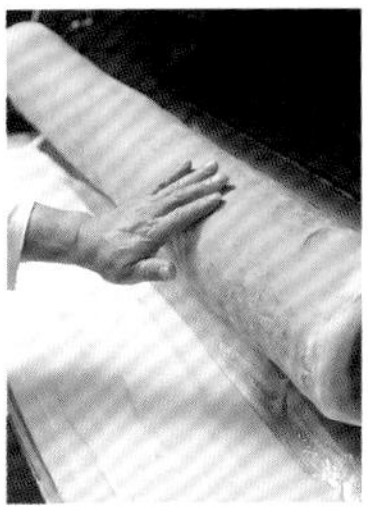

4 a

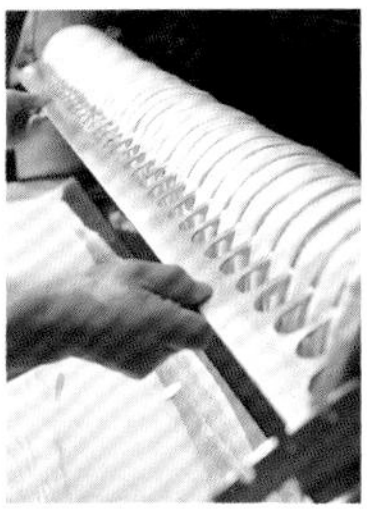

4 b

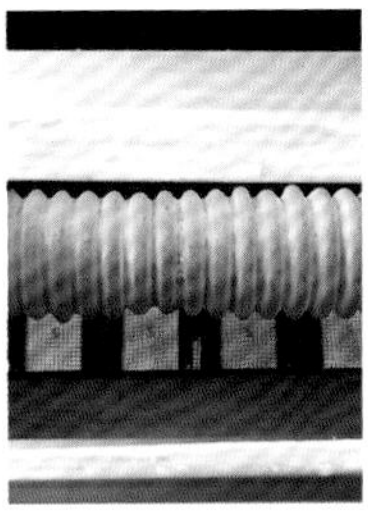

5 a

5 b

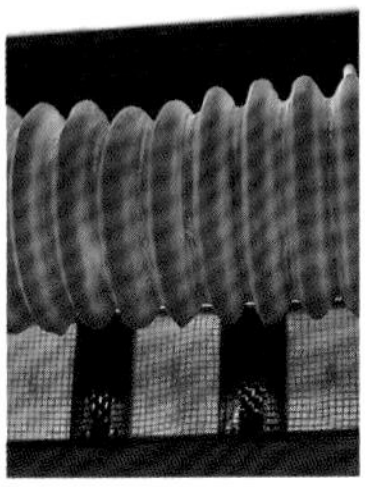

裝飾

烘烤

和基本款年輪蛋糕相同的烘烤方式進行。

1 加熱過的木棒軸沾取第 1 層麵團。一開始速度放慢，讓麵團確實沾取（**1a**）。為了烘烤出好看的顏色，木棒軸調為中轉速旋轉。以掌心在綁了棉繩的位置下壓，確保麵團、棉繩和紙之間沒有空隙。第 1 層要烘烤時間較長（**1b**）。

2 第 4 層。由於麵團的水分含量多，麵團層偏薄，需要多道工序後，才有份量感（**2a**）。下圖為第 6 層的模樣（**2b**）。請不要一次沾取太厚的麵團，而導致蛋糕沒熟透，層層疊加、慢慢地烘烤即可。

3 第 11 層烤好後的樣子。顏色雖然偏淺，但蛋糕的質地膨鬆柔軟（**3**）。

4 從第 12 層開始使用凹槽板（**4a**）。烘烤時請避免蛋糕凹槽處烤焦（**4b**）。

5 使用了凹槽板後的第 4 層（**5a**）。圖中為烘烤完成的美麗色澤（**5b**）。

裝飾

無外加裝飾

出爐後即完成，不淋任何的糖漿。顏色可以烤得深一些，看起來更美味。

烘烤重點

● 要注意烤得熟透及完整上色

此款麵團因水分含量多、麵粉含量少，使麵團的延展性佳，但黏性較差，且控制火候的難度也較高。跟基本配方相比，此款麵團較難烤上色。在烘烤時，有可能為了讓麵團顯色，而烤得久一些，導致烘烤過度。且由於水分含量高，如果烘烤熱度不均，出爐後容易收縮。相較而言，是一款難度較高的麵團。

● 不作任何糖漿裝飾的樸素感，正合日本人的喜好

不淋上任何糖漿，外形保留最原始樸素的模樣，這在德國幾乎是看不見的變化款。麵團裡水分含量提高，因此外形雖簡單，但口感濕潤柔順，是為了日本人的喜好量身訂作的特別版年輪蛋糕。

● 僅使用凹槽板，不添加裝飾糖漿

使用凹槽板、最後不加裝飾糖漿的烘烤法，相對平滑外觀的年輪蛋糕而言，烘烤難度較高，為了使麵團的凹槽處能確實烤熟，烤箱必需使用大火且遠火，並適時調整旋轉次數，才能烤得好看。

Baumkuchen Schokolade

巧克力年輪蛋糕

除了可可粉之外，添加入了大量調溫巧克力，
製作成濃濃巧克力香的美味蛋糕。
因為是以巧克力風味為主軸，使用的巧克力請挑選較為優質的種類。

尺寸 120cm木棒 2根份

〔年輪蛋糕巧克力麥森麵團〕（合計=18330g）

奶油 Butter —— 3000g
杏仁膏底 Marzipanrohmasse —— 900g
香草籽 Vanilleschote —— 3根
現磨萊姆皮 geriebene Zitronenschale —— 15g
白蘭地 Weinbrand VSOP —— 500g
鮮奶油 Sahne —— 300g
調溫巧克力 Kuvertüre —— 1000g
蛋黃 Eigelb —— 2700g
小麥澱粉 Weizenpuder —— 1500g
蛋白 Eiweiß —— 3600g
砂糖 Zucker —— 3000g
鹽 Salz —— 15g
低筋麵粉 Weizenmehl —— 1500g
可可粉 Kakaopulver —— 300g
＊和低筋麵粉混合

打發奶油

3

5
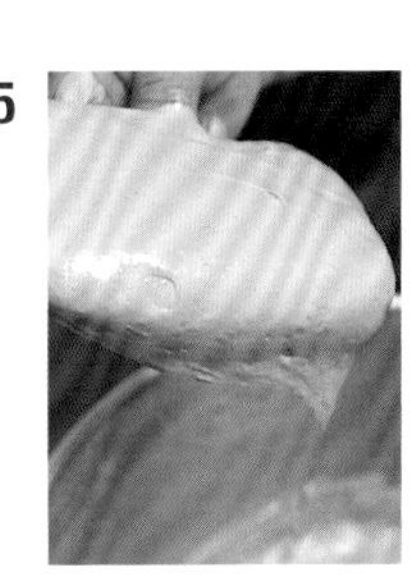

混合麵團

1
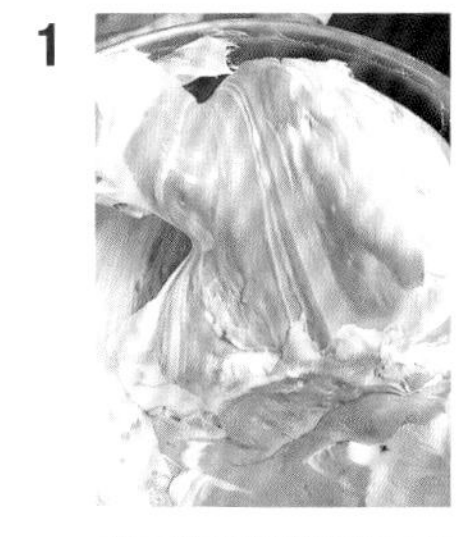

2b
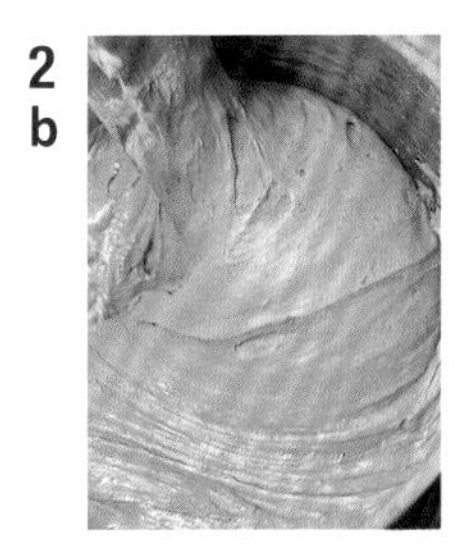

2a
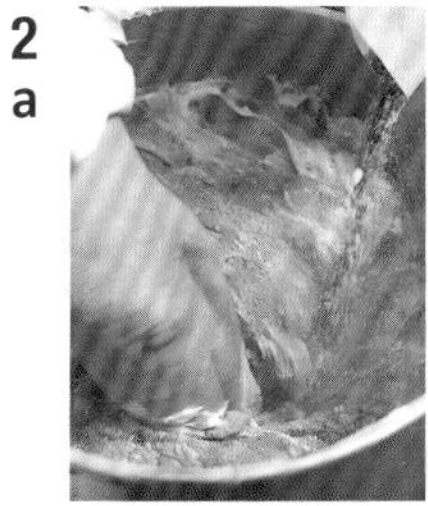

3
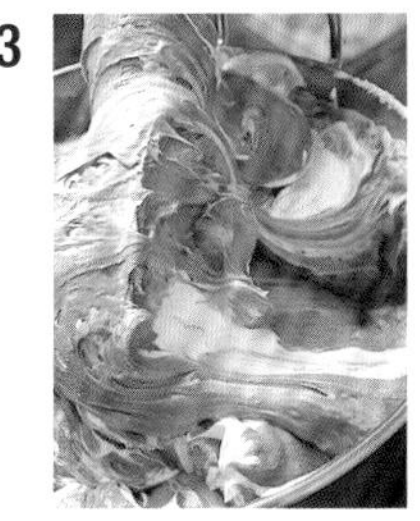

製作麵團

作法…分蛋法
麵團比重…0.78至0.8
麵團完成後的溫度…28℃

打發蛋白

在蛋白裡加入砂糖及鹽，打發至細緻緊實即可。

打發奶油

1. 奶油加入杏仁膏底，仔細混合均勻。接著加入現磨萊姆皮、香草籽，混合均勻。確認無任何結塊後，才可加入其他水分。
2. 在步驟 **1** 中加入白蘭地 VSOP。再倒入鮮奶油，全部攪拌均勻。
3. 倒入加熱融化至 40℃的調溫巧克力，混合均勻（**3**）。
4. 再加入小麥澱粉。持續攪拌，混合至麵團出現光澤且平滑柔順的狀態。
5. 慢慢加入蛋黃，使整體乳化（**5**）。

混合麵團

1. 在奶油麵團裡先加入 1/4 量的蛋白糖霜，小心混合，以避免消泡（**1**）。
2. 慢慢加入混合後的低筋麵粉及可可粉，拌勻（**2a**）。持續攪拌至麵團質地柔滑細緻，出現光澤即可（**2b**）。
3. 麵團變得柔滑後，倒回裝有蛋白糖霜的攪拌盆內，以單手握著刮板，由攪拌盆底部向上翻舀的方式，混合均勻（**3**）。

烘烤

1b

2a

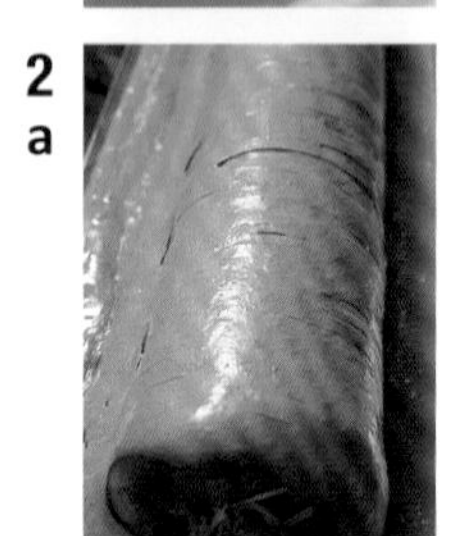

2b

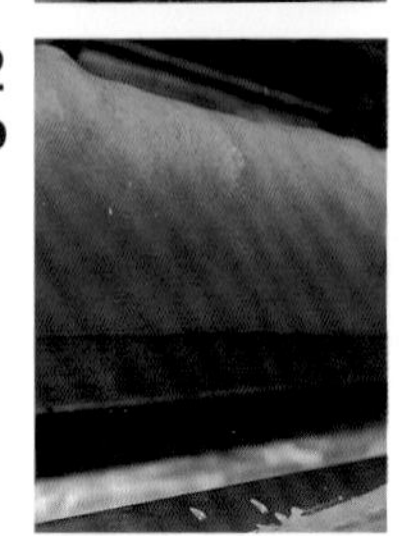

3

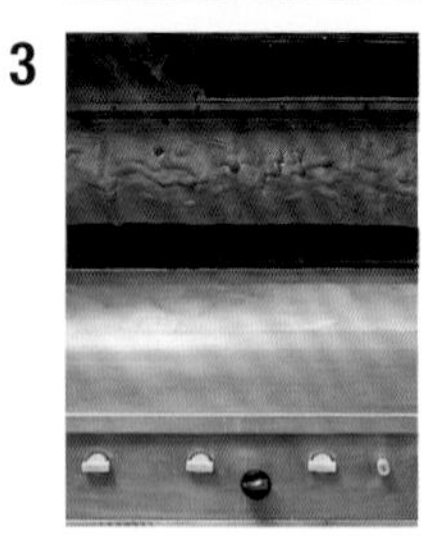

烘烤

作法和基本款年輪蛋糕相同，烘烤到第 7 至 8 層時，不加凹槽板成形，烤成平直的模樣。

1. 第 1 次沾取麵團時，使木棒軸均勻地披覆麵團（**1a**）後，立刻靠近熱源烘烤（**1b**）。
2. 沾取第 4 次麵團的模樣（**2a**）。隨著麵團的層數加厚，可以略為向外調整木棒軸心掛取的位置，讓麵團和熱源保持不近不遠的距離（**2b**）。
3. 烘烤完成（**3**）。熄火後關上烤箱門，並讓木棒持續轉動散熱。如果突然開啟烤箱門，會導致蛋糕接觸到冷空氣而緊縮。

Anmerkung

由於麵團裡摻加了大量的巧克力，烤色難以判斷是否熟透。必須注意不要烘烤過度。基本款年輪蛋糕上手後，開始挑戰巧克力口味吧！雖然烘烤有些難度，但味道又香又濃，相當好吃。

Baumkuchenspitz

箭頭年輪蛋糕

在年輪蛋糕裡夾了酸酸甜甜的杏桃果醬，
再淋上略帶苦味的調溫巧克力。
製作成一口一個的小巧蛋糕。

1

3
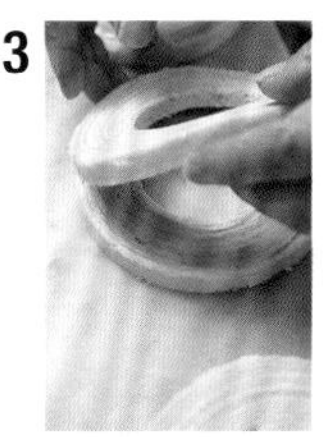

4
b
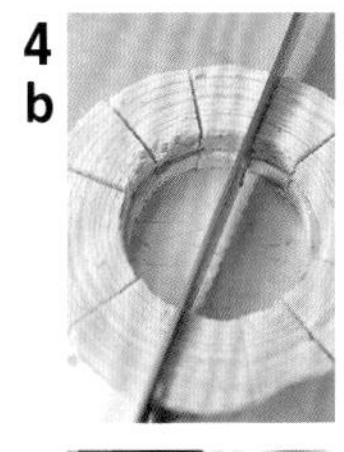

2
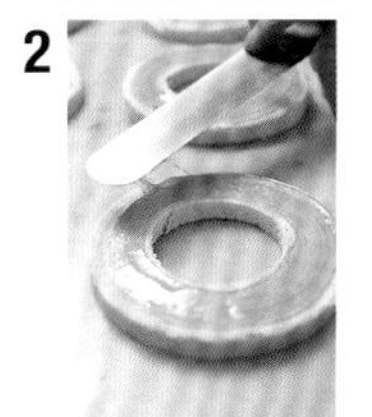

4
a

5

準備

準備淋上糖衣的基本年輪蛋糕。

步驟

1. 把年輪切成厚度 1cm 的片狀。每 2 片一組（**1**）。
2. 在第 1 片上均勻塗抹溫熱過的杏桃果醬（**2**）。
3. 把第 2 片覆蓋上第 1 片（**3**）。
4. 取 12 等分的分割器，壓上紋路後（**4a**），再以刀子切開（**4b**）。
5. 放入調溫過後的調溫巧克力裡，完全浸入，最後排列於烘焙紙上，等待乾燥即可（**5**）。

＊沾覆調溫巧克力時不要沾得太厚，並流去多餘的巧克力。

Baumkuchen Apfel

蘋果年輪蛋糕

裡面包藏著整顆蘋果，是一款形狀特殊的變化款年輪蛋糕。
順著蘋果自然的圓形，將麵團烤得可愛漂亮且層次分明。

烘烤的準備

2

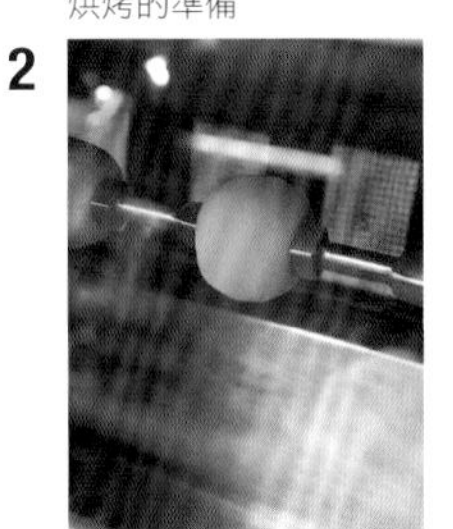

烘烤

1a

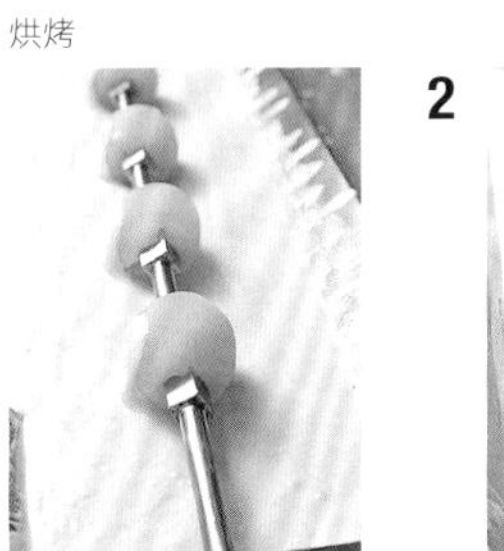

2

1b

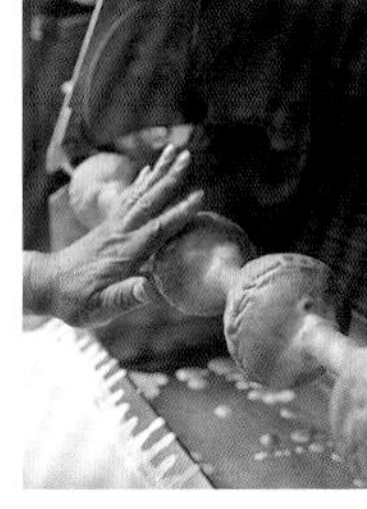

3

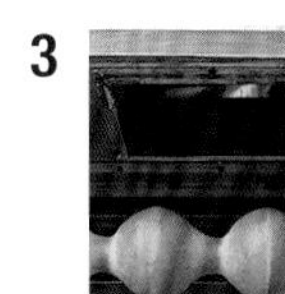

切割

麵團

和基本款年輪蛋糕相同。

煮糖漬蘋果

蘋果削皮、去芯。把加了萊姆汁及砂糖的水煮沸後，將蘋果放入糖水熬煮（甜度30）。

烘烤的準備

1 以專用的金屬串穿過蘋果。

2 放上預熱後的年輪蛋糕烤箱內，以蒸散蘋果的水分。

烘烤

1 以蘋果沾取麵團烘烤。第1至2層使用大火（**1a**）。第1層烤好後，壓一下表面以擠出空氣，使麵團和蘋果之間沒有空隙（**1b**）。

2 第3層到8層開始注意轉速，形狀也愈來愈接近圓球體。烘烤的訣竅在於，蘋果是圓球狀，但年輪蛋糕的烤箱熱源為單方向，因此靠近金屬串四周的麵團，幾乎烤不太到。為了使蛋糕烘烤均勻，一定要特別注意麵團是否烤透。

3 烘烤完成（**3**）。如果烘烤時轉速過快，麵團會因為離心力作用而在蘋果中央烤出線條來，有如算盤的珠子形狀；但如果轉速太慢，又會留下麵團的痕跡。一定要沿著蘋果的表面烤出漂亮的圓球形來。

切割

切割的時候，不要切到球體或蘋果。從金屬串凸起的位置（穿過蘋果心的地方）側面切開，較容易取下，形狀也較為好看。

Baumkuchenrinde

林特年輪蛋糕

這一款也是由年輪蛋糕的衍生出來的蛋糕之一。
麵團在烤盤上烘烤，即使沒有年輪蛋糕專用烤箱也可以製作。
奶油醬（Krem）裡加入了杏仁膏底，再加上足量蘭姆酒調味，香氣十足。

尺寸 40cm×60cm 6片組
〔麵團〕（合計=6570g 1片1070g×6）
奶油 Butter —— 1500g
砂糖 Zucker —— 530g
現磨萊姆皮 geriebene Zitronenschale —— 10g
鹽 Salz —— 10g
香草籽 Vanilleschote —— 5根
蛋黃 Eigelb —— 650g
牛乳 Milch —— 170g
小麥澱粉 Weizenpuder —— 800g
蛋白 Eiweiß —— 1300g
蛋白用砂糖 Zucker —— 800g
低筋麵粉 Weizenmehl —— 800g

〔杏仁膏奶油醬〕（合計=2200g 1層440g×5）
杏仁膏底 Marzipanrohmasse —— 850g
砂糖 Zucker —— 400g
水 Wasser —— 750g
蘭姆酒 Rum —— 220g

〔裝飾〕
調溫巧克力 Kuvertüre —— 500g
16等分杏仁顆粒 Mandeln, gehackt —— 30g

製作麵團

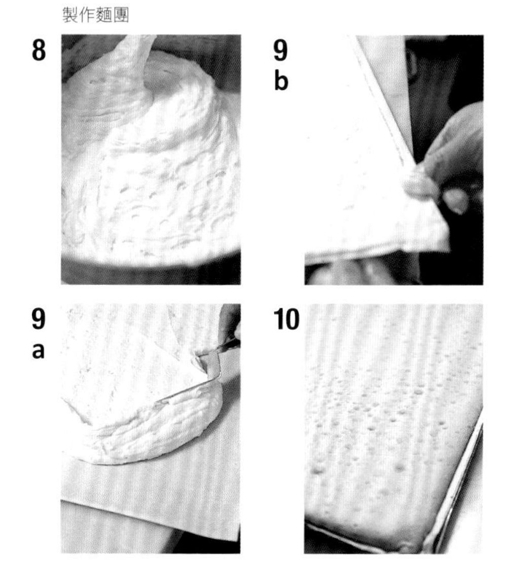

製作麵團

1 在奶油裡加入現磨萊姆皮、香草籽、鹽，攪拌均勻。
2 加入砂糖。
3 再加入小麥澱粉，混合均勻。
4 慢慢倒入蛋黃和牛奶，混合均勻，讓麵團徹底乳化。
5 在蛋白內加入全量砂糖，打發起泡至質地緊實的蛋白糖霜。
6 在混合好的步驟 **4** 裡，加入步驟 **5** 的 1/3 份量蛋白糖霜後，混合均勻。
7 在步驟 **6** 裡加入低筋麵粉，仔細混勻。
8 把步驟 **7** 倒回步驟 **5** 剩下的蛋白糖霜裡，混合均勻，至麵團呈現膨鬆且柔滑的狀態（**8**）。
9 將 6 個烤盤分別鋪上烘焙紙後，每一個烤盤倒入 1070g 的麵團（**9a**）。表面整平，為了讓麵團能膨脹得平整，請將烘焙紙邊緣溢出的麵團拭去（**9b**）。
10 放入烤箱，以 200℃的下火烘烤 10 分鐘，再改以上火烤 10 分鐘（**10**）。

製作杏仁膏奶油醬

1

3

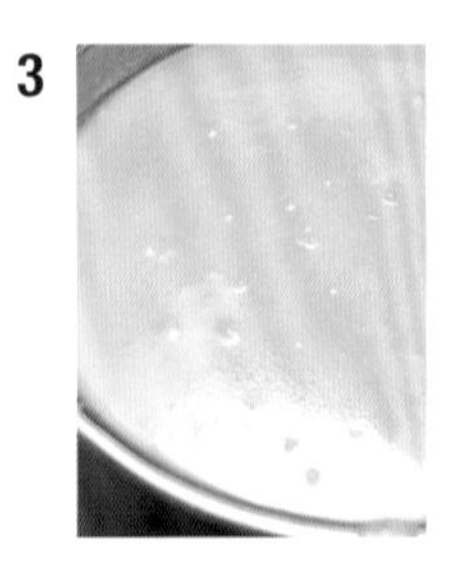

2

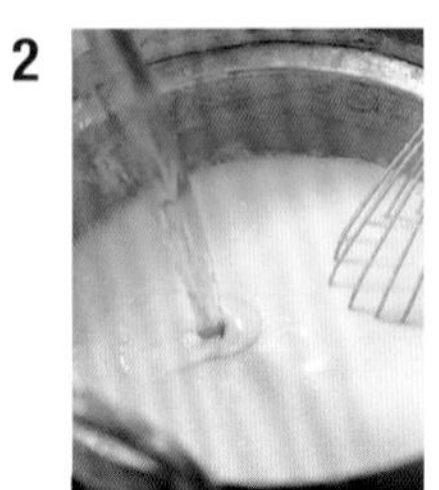

製作杏仁膏奶油醬

1　先把杏仁膏底捏成小碎塊，放入鍋中後加水。再加入砂糖，以打蛋器攪拌，煮至溶化即可。可稍微煮久一點，讓水分蒸散（**1**）。

2　煮好後熄火，倒入蘭姆酒，混合均勻（**2**）。

3　重新加熱，再讓水分蒸散後，熄火，倒入另一個容器內散熱（**3**）。

組合

1

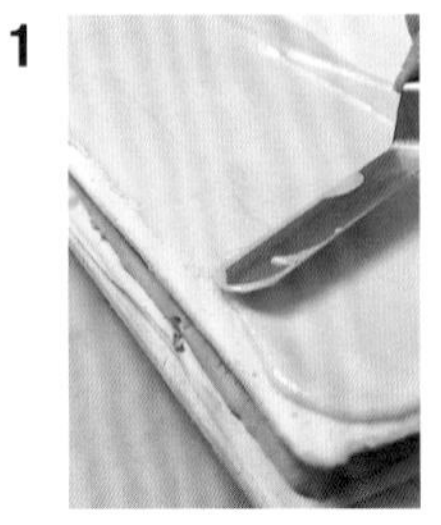

3a

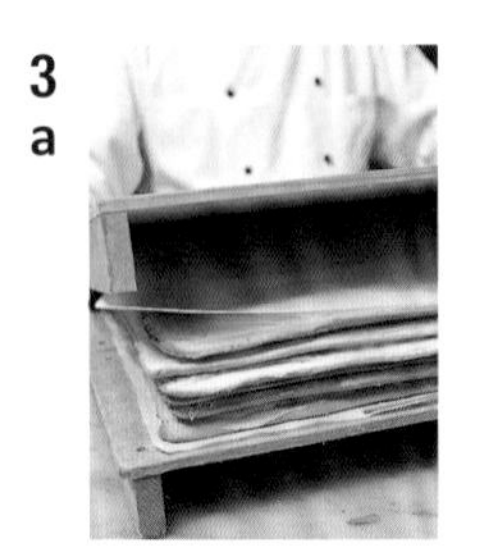

2

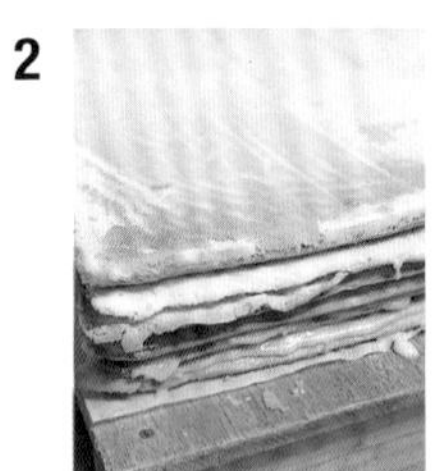

3b

組合

1　等蛋糕層冷卻後，在第 1 片的正面（烘烤面）塗上 440g 的杏仁膏奶油醬（**1**）。

2　第 2 片蛋糕層上下翻面，以烘烤面覆蓋在第 1 層蛋糕上。塗上杏仁膏奶油醬，第 3 片同樣把烘烤面朝下重疊上去。以同樣的方法重疊 6 片（**2**）。

3　在步驟 **2** 上方加一層烘焙紙後，將蛋糕以兩塊層板夾住（**3a**）。上方壓上重物放置數小時，使蛋糕層和奶油醬完全密合（**3b**）

裝飾

1

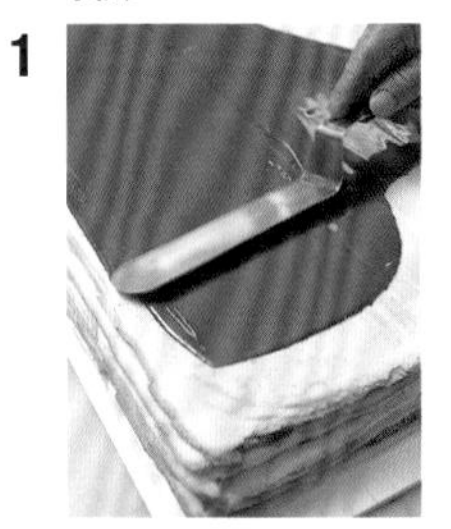

3

4

裝飾

1 將融化後調溫巧克力（200g）塗在已疊好的蛋糕層上（**1**）。

2 撒上烘烤過的 16 等分杏仁顆粒。

3 再塗上 300g 的調溫巧克力。整平表面（**3**）

4 等巧克力凝固後，以溫熱過的刀子先壓出等分線，再整齊切開（**4**）。

Baumkuchenring torte

刺蝟年輪蛋糕

這是從1980年代起開始普及的新形態年輪蛋糕。
由當時的德國總理——柯爾所推動。
有如刺蝟的外形在鮮奶油蛋糕大賽中備受好評，成為年輪蛋糕的另一種變化款。

尺寸　直徑110mm　1個份

〔鮮奶油蛋糕〕

刺蝟年輪蛋糕　Baumkuchenring mit Spitzen

派皮堤格麵團基底　Mürbeteigboden —— 1片

覆盆子果醬　Himbeerkonfitüre —— 10g

維也維巧克力基底（P.16）—— 1cm厚2片

〔巧克力鮮奶油〕

＊容易操作的份量

鮮奶油　Sahne —— 1000g

砂糖　Zucker —— 50g

調溫巧克力　Kuvertüre —— 200g

〔針尖處夾心〕

覆盆子果醬　Himbeerkonfitüre —— 22g

發泡鮮奶油　Schlagsahne —— 35g

裝備模型

1

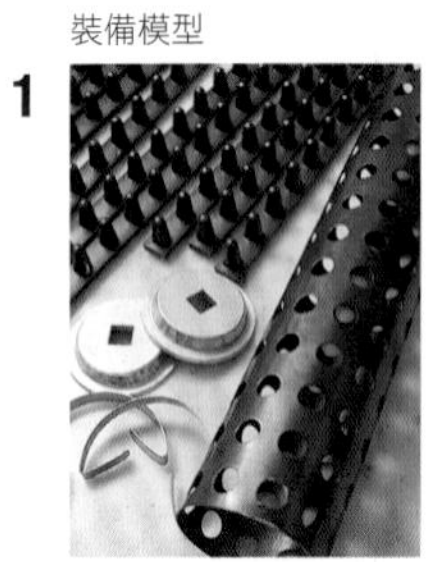

3

2

刺蝟年輪蛋糕烘烤過程

1

2

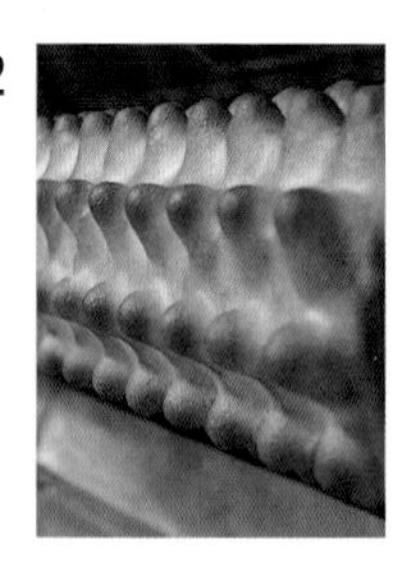

刺蝟年輪蛋糕的準備

使用烤箱內附的長 72cm、直徑 11cm、針高 3cm 的「針尖板」烘烤。突起的針尖處會形成空洞。由於表面有許多突起，高低差愈多相對的烘烤難度也更高，注意不要烤焦了。

1　「針尖板」包括了有洞的中央金屬軸、有針尖的細棒、固定用的零件（**1**）。

2　從有洞的中央金屬軸內側，把針尖細棒一列一列放入掛上。掛好一圈後，以固定用零件固定。關上蓋子，穿過金屬棒（**2**）。

3　金屬棒裝好的狀態。由於材質為金屬，無須另外包上烘焙紙，可直接沾取麵團（**3**）。

刺蝟年輪蛋糕的麵團

和基本年輪蛋糕（P.38）相同。

刺蝟年輪蛋糕的烘烤

和基本年輪蛋糕一樣，先烤出 4 層深色後熄火，在架上掛一晚散熱。

1　以金屬棒沾取麵團時，可能因為高低落差太大，麵團不容易沾覆得均勻，而且麵團容易滴落，所以沾取麵團後快速旋轉，且以離火源較近的方式烘烤，快速讓麵團固定（**1**）。

2　凹凸處的顏色盡量不要落差太多。層數不用烤得太多。隨著厚度增加凹凸間的差距會漸漸縮小，形狀也更好看（**2**）。

刺蝟年輪蛋糕

1

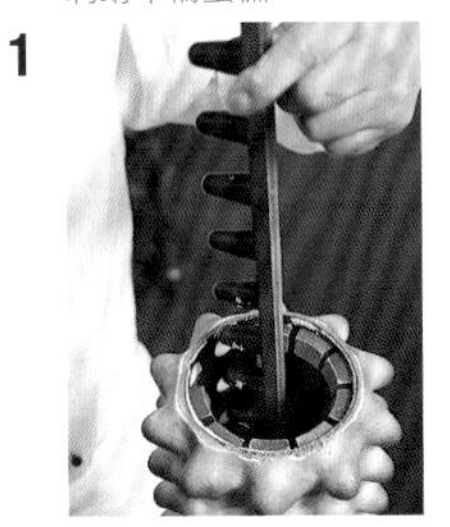

2

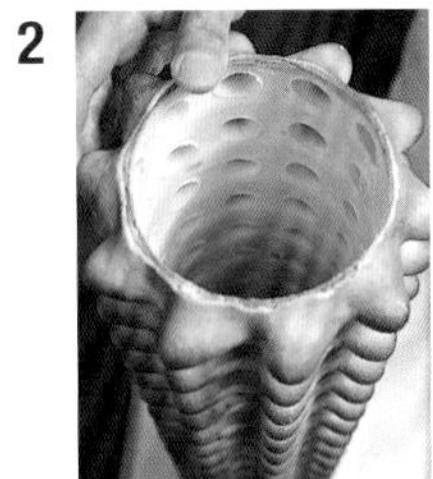

組合

1

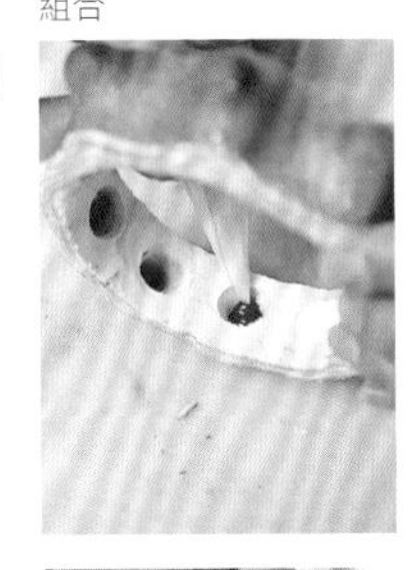

5

3

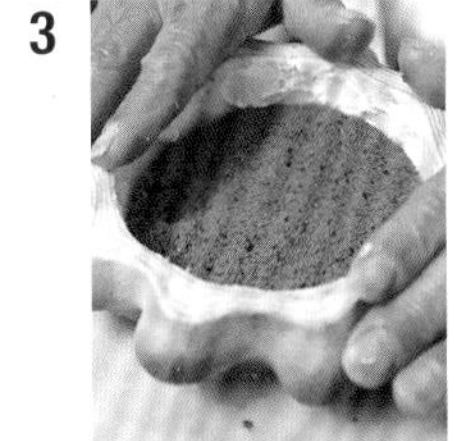

6

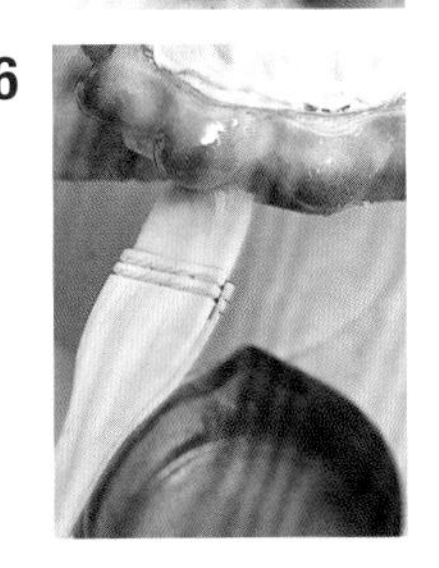

4

組合的準備

刺蝟年輪蛋糕

1 拆除冷卻一晚的金屬棒及固定零件（**1**）。

2 蛋糕移除金屬棒後的模樣。針尖處為中空的（**2**）。

派皮堤格麵團 Mürbeteig

製作派皮堤格麵團。擀成 3mm 厚度，在表面均勻戳洞，再以直徑 10cm 的圓模壓切好。放入烤箱，以 180℃烤 25 分鐘。

維也納巧克力基底

作法跟基本的配方相同。準備直徑 11cm 厚 1cm 的基底 2 片。

巧克力鮮奶油

在 1kg 的鮮奶油中倒入 50g 砂糖後，打發起泡，再放入融化後的調溫巧克力（200g），混合均勻。

組合（1層鮮奶油蛋糕）

1 派皮堤格麵團基底塗上覆盆子果醬。再和相同直徑但厚 1cm 的維也納巧克力基底重疊。

2 把年輪蛋糕內側的針尖空心處以覆盆子果醬填滿，再擠上發泡鮮奶油封口（**2**）。

3 將步驟 **2** 疊在步驟 **1** 上（**3**）。

4 填滿與針尖處等高的巧克力鮮奶油。將 9 個對半切開的草莓輕輕按進巧克力鮮奶油中。擠上巧克力鮮奶油，包覆住草莓（**4**）。

5 蓋上一層維也納巧克力基底。上面再覆蓋一層鮮奶油（**5**）。

6 在蛋糕側面塗上溫熱過的杏桃果醬（**6**）。

＊製作 2 層蛋糕後重覆步驟 4 即可。

Column 德國甜點有什麼特色呢？ ①

Holländische Kakao-Stube
Ständehausstraße2, 30159 Hannover

在德國，開設甜點店需要取得專業證照。身為老闆的Bartels先生也以甜點師傅的角色將技術傳遞給徒弟。

扎根於貿易都市——漢諾威的巧克力＆甜點文化

德國的西北部有一個名為下薩克森邦（Niedersachsen）的地區。其都市漢諾威（Hannover）自古以來即和荷蘭、丹麥及英國有著密不可分的貿易關係。發現新大陸後，巧克力的傳入對於對歐洲人而言，是種新奇、刺激又有吸引力的飲品，因而大受歡迎，但由於價格高昂且味道過於特殊而無法普及。19世紀荷蘭人范豪登（Van Houten）發明了將可可豆變成可可粉的脫脂技術，經過酸鹼中和，成功製造出口味溫和的巧克力飲品，而後將可可粉推廣至歐洲各國。漢諾威當地也於1859年開設了一間Cacao-Probe-Local（巧克力試飲店）的店鋪。

「那就是Holländische Kakao-Staube的前身呢！我的祖父也是甜點師傅，他在1921年買下這間店鋪，改造成點心專賣店。有了這層淵源，對我們店裡來說，熱巧克力如今仍是相當重要的商品。」身為店主同時也是專業糕點師傅的Friedrich Bartels說道。在德國，絕大多數的點心店都附設了咖啡館。當地人喜歡到店裡同時享用糕點和茶飲，而Holländische Kakao-Staube的客人，多半都會點上一杯溫熱的「Holländer Schokolade」。Holländische或Holländer意味著荷蘭風格。代表店裡形象的白底藍色少女畫像瓷磚，也讓人深深感受到北歐的文化風格。

店內的自製的鮮奶油蛋糕，是以傳統德國糕點的大份量呈現。甜點的種類琳瑯滿目，無論是巧克力或小點心，甚至代表冬季的年輪蛋糕，都以飛快的速度銷售一空。身為最有代表性的糕點鋪，除了努力傳承德國風味之外，偶爾也會變化出新鮮的口味，不忘時時帶給客人嶄新的味覺饗宴。在當地有許多是歷經數代的老客人，為何能如此受到喜愛呢？因為每道甜點皆嚴選天然的食材製作，並維持穩定的品質，確實執行至今。

廚房位於店鋪樓下，每天製作新鮮的點心，在店內展示販賣，絕對不賣隔夜產品。正因為只販賣新鮮的糕點，所以德國甜點裡不用放太多糖分。不過近年來由於法律修訂，新開設的店鋪不能再將廚房設於地下室。雖然Holländische Kakao-Staube不受法律影響，但Bartels先生不禁擔心未來的德國甜點是否能維持這樣新鮮販售的傳統。「糕點師傅是一個令人開心的職業，我不會放棄這個令人自豪的身份。」無論時代如何轉變，相信這間擁有維護傳統信念的店鋪，能持續不斷地為顧客提供美味的點心。店內認真卻又溫暖的氣氛，永遠不會改變。

Kakaostube
HOLLANDISCHE
KAKAO-STUBE

【Holländische Kakao-Staube】

Baumkuchen

年輪蛋糕

在德國，年輪蛋糕是屬於冬天的蛋糕。
各地的糕餅店都各有不同的特色，而以小麥澱粉取代麵粉製作，是
Holländische Kakao-Staube代代相傳的獨家配方。
只使用了小麥澱粉製作，口感細緻，蛋糕的內層也能烤得相當均勻。

尺寸 長120cm 1根

〔年輪蛋糕麥森麵團〕（合計＝5323g）

奶油 Butter —— 1000g
粉糖 Puderzucker —— 170g
糖漿 Zuckersirup —— 170g
現磨萊姆皮 geriebene Zitronenschale —— 13g
濃縮香草糖漿 Vanillekonzentrat, flüssig —— 7g
黑香豆粉 Tonkabohnen —— 13g
杏仁膏底 Marzipanrohmasse —— 170g
蛋黃 Eigelb —— 900g
鮮奶油 Sahne（乳脂含量33%）—— 100g
蛋白 Eiweiß —— 1000g
砂糖 Zucker —— 670g
鹽 Salz —— 10g
小麥澱粉 Weizenpuder —— 1100g

打發奶油

1

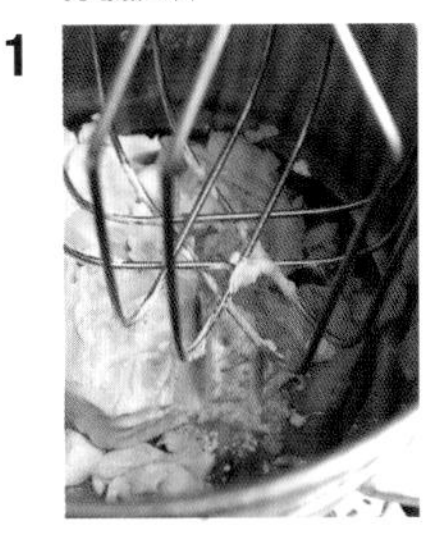

2

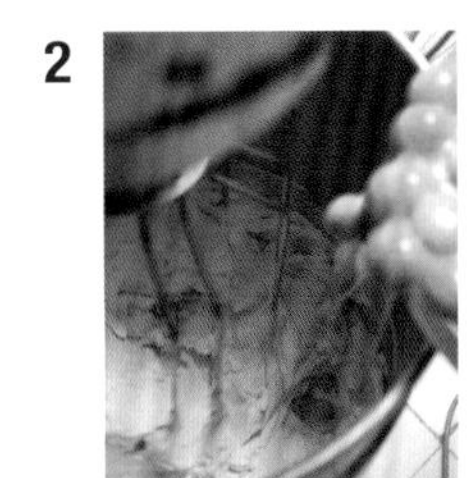

打發蛋白

2

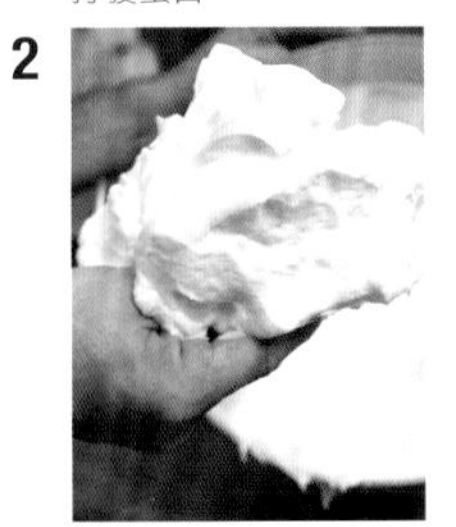

混合麵團

1

烘烤

2

7

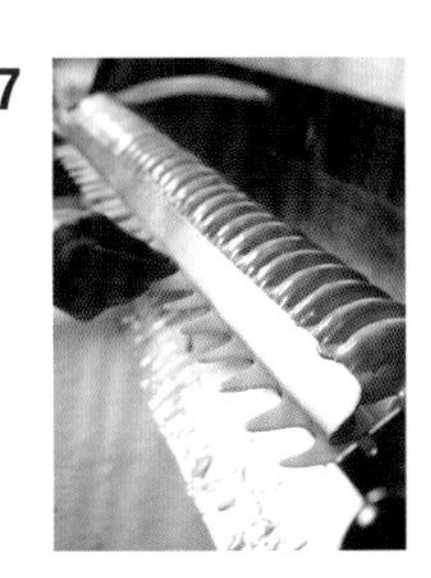

3

8

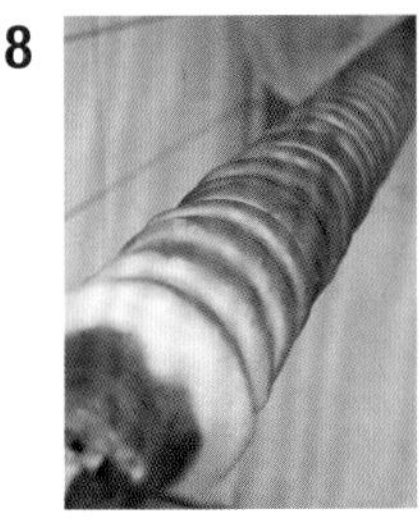

製作麵團

打發奶油

1 奶油置於室溫下軟化後，加入杏仁膏底、糖粉、糖漿、濃縮香草糖漿、黑香豆粉、現磨萊姆皮，攪拌均勻（**1**）。

＊如果奶油溫度太低，可在攪拌盆周圍以瓦斯槍適度地加熱。

2 把蛋黃和鮮奶油混合。慢慢倒入步驟**1**中，混合均勻（**2**）。

打發蛋白

1 在攪拌盆裡放入蛋白、砂糖、鹽，打發起泡。可將攪拌盆傾斜，有助於打發。

2 無須打得太緊實。蛋白糖霜呈現如乳霜狀般軟綿綿的狀態即可（**2**）。

混合麵團

1 把蛋白糖霜倒入裝有奶油麵團的攪拌盆內，混合均勻。以單手握住刮杓、整個手臂從盆底向上翻舀的方式，仔細拌勻（**1**）。

＊從下往上仔細翻舀，直至全體混合均勻。

2 加入小麥澱粉，混合至粉末消失即可。

＊混合好的麵團如果冷卻會變硬，一定要將溫度保持在28℃至30℃，才能維持乳霜狀質感。

烘烤

1 年輪蛋糕烤箱平均預熱。裝好木棒軸，預熱數分鐘。

2 把麵團倒入船形槽內。慢慢裝動木棒軸沾取麵團，再抬起（**2**）。

3 先轉動一圈讓多餘的麵團滑落，保持表面均勻的狀態靠近火源（**3**）。

4 關上烤箱門烘烤，此時烤箱內溫度為300℃至400℃。

5 先檢查第1層蛋糕表面是否有氣泡。如果有氣泡，以手指輕輕壓破即可。

6 在烤好的蛋糕層上再沾取新的麵團，待多餘的麵團滑落後，快速掛回火源處。烤完第1至2層後，轉速可稍微加快。重覆此步驟。

7 第5至6層烤好後加上凹槽板，再繼續加烤4至6層（**7**）。

8 層數重疊完成後，從烤箱內取出，放置一個晚上（**8**）。

＊確實保持水分又能烤出漂亮的顏色，是這道年輪蛋糕最大的重點。

＊加了凹槽板後再烤4至6層左右。雖然表面出現高低落差增加烘烤的難度，但在歐洲加了凹槽板烘烤的作法很常見。在德國，年輪蛋糕基本上為秤重販售，所以蛋糕本身的層數、半徑大小，沒有非常精準也無妨。

【Holländische Kakao-Staube】

Sandkuchen

砂蛋糕

麵粉和小麥澱粉混合後作成麵團，
使麵團爽口酥鬆。
雖然究竟是誰發明砂蛋糕，已無法追溯，
但這樣特別的作法，
使蛋糕的型態變化更加豐富。
口感就像**Sand**（砂）的觸感，
爽口而酥鬆。

製作麵團

1

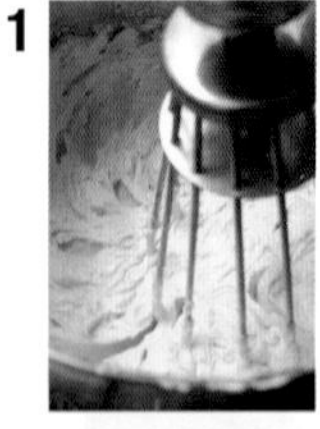

4 b

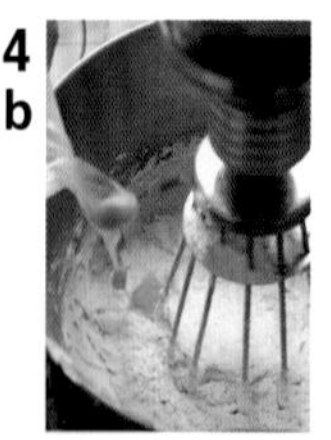

4 a

5

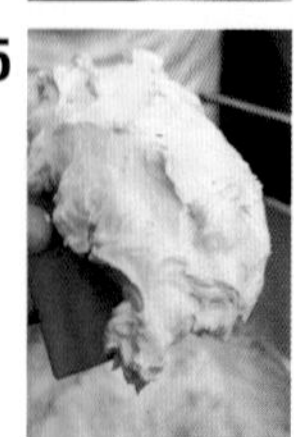

倒入模型

烘烤

1

尺寸　24本（1個333g）
〔酥餅麥森麵團Sandmasse〕（合計=7995g）
奶油　Butter —— 2000g
粉糖　Puderzucker —— 2000g
鹽　Salz —— 15g
現磨萊姆皮　geriebene Zitronenschale —— 15g
濃縮香草糖漿　Vanillekonzentrat, flüssig —— 15g
蛋　Vollei —— 1600g
蛋黃　Eigelb —— 120g
低筋麵粉　Weizenmehl —— 1600g
小麥澱粉　Weizenpuder —— 600g
泡打粉　Backpulver —— 30g

製作麵團

1. 奶油置於室溫下軟化，加入糖粉、鹽、現磨萊姆皮、濃縮香草糖漿後，攪拌均勻（**1**）。
2. 將整顆蛋加上蛋黃打散混合，取 1/2 量倒入步驟 **1** 內。
3. 以中速慢慢地攪拌。高速攪拌會增加奶油的溫度，在此選擇中速。
4. 把低筋麵粉、小麥澱粉、泡打粉等粉類混合好後，和剩下的蛋汁輪流交互倒入步驟 **3**，確實地混合均勻，以達到乳化狀（**4a,4b**）。
5. 最後混合成乳霜狀般的麵團（**5**）。

型流

在磅蛋糕模型內每個裝入 330g 的麵團。

倒入模型

1. 放入烤箱，以 220℃烤 10 至 15 分鐘，待麵團表面形成一層膜後，暫時從烤箱內取出，以刀子在麵團表面劃開一個刀口後，再以 180℃續烤 25 至 30 分鐘（**1**）。
2. 最後出爐的蛋糕，中央會有漂亮的開口，內部也能熟透，烤色也會很漂亮。

＊此款蛋糕屬於磅蛋糕的種類之一。將一部分麵粉換成澱粉，以降低麵團產生黏性，而能烤出不一樣的口感。也可以玉米粉取代澱粉，但由於顏色偏黃且味道特殊，因此 Holländische Kakao-Staube 只使用小麥澱粉製作。在早期的德國也曾使用過馬鈴薯澱粉。

Kapitel

3

Kuchen

以質樸麵團製作半熟成蛋糕

Sandkuchen

砂蛋糕

口感比磅蛋糕更輕盈，酥鬆的質地入口即化。
將麵粉的一部分以小麥澱粉替代，所誕生出的獨特口感為其魅力所在。
顏色最好烤得接近焦糖色。Sand正是砂的意思。

尺寸　18cm型2個份

〔酥餅麥森麵團〕（合計＝1592g　1個650g）

奶油　Butter —— 500g

香草籽　Vanilleschote —— 1/2根

現磨萊姆皮　geriebene Zitronenschale —— 1/2顆

鹽　Salz —— 4g

糖粉　Puderzucker —— 500g

蛋　Vollei —— 400g

蛋黃　Eigelb —— 30g

低筋麵粉　Weizenmehl —— 350g

小麥澱粉　Weizenpuder —— 150g

泡打粉　Backpulver —— 8g

準備

● 在磅蛋糕模型內塗上奶油，鋪上烘焙紙。

● 混合低筋麵粉、小麥澱粉、泡打粉備用。

製作麵團

1　把奶油放入攪拌盆裡，加入香草籽後，以電動攪拌器攪拌（**1**）。

2　加入現磨萊姆皮、鹽，混合均勻。

3　待整體變得偏白且質地柔滑後，加入糖粉（**3**），仔細混合均勻。

4　將整顆蛋和蛋黃混合後，慢慢倒入步驟**3**中，攪拌混合（**4**），使其乳化。

5　步驟**4**從機器上取下後，換成刮杓，慢慢倒入粉類的同時，從盆底向上翻舀，混合（**5**）。攪拌至粉末消失，且麵團出現光澤且質地柔滑即可。

製作麵團

1

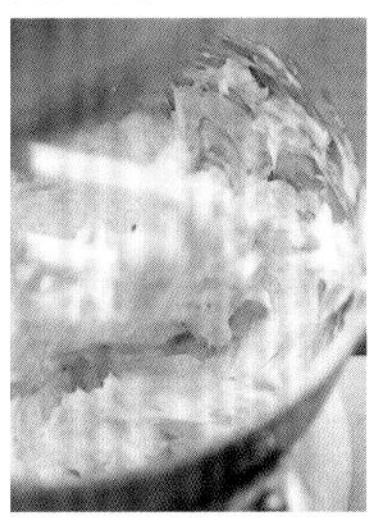

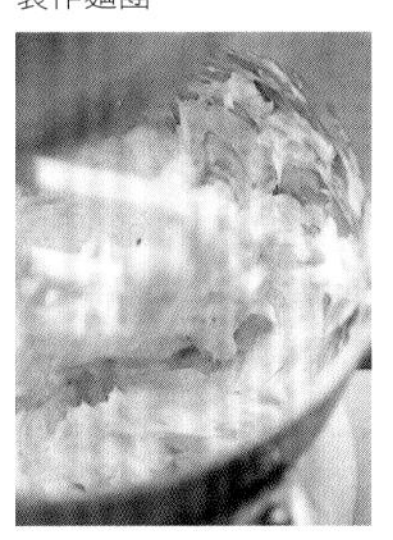

3

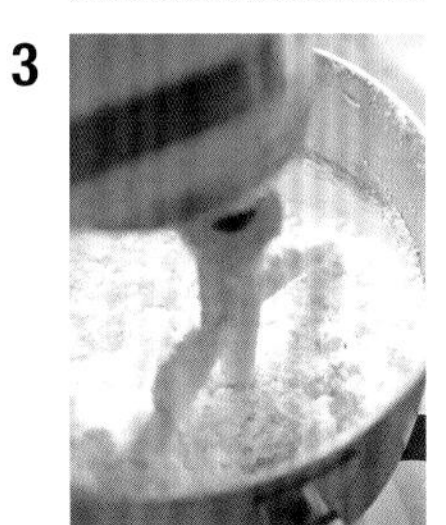

4

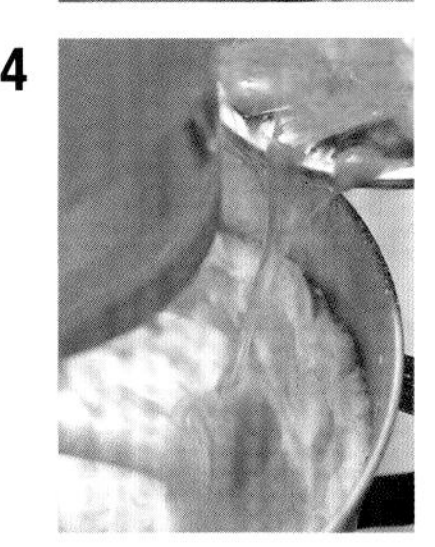

5

倒入模型

1
a

1
b

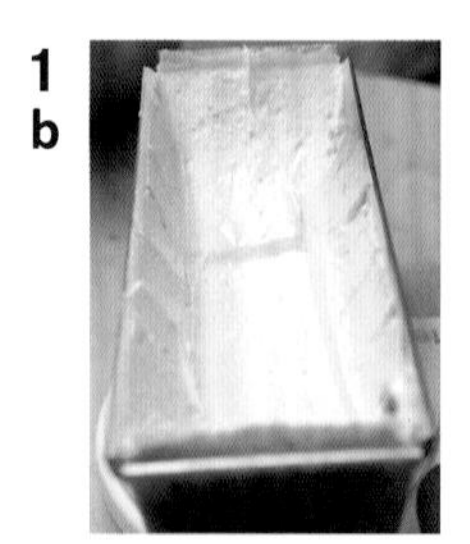

烘烤

1
a

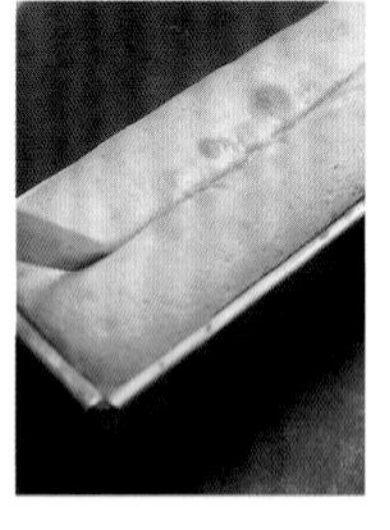

1
b

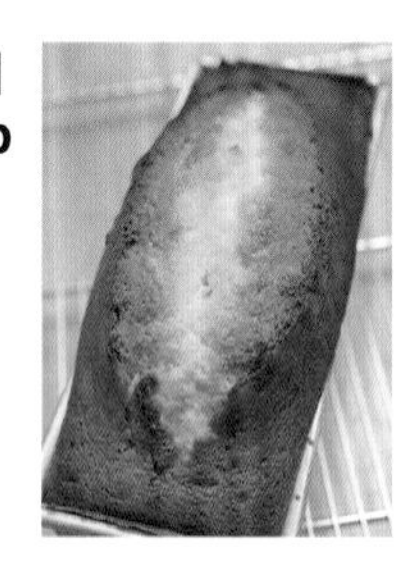

倒入模型

1 將麵團倒入模型中。一個模型內約裝 650g 麵團（**1a**）。將中央整平，側面也有麵團延伸向上，形狀有如凹形（**1b**）。

烘烤

1 放入烤箱，以 200℃的下火烤 10 分鐘，待表面烤出一層膜後，從烤箱取出，表面以刀子劃出一條線（**1a**）。待麵團內部膨脹後向外擴張，力量能平均分布，最後的開口才會裂得漂亮。前後位置交換後，打開上火，續烤 15 至 20 分鐘即可（**1b**）。

Margaretenkuchen

瑪格麗特蛋糕

有著瑪格麗特花朵造型的可愛蛋糕。
以麵粉及小麥澱粉製成酥餅麥森麵團，
再以杏仁膏作出花瓣點綴，成為這一款蛋糕的重點裝飾。

尺寸 13.5cm瑪格麗特模型1個

〔麵團〕（合計=487g）

杏仁膏底 Marzipanrohmasse —— 50g

奶油 Butter —— 125g

鹽 Salz —— 1g

現磨萊姆皮 geriebene Zitronenschale —— 1/4顆

香草籽 Vanilleschote —— 1/4根

蛋黃 Eigelb —— 50g

蛋白 Eiweiß —— 90g

砂糖 Zucker —— 70g

低筋麵粉 Weizenmehl —— 60g

小麥澱粉 Weizenpuder —— 40g

〔灑於模型內〕

麵包粉 Brösel —— 適量

〔杏仁膏裝飾〕

杏仁膏底 Marzipanrohmasse —— 50g

糖粉 Puderzucker —— 50g

食用色素（黃色） Farbstoff (gelb) —— 少量

〔裝飾〕

杏桃果醬 Aprikosenkonfitüre —— 60g

蘭姆酒 Rum —— 10ml

巧克力奶油 Kakaobutter —— 少量

準備

1a

1c

1b

準備

- 瑪格麗特蛋糕模型內塗上奶油（**1a**）。撒上大量麵包粉，使其均勻沾覆（**1b**）後，倒出多餘的麵包粉（**1c**）。
- 混合低筋麵粉及小麥澱粉。

製作麵團

1

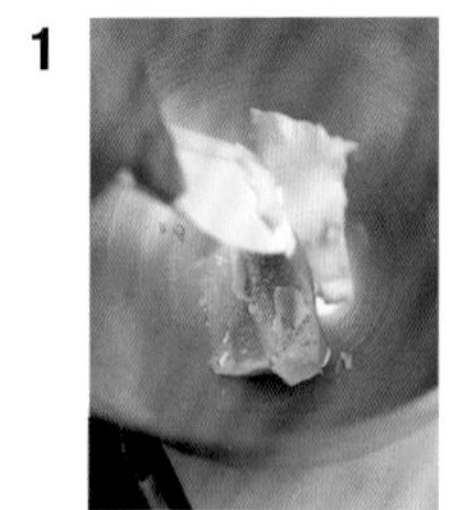

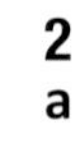

2a

2b

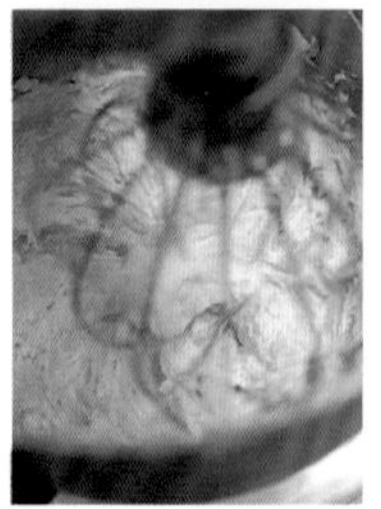

製作麵團

1 在攪拌盆裡放入杏仁膏底及少量的軟化奶油，以刮杓攪拌混合。待其軟化後，以機器攪拌均勻（**1**）。

2 攪拌的同時，將剩下的奶油分成 2 至 3 次加入（**2a**）。中途再加入現磨萊姆皮及香草籽（**2b**）。

3a

6

3b

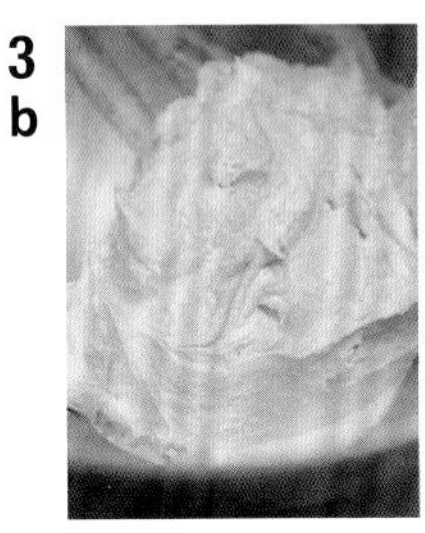

7

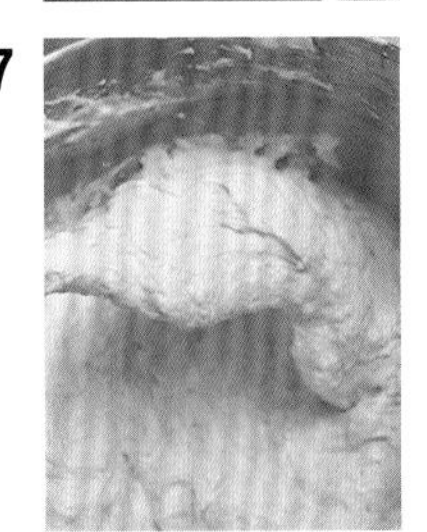

5

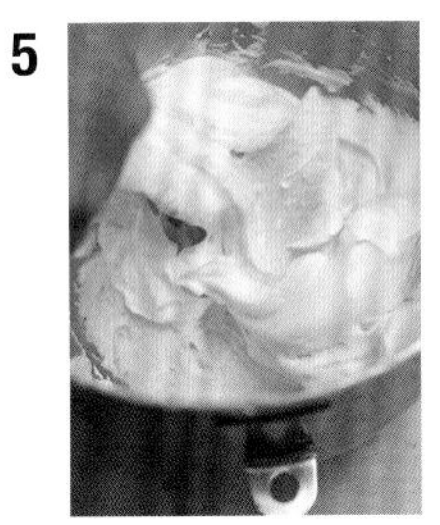

3 攪拌至沒有結塊後，慢慢倒入蛋黃（**3a**）。持續攪拌至整體質地變得柔滑即可（**3b**）。

4 另取一個攪拌盆，放入蛋白和全部的砂糖後，打發起泡。製成質地緊實綿密的蛋白糖霜。

5 步驟 **4** 的蛋白糖霜取 1/3 量加入步驟 **3** 的蛋黃麵團中，以不破壞糖霜的氣泡（**5**）的方式，大致混勻。

6 慢慢倒入粉類後，攪拌均勻（**6**）。

7 把剩餘的蛋白糖霜全部加入後，大致混合即可（**7**）。

倒入模型

倒入模型

將麵團倒入模型中。加熱後中央部位會隆起，放麵團時中心較低而邊緣高。

烘烤

1

2

烘烤

1 放入烤箱，以 190℃烘烤約 35 分鐘。以牙籤刺入，如果沒有附著，表示完成（**1**）。

2 出爐後移至網架上，上下倒置，放涼至不燙手的程度後，再將模型移開，使蛋糕完全散熱（**2**）。

裝飾

2

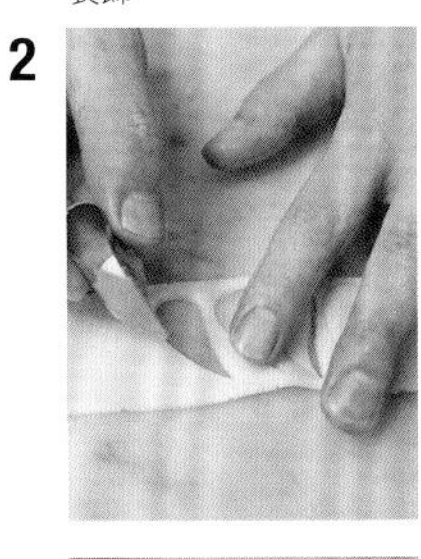

4a

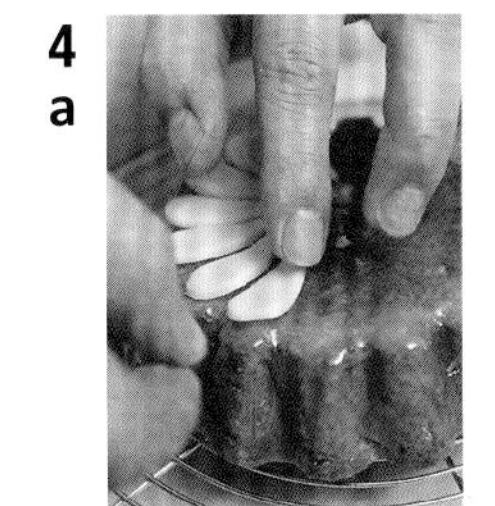

3

4b

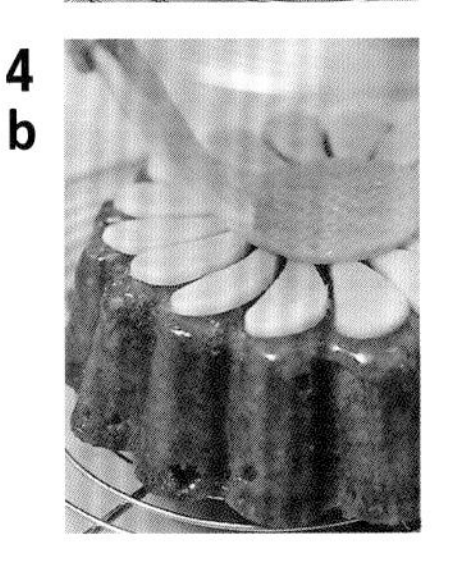

裝飾

1 製作杏仁膏裝飾。在杏仁膏底慢慢加上糖粉，攪拌至顏色變白即可。黃色的杏仁膏再另外加上食用黃色色素。

2 把黃色的杏仁膏以可壓出細密格紋的擀麵棍擀平，再以菊花形模壓切；白色杏仁膏則以花瓣形模壓切（**2**）。

3 在鍋裡放入杏桃果醬、少量的水、蘭姆酒後混合，煮至質地略為濃稠。塗抹在已放涼的瑪格麗特蛋糕表面（**3**）。

4 把裝飾用杏仁膏點綴於蛋糕正面（**4a**），再薄薄塗上一層隔水加熱後的巧克力奶油，以防止乾燥（**4b**）。

Marmorkuchen

大理石蛋糕

德文的Marmor就是大理石，意指大理石花紋的蛋糕。
俗稱為白麵團和黑麵團，其實是原味麵團和巧克力麵團，
由麵團的白＆黑交織出的視覺效果。
在烤箱中隨興又偶然地相融，竟完成了如此美麗的樣貌。

尺寸　18cm咕咕洛夫模型1個

〔麵團〕（合計=926g）

奶油　Butter —— 250g
現磨萊姆皮　geriebene Zitronenschale —— 1/4顆
鹽　Salz —— 2g
香草籽　Vanilleschote —— 1/4根
糖粉　Puderzucker —— 250g
蛋　Vollei —— 200g
蛋黃　Eigelb —— 30g
低筋麵粉　Weizenmehl —— 150g
小麥澱粉　Weizenpuder —— 40g
泡打粉　Backpulver —— 4g

〔巧克力麵團用〕取上述麵團中的150g加入

可可粉　Kakaopulver —— 10g
牛奶　Milch —— 15g

製作巧克力麵團

5a
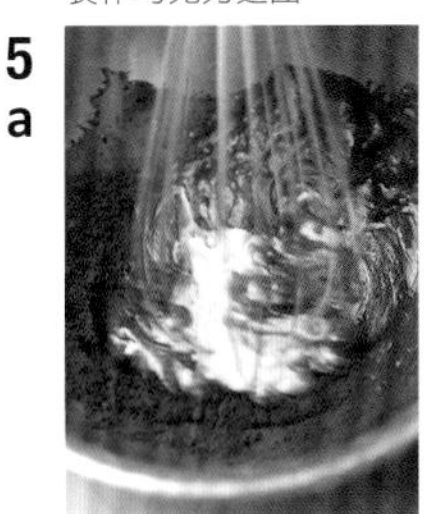

6a
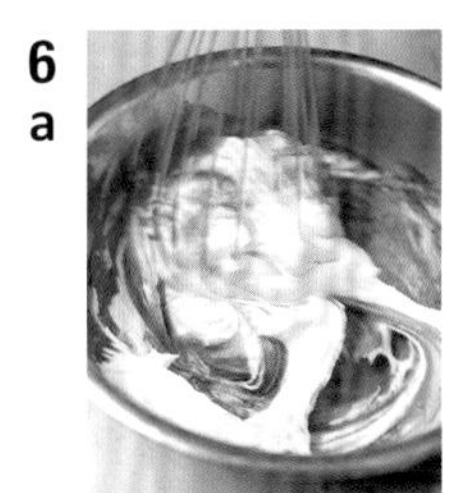

5b
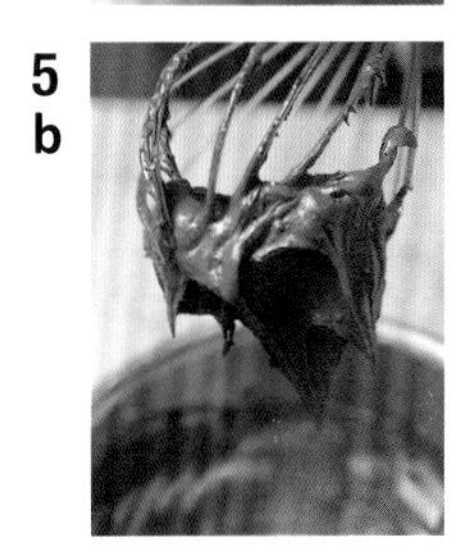

6b

倒入模型

1
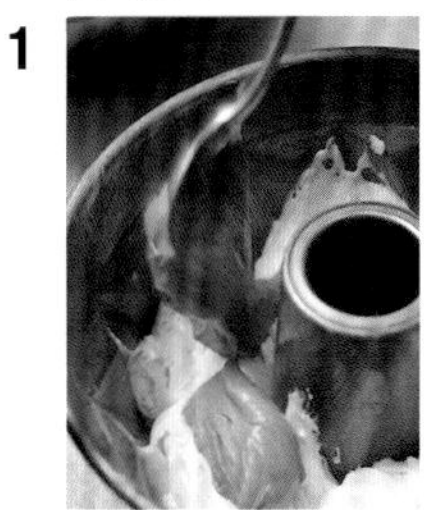

2
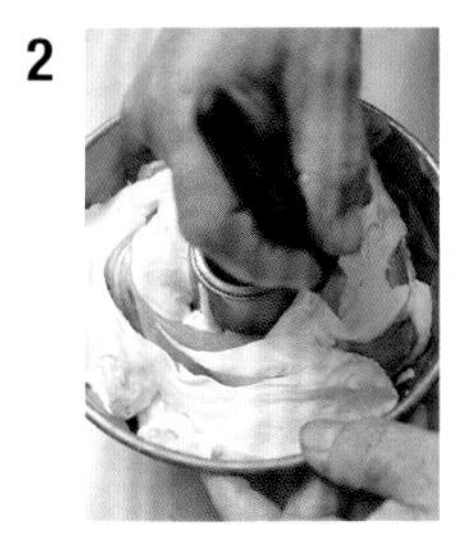

準備

- 混合低筋麵粉、小麥澱粉、泡打粉後過篩備用。
- 模型內塗上奶油。

製作麵團

1. 攪拌奶油。再加入現磨萊姆皮、鹽、香草籽後，混合均勻。
2. 加入糖粉，仔細攪拌均勻。
3. 把整顆蛋和蛋黃合在一起後，慢慢倒入，直至整體質地變得柔軟滑順即可。
4. 一邊慢慢倒入粉類的同時，一邊以刮杓從攪拌盆底部向上翻舀的方式，混合至麵團出現光澤即可。

製作巧克力麵團

5. 取出150g的步驟**4**麵團放入另一個攪拌盆裡，從中再取出一點點麵團，放入加有可可粉的牛奶中，攪拌均勻（**5a**/**5b**），再倒回原本的麵團裡，完成巧克力麵團（**6a**/**6b**）。

倒入模型

1. 在18cm的咕咕洛夫模型中先倒入一圈白色麵團，再放上巧克力麵團（**1**）。
2. 以刀子輕輕地混合，畫出紋理（**2**）。
3. 倒入剩餘的白色麵團至模型的八分滿（白色麵團的用量為550g）。

烘烤

放入烤箱，以200℃的下火烤10分鐘，再以上火續烤烤40分鐘。

製作麵團的重點

- **白麵團和黑麵團的比例為3：1**

  無論在口味上或視覺比例上，若以1個模型800g麵團，白麵團為550g，黑麵團則為175g，約3：1的比例。

  由於可可粉會吸水，如果直接以可可粉加入麵團，會吸收水分使麵團變硬。在此先將可可粉溶於牛奶當中，將巧克力麵團調整成和白麵團相同的硬度。

Königskuchen

國王蛋糕

Köings為國王之意。
將浸漬蘭姆酒的水果乾拌入麵團，再倒入磅蛋糕模中，
烘烤出擁有成熟韻味的水果蛋糕。
享受蛋糕的清爽口感及香甜水果共譜的一段美味交響曲。

尺寸　18cm磅蛋糕模型1個
〔酥餅麥森麵團〕（合計=522g）
奶油　Butter——50g
砂糖　Zucker——25g
現磨萊姆皮　geriebene Zitronenschale——1/2顆
蛋黃　Eigelb——60g
蛋白　Eiweiß——90g
鹽　Salz——1g
蛋白用砂糖　Zucker——75g
低筋麵粉　Weizenmehl——100g
白葡萄乾　Sultaninen——50g
紅葡萄乾　Korinthen——20g
糖漬萊姆皮　Zitronat——20g…切細碎
糖漬橙皮　Orangeat——20g…切細碎
蘭姆酒　Rum——10ml

準備

- 白葡萄乾和紅葡萄乾裝入容器中，以蘭姆酒浸漬 1 小時以上。
- 將磅蛋糕模型用烘焙紙鋪在已塗上奶油的模型內。

製作麵團

1

2

4
a

4
b

5

6
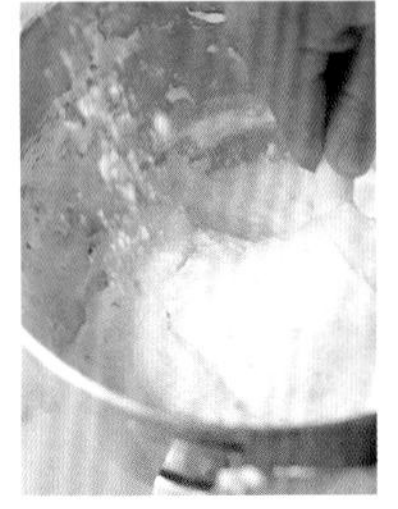

7
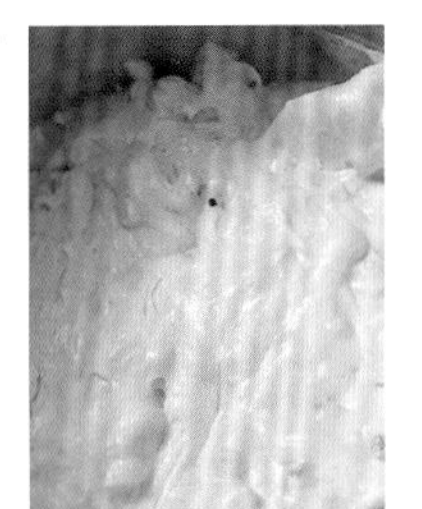

製作麵團

1 奶油放入攪拌盆內，加入少量砂糖，以低速攪拌混合（**1**）。

2 交互倒入砂糖及蛋黃，混合均勻（**2**）。中途加入現磨萊姆皮。

3 取另一攪拌盆製作蛋白糖霜。在盆內放入蛋白、鹽、砂糖後，打發成質地緊實的蛋白糖霜。

4 將步驟 **2** 的蛋黃基底從機器上取下，改以刮杓攪拌，加入少量的低筋麵粉，以防止水分脫離（**4a**）。再倒入 1/3 量的蛋白糖霜，以切割畫線的方式，混合均勻（**4b**）。

5 果乾類放入 1/4 量的麵粉混合。可防止果乾沉澱於麵團裡（直接加入，麵粉會吸收過多水分，因此在快要和麵團混合前進行此步驟）（**5**）。

6 在步驟 **4** 中，依序慢慢地加入 1/3 量的蛋白糖霜、剩下的低筋麵粉、剩下 1/3 量的蛋白糖霜，混合均勻（**6**）。

7 步驟 **6** 裡加入步驟 **5** 的果乾，以刮杓將整體混勻。輕輕攪拌至粉末完全消失即完成，攪拌過程中不要別太用力以免消泡（**7**）。

倒入模型

倒入模型

在準備好的模型內，倒入八分滿。一個約 400g。

烘烤

a

b

烘烤

1 放入烤箱，以 200℃約烤 1 小時。先以上火烤 10 至 15 分鐘，待表面烤出顏色後，先從烤箱內取出，以沾了水的刀子劃一道開口（**a**）。

2 放回烤箱裡續烤。麵團切口會膨脹得很漂亮。

3 出爐後的樣子（**b**）。待散熱放涼後，移開模型，取下烘焙紙。

Kirschkuchen

櫻桃蛋糕

Kirsch為滋味酸甜的酸櫻桃之意。
在巧克力麵團中拌入許多Kirsch烘烤而成，
是一道能同時品嚐到隱約的丁香及肉桂香氣的酸甜蛋糕。

尺寸 24cm蛋糕圓模1個

〔蛋糕底（餅乾層）〕
派皮堤格麵團（P.20）——1片
杏桃果醬 Aprikosenkonfitüre——30g
麵包粉 Brösel——30g

〔麵團〕（合計=800g）
奶油 Butter——135g
砂糖 Zucker——170g
鹽 Salz——2g
現磨萊姆皮 geriebene Zitronenschale——1/4顆
香草籽 Vanilleschote——1/2根
肉桂粉 Zimtpulver——1g
丁香粉 Nelkenpulver——1g
蛋 Vollei——225g
低筋麵粉 Weizenmehl——135g
泡打粉 Backpulver——2g
可可粉 Kakaopulver——20g
烘烤過的榛果粉
Haselnüsse, geröstet, gerieben——85g

〔內餡〕
罐裝酸櫻桃 Sauerkirschen——380g

〔裝飾〕
糖粉…冷卻後撒上約2cm寬度

製作麵團

1

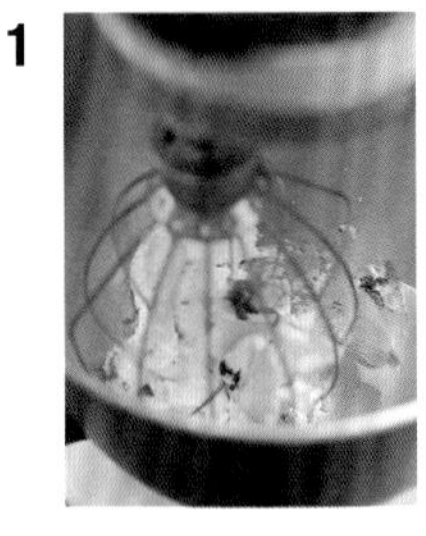

3 a

2

3 b

4

裝入模型

1

3

2

準備

- 將罐裝櫻桃的水果和果汁分開。只使用水果的部分。
- 混合低筋麵粉、泡打粉、可可粉後過篩，再和烘烤過的榛果粉混合。
- 製作派皮堤格麵團，擀成 3cm 厚，刺出孔洞。放入烤箱，以 180℃ 烤 20 分鐘。冷卻後，以直徑 24cm 的慕斯圈壓切備用。
- 派皮堤格基底塗上杏桃果醬塗厚，裝上慕斯圈，鋪撒上麵包粉，完成蛋糕的基底。

製作麵團

1. 在攪拌盆裡放入奶油、現磨萊姆皮、香草籽、鹽、肉桂粉、丁香粉，進行攪拌（**1**）。
2. 加入砂糖，完整拌勻（**2**）。
3. 待砂糖完全被吸收後，慢慢倒入整顆蛋（**3a**）。為了整體融合，過程中加入少量的粉類（**3b**）。
4. 全部的蛋都加入後，再倒入剩下的所有粉類，持續攪拌至麵團出現光澤即可（**4**）。

裝入模型

1. 從準備好的蛋糕基底外緣向內的 1.5cm 處，擺滿櫻桃後，以手指輕壓，擠出多餘空氣，並固定位置（**1**）。
2. 以刮板將麵團埋進櫻桃和慕斯圈中間（**2**）。
3. 將剩餘的麵團鋪在最上層，高度比慕斯圈低 1cm 左右，整平表面（**3**）。

烘烤

1. 放入烤箱，以 200℃ 烤 50 分鐘。
2. 出爐放涼後，取下模型。

裝飾

蛋糕冷卻後，在中央放上直徑 18cm 的圓形板，撒上糖粉。

Mohntorte

罌粟籽蛋糕

據傳罌粟籽蛋糕是由波蘭傳入德國的一款特色糕點。
將罌粟籽拌入麵團中，完成後在蛋糕的切面
清楚可見點點黑色的罌粟籽。
顆顆分明的口感非常有趣呢！

尺寸　24cm圓模1個
〔麵團〕（合計=861g）
奶油　Butter——135g
奶油用糖粉　Puderzucker——40g
現磨萊姆皮　geriebene Zitronenschale——1/2顆
蘭姆酒　Rum——20ml
蛋黃　Eigelb——110g
蛋白　Eiweiß——160g
鹽　Salz——1g
蛋白用糖粉　Puderzucker——140g
罌粟籽　gemahlener Mohn——180g
＊烘烤過後磨碎
低筋麵粉　Weizenmehl——45g
小麥澱粉　Weizenpuder——30g

準備

a

準備

- 在 24cm 的圓模內側塗上奶油（份量外）。在模型底部鋪上烘焙紙。
- 混合低筋麵粉和小麥澱粉。
- 罌粟籽先烘烤過後再磨碎（**a**）。

製作麵團

3

6

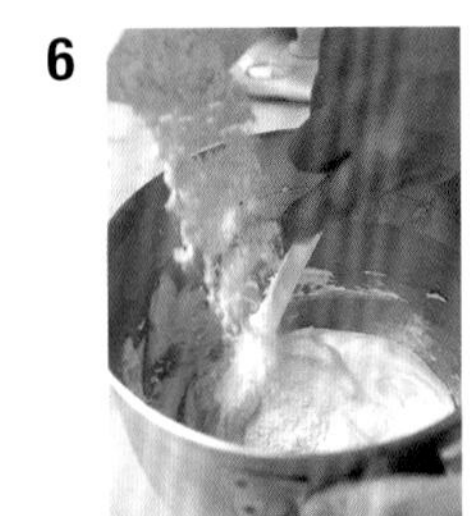

4

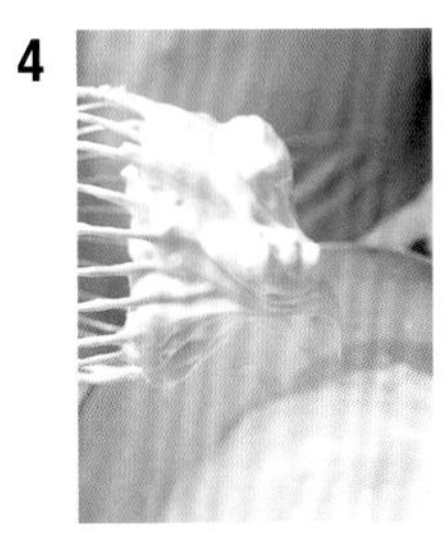

7
a

5

7
b

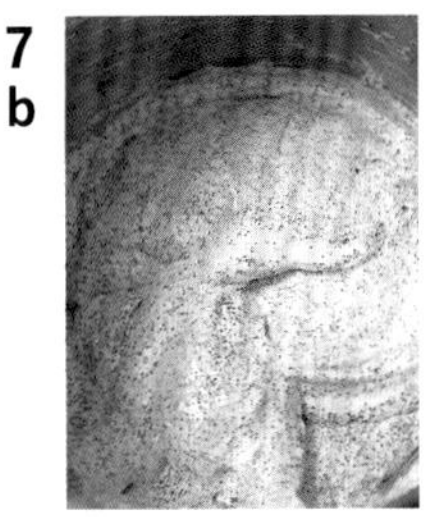

製作麵團

1 在攪拌盆裡放入奶油，再加入糖粉，攪拌混合。

2 加入現磨萊姆皮、蘭姆酒。

3 慢慢倒入蛋黃，以中高速攪拌（**3**）。

4 另取一個攪拌盆，倒入蛋白，加入鹽、糖粉，以高速打出質地緊實的蛋白糖霜（**4**）。

5 在步驟 **3** 裡加入 1/3 量的步驟 **4** 蛋白糖霜，以切割畫線的方式混合（**5**）。

6 在步驟 **5** 裡依序倒入 1/2 量的粉類、剩餘蛋白糖霜、剩餘粉類，一起攪拌均勻（**6**）。

7 在步驟 **6** 中加入烘烤磨碎後的罌粟籽（**7a**）。徹底攪拌均勻（**7b**）。

倒入模型

烘烤

倒入模型

把麵團倒入準備好的模型內，並整平表面。

烘烤

放入烤箱，以 190℃烤 40 分鐘。

裝飾

裝飾

待蛋糕散熱後，取下模型，放上 10 等分的等分器後撒上糖粉。

Aprikosenkuchen

杏桃蛋糕

杏桃蛋糕為烤盤蛋糕的經典代表口味。
杏桃是德國人相當喜愛的一種水果。
加了杏仁片的麥森麵團搭配上酸酸甜甜的杏桃，香氣誘人。

尺寸 45cm×30cm1片 可切成20個

〔麵團〕
派皮堤格麵團Mürbeteigboden（P.20）——1片750g

〔奶油麥森麵團〕（合計=1701g）
杏仁膏底 Marzipanrohmasse——150g
奶油 Butter——350g
砂糖 Zucker——350g
鹽 Salz——2g
現磨萊姆皮 geriebene Zitronenschale——1/4顆
香草籽 Vanilleschote——1/2根
蛋 Vollei——390g
低筋麵粉 Weizenmehl——450g
*過篩
泡打粉 Backpulver——9g
*和麵粉混合後過篩

〔裝飾〕
杏桃（糖漬） Aprikosen——850g
*瀝去水分
杏仁片 Mandeln, gehobelt——50g
杏桃果醬 Aprikosenkonfitüre——120g

準備

a

製作奶油麥森麵團

1

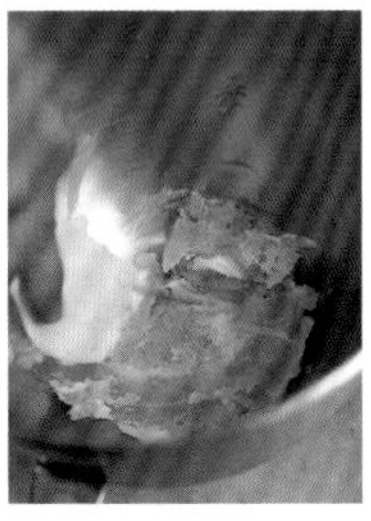

6a

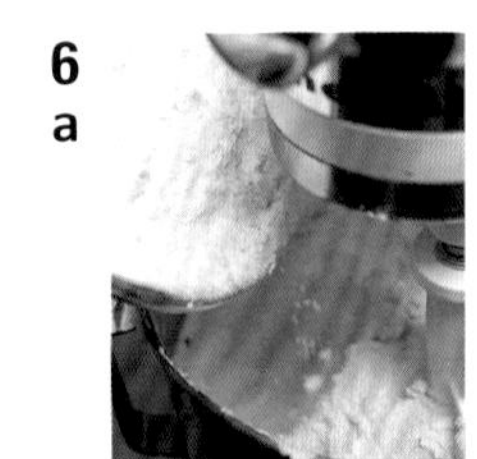

4

6b

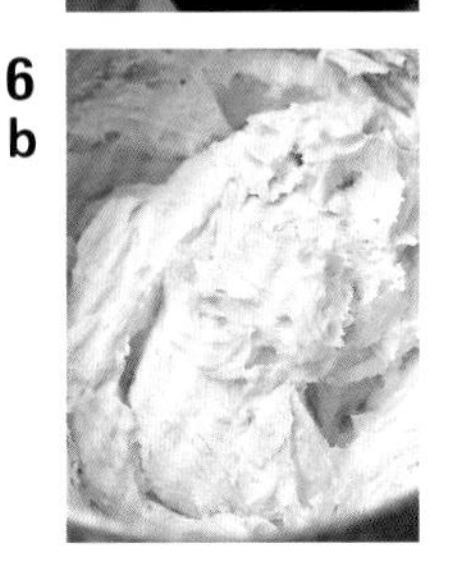

5

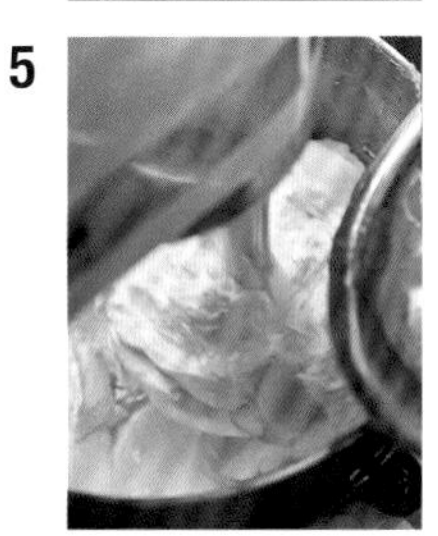

組合

1

2

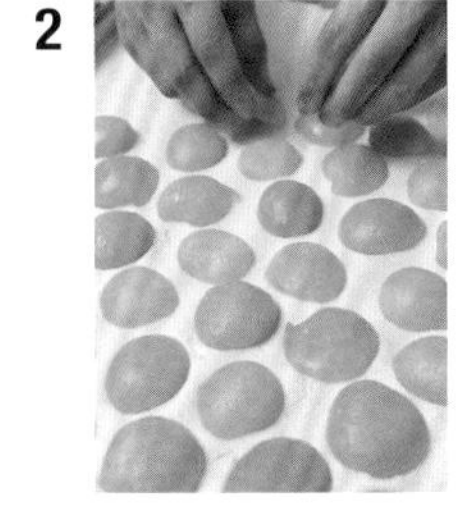

烘烤

裝飾

1

準備

- 製作派皮堤格麵團，擀成厚度 5mm，尺寸比慕斯圈再大一點，以派皮戳洞器刺出孔洞。
- 放在鋪好烘焙紙的烤盤上，放入烤箱，以 180℃直接烘烤。出爐放涼後，以慕斯圈切除多餘的邊緣（**a**）。

製作奶油麥森麵團

1. 在攪拌盆裡放入杏仁膏底，加入少量奶油，以刮杓攪拌融合（**1**）。
2. 混合至一定程度後，再加入剩下的奶油，全部拌均。
3. 再加入砂糖，拌匀。
4. 加入現磨萊姆皮、鹽、香草籽（**4**）
5. 攪拌至顏色偏白且出現黏稠感後，再慢慢倒入全蛋液（**5**）。
6. 混合好後，再慢慢倒入低筋麵粉（**6a**）。持續攪拌至質地變得柔滑即可（**6b**）。

組合

1. 在派皮堤格基底上，鋪匀奶油麥森麵團。均匀鋪平成厚度 1cm 高度（**1**）。
2. 再整齊擺放上瀝除水分的糖漬杏桃（**2**）。最後撒上杏仁片。

烘烤

放入烤箱，以 180℃烤 50 分鐘。

裝飾

1. 烤好出爐後立刻塗上溫熱過的杏桃果醬（**1**）。
2. 散熱後，取下模型，切成每塊 10cm×6cm 的四角形。

Anmerkung

在烤盤上鋪滿麵團後，加上奶油醬和水果排列，進行烘烤的蛋糕，稱為Blechkuchen烤盤蛋糕。烤盤蛋糕的基底一般為派皮堤格麵團（Mürbeteig）或酵母堤格麵團（Hefeteig）。是一款在德國隨處可見的傳統甜點。

Mohnkuchen

罌粟籽烤蛋糕

以黑罌粟籽製作內餡，鋪在基底麵團上，烘烤而成的罌粟籽烤蛋糕。
在罌粟籽內餡中加了些許肉桂，帶出更有深度的韻味。
是一款由波西米亞流傳入德國的甜點。

尺寸 45cm×30cm 1片　可切成20個

〔蛋糕基底〕
派皮堤格麵團 Mürbeteigboden（P.20）—— 1片750g
杏桃果醬 Aprikosenkonfitüre —— 70g
奶酥 Streusel（P.27）—— 800g

〔罌粟籽麥森麵團〕（合計=1553g）
牛奶 Milch —— 250g
砂糖 Zucker —— 300g
奶油 Butter —— 150g
香草籽 Vanilleschote —— 1/2根
鹽 Salz —— 2g
罌粟籽 gemahlener Mohn —— 500g
*烘烤過後磨碎
白葡萄乾 Sultaninen —— 100g
肉桂粉 Zimtpulver —— 3g
麵包粉 Brösel —— 100g
現磨萊姆皮 geriebene Zitronenschale —— 1/2顆
蛋 Vollei —— 150g

準備

a

準備

- 製作派皮堤格麵團，擀成厚度 5mm，尺寸比慕斯圈再大一點，以派皮戳洞器刺出孔洞。
- 放在鋪好烘焙紙的烤盤上，放入烤箱，以 180℃直接烘烤。出爐放涼後以慕斯圈切除多餘的邊緣，塗上杏桃果醬（**a**）。

製作罌粟籽麥森麵團

1a

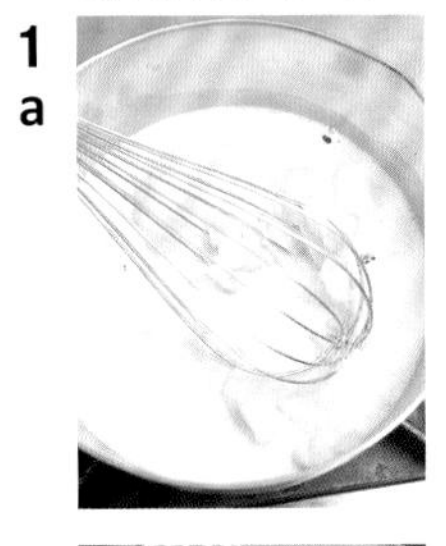

2a

1b

2b

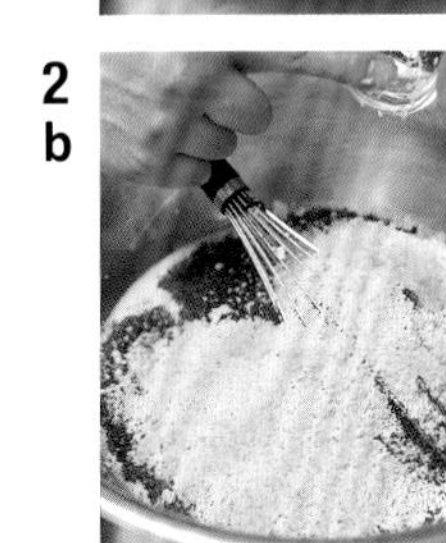

3

製作罌粟籽麥森麵團

1. 鍋內放入牛奶、香草籽、砂糖、奶油、鹽，混合(**1a**)。一邊加熱，一邊攪拌，煮至沸騰(**1b**)。
2. 離開火源，倒入攪拌盆內，加入白葡萄乾、磨碎的罌粟籽（**2a**）。再加入麵包粉和現磨萊姆皮後，混合均勻（**2b**）。
3. 打散蛋，慢慢倒入步驟 **2** 中，攪拌均勻（**3**）。

組合

1

2

組合

1. 將罌粟籽麥森麵團均勻地鋪在派皮基底上，整平表面（**1**）。
2. 均勻撒上奶酥（**2**）。

烘烤

2

烘烤

1. 放入烤箱，先以 190℃的下火烤 30 分鐘，再加上上火烤 15 分鐘。
2. 出爐（**2**）。散熱後移開烤盤，等分切開。

Column 德國甜點有什麼特色呢？ ②

Cafe Siefert
Braunstrasse 17 D-64720 Michelstadt

在德國，有著許多代代相傳的傳統糕餅店。甜點師傅Siefert先生從小即是在自家甜點製作環境的薰陶之下長大。

小而美的鄉間小鎮——米歇爾斯塔特Michelstadt 來自大自然恩惠的香甜好味道

雖然和大都市法蘭克福同屬德國西部的黑森邦，但是米歇爾斯塔特卻擁有自然愜意的田園風光，為黑森邦人口最少的歐登瓦德（Odenwald）郡中，最大的城鎮。歷史悠久的美麗木造建築和聖誕市集是這裡渾然天成的觀光資源。在這個小小的鄉間小鎮裡，誕生了一位榮獲甜點大賽世界冠軍的糕點師傅，他就是「Cafe Siefert」的店主Bernd Siefert。Siefert家族傳承著250年歷史的糕餅店鋪，Bernd Siefert為第四代掌門人。

Bernd的製菓手藝聞名於德國甚至全世界。曾被問到：「德國甜點的特色究竟是什麼？」當時他回答：「傳統德國糕點大多使用大自然恩惠的當季新鮮水果製作。所以聖誕節時沒有供應草莓蛋糕，也是理所當然。而且蛋糕的尺寸偏大，口感輕盈。因冷藏技術的發達，比其他地區更早使用鮮奶油……都可說是德式甜點與眾不同的特色。另外，使用多層的克林姆醬（Buttercreme）或麵團、以麵包粉製作點心……特色不勝枚舉。但若要強調德國特色，卻不常被提及。第二次世界大戰後，德國人不再願意去觸及任何關於強調『德國式』的話題。即使是值得頌揚的飲食文化，也會引起人們痛苦的戰爭回憶。

於是興起一股『法國有甜點的文化，那麼德國的新型態糕點也走法國風好了』這樣的風氣。但保留不同國家的文化差異，是非常重要的課題。要能在這個世界上嶄露自己的特色，而非一味盲從流行。」道盡了德國風味受全世界流行的法式糕點影響而轉變，形式也逐漸不同。

米歇爾斯塔特小鎮對於在世界各地奔波工作的Bernd而言，就像個永恆而穩定的小宇宙。當地的客人一如往常到店裡，在咖啡廳一邊聊天，一邊品嚐德國傳統的各式蛋糕，享受著屬於這個小鎮的悠閒自在。Cafe Siefert的蘋果派，有著且量豐富的細緻蘋果果肉，是一道又酸又甜、滋味迷人的蛋糕。尺寸也是德式的大份量。時至今日，這道糕點仍舊遵循著祖父所構思的食譜製作。「Wilhelm爺爺的蘋果派，在法國或是義大利都吃不到。這是我們這個鎮上這間店裡獨創的口味」對Bernd而言，作出與祖父的相同味道的蘋果派，就是最有價值的事。他會使用自家院子栽種的水果製作蛋糕，因此院子裡總是種了各式花朵及香草。「年輕時總想要挑戰發明新口味，如今我找到了自己的歸屬。跟上潮流固然重要，但傳統和家庭才是人生最終回歸之處」。

在這個受大自然的恩惠、時間流動緩慢的可愛城鎮，才能誕生出好的點心。透過傳統進而展現自我的時代裡，德國甜點也正漸漸地改變它的樣貌。

CAFE
Rosmarin
Grand Marnie

【Cafe Sifert】

Apfelkuchen

蘋果派

這是一款添加了滿滿的蘋果果肉製作而成的點心。
鋪上以杏仁片和其他材料，作出充滿香氣的杏仁糖層，
蜂蜜和奶油的香味滲透到蘋果內，增添了味道上的層次感。
請選擇帶有酸味且品質良好的蘋果。

尺寸 28cm的可拆式圓模1個

〔派皮堤格麵團〕（合計= 601g）

奶油 Butter ____ 200g
砂糖 Zucker —— 100g
蛋黃 Eigelb —— 1個分
現磨萊姆皮 geriebene Zitronenschale —— 1/2顆
香草籽 Vanilleschote —— 1/2根
鹽 Salz —— 1g
麵粉 Weizenmehl —— 300g

〔內餡〕（合計= 1555g）

蘋果 Äpfel —— 1000g
萊姆汁 Zitronensaft —— 適量
現磨萊姆皮 geriebene Zitronenschale —— 適量
杏桃果醬 Aprikosenkonfitüre —— 200g
蘭姆酒 Rum —— 20ml
麵包粉 Brösel —— 200g
香草布丁粉 Vanillepuddingpulver —— 35g
香草籽 Vanilleschote —— 1根

〔杏仁糖層〕（合計= 300g）

奶油 Butter —— 110g
蜂蜜 Honig —— 30g
鮮奶油 Sahne —— 40g
杏仁片 Mandeln, gehobelt —— 120g
砂糖 Zucker —— 90g

製作內餡

3

4

組合

1

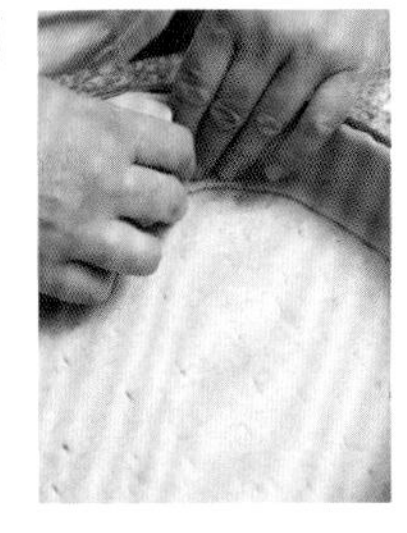

3

製作杏仁糖層

2

4

3

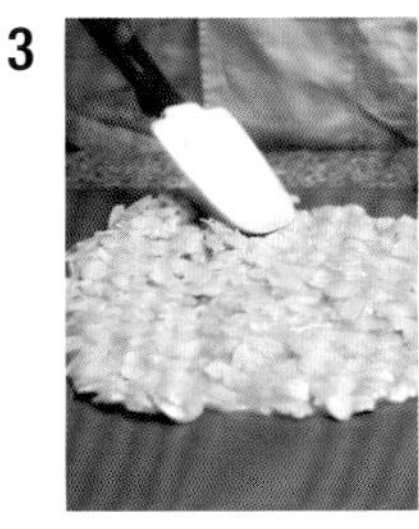

烘烤

製作派皮堤格麵團

1 製作基本款 1-2-3 派皮堤格麵團，完成後放置一晚。

2 在派皮堤格麵團上撒手粉後，擀成 3mm 厚，配合模型高度切下側面用的麵團。底部用的麵團也配合模型尺寸裁切成圓形。

3 將底部用的麵團放入模型中，以刀子戳小洞。

4 放入烤箱，以 150℃烘烤 20 分鐘。

製作內餡

1 蘋果去皮、去籽、去核後，將果肉切成細塊，淋上萊姆汁及萊姆皮。

2 將杏桃果醬拌軟後，加入蘭姆酒。

3 將步驟 **1** 的蘋果倒入步驟 **2** 中，加入砂糖、香草布丁粉（**3**）。

4 加入香草籽，仔細混合均勻（**4**）。

組合

1 底部用派皮堤格麵團出爐冷卻後，將側面用麵團貼合在模型內。底面和側面相接無縫（**1**）。

2 撒上麵包粉（以吸收內餡多餘的水分）。

3 把內餡放入步驟 **2** 中，高度比模型略低一點，整平表面（**3**）。

＊最後要鋪上杏仁糖層，因此需要預留空間。

製作杏仁糖層

1 鍋內放入鮮奶油、奶油、蜂蜜、砂糖，一邊攪拌，一邊加熱至 108℃。

2 溫度到達後請立刻熄火，離開熱源。加入杏仁片，攪拌均勻（**2**）。

3 將步驟 **2** 倒在烘烤布上，攤平成圓形。大小約和塔模差不多。（**3**）。

4 稍微冷卻後，以擀麵棍擀開，切成跟塔模相同大小後，疊在蘋果上。以刮板壓出12等分紋路(**4**)。

烘烤

放入烤箱，以180℃烘烤1小時。為了保持蘋果內餡的柔軟，出爐後，要等到蛋糕完全冷卻，方可取下模型。

Anmerkung

在德國使用的是Boskoop蘋果；在日本則使用紅玉蘋果，酸味較明顯，適合甜點烘焙。

Kapitel

4

Hefeteig

以發酵麵團作點心

Butterkuchen

奶油蛋糕

將糖粉加在奶油中，重疊在蛋糕基底上，
製成這一款外形簡單樸素的德國風味奶油蛋糕。
也正因平凡的外形，味道就成了成敗的關鍵。

尺寸 53cm×37cm烤盤1片 可切成20個

〔麵團〕

酵母堤格麵團 Hefeteig（P.23）——1180g

〔香草醬 Vanillecreme〕

烤盤蛋糕用的香草醬（P.28）——300g

〔裝飾〕

奶油 Butter——300g

鹽 Salz——3g

糖粉 Puderzucker——50g

香草籽 Vanilleschote——1/4根

〔裝飾〕

砂糖 Zucker——100g

杏仁片 Mandeln, gehobelt——150g

糖霜顆粒 Hagelzucker——30g

組合

1a

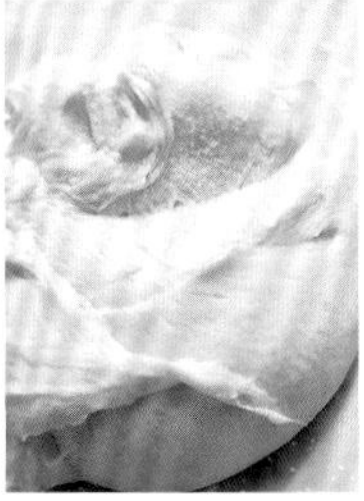

1b

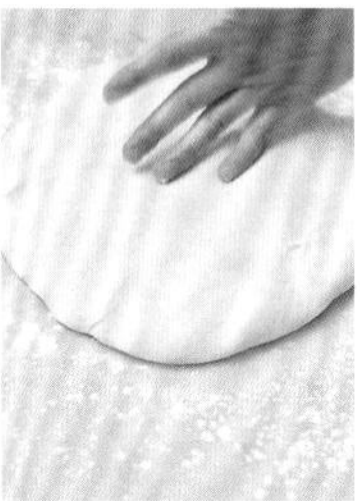

1c

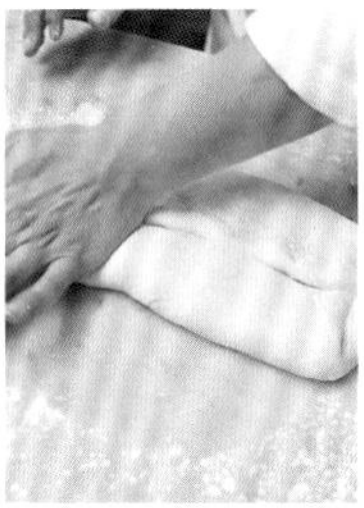

2a

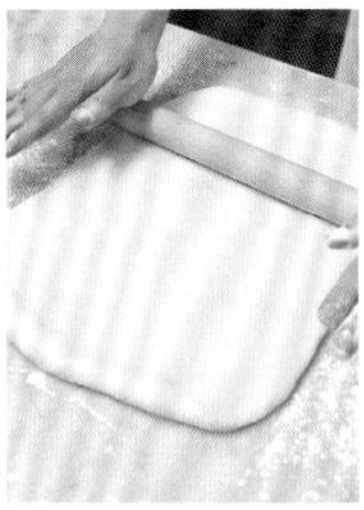

2b

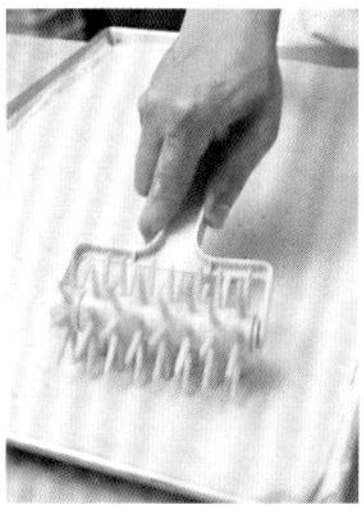

3

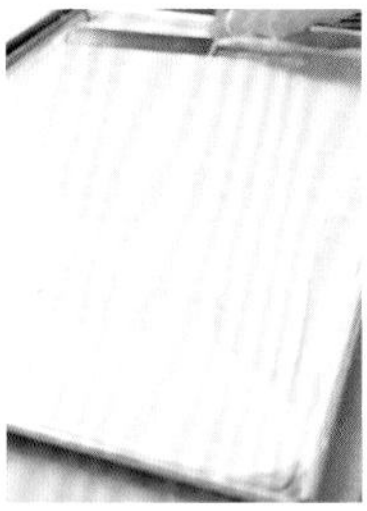

4

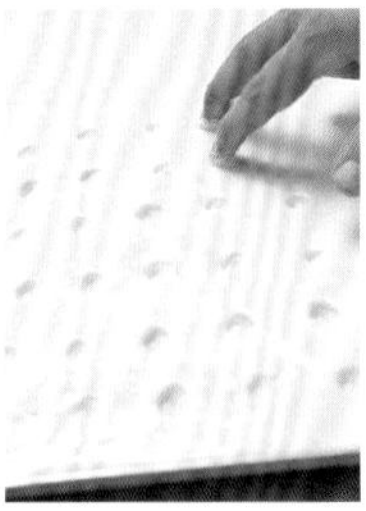

5

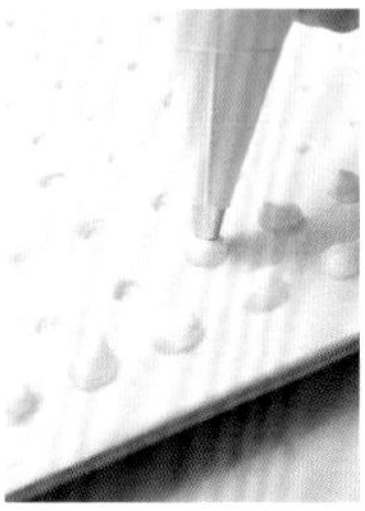

6

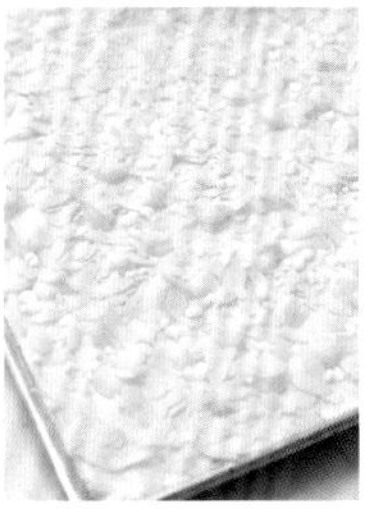

烘烤

a

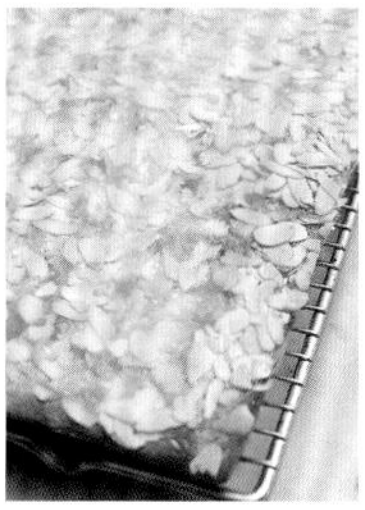

酵母堤格麵團

以先揉法（Vorteig 法）製作基本款酵母堤格麵團。

香草醬

若香草醬因為低溫而硬化，可使用瓦斯槍，從底部加熱至質地變得容易塗抹的狀態。

裝飾用奶油

奶油攪拌至質地接近乳霜狀後，加鹽、香草籽、糖粉後，混合均勻。

組合

1. 先將酵母堤格麵團放在撒有手粉的工作檯上（**1a**）。以手掌輕壓擠出因發酵產生的氣體（Punching）（**1b**）。摺成三層（**1c**）。
2. 以擀麵棍擀成烤盤大小（厚度 6mm）（**2a**）。將麵團放在鋪好烘焙紙的烤盤上，切去多餘的麵團。以派皮戳洞器刺洞（**2b**）。
3. 將香草醬均勻塗抹在酵母堤格麵團上，四個角落也仔細塗滿（**3**）。
4. 以手指在香草醬表面等距離按壓出凹洞（**4**）。
5. 攪拌成乳霜狀的奶油（裝飾用）放入 8 號圓形花嘴的擠花袋裡，擠在步驟 **4** 的凹洞上（**5**）。
6. 撒上砂糖、杏仁片、糖霜顆粒（**6**）。

烘烤

1. 在麵團烤盤下方重疊上另一塊烤盤，使底部增厚，以避免烘烤時，底部過熱烤焦。放入烤箱，以 200℃的上火烤 20 至 30 分鐘。
2. 出爐後放涼（**a**）。先切除四個角落，再等分切開。

Streuselkuchen

奶酥蛋糕

尺寸　53cm×37cm烤盤1片　可切成20等分

〔材料〕

酵母堤格麵團（P.23）——1180g

烤盤蛋糕用的香草醬（P.28）——300g

奶酥（P.27）——900g

酵母堤格麵團

以先揉法（Vorteig 法）製作基本款酵母堤格麵團。

奶酥

準備一般奶酥。

香草醬

若香草醬因為低溫而硬化，可使用瓦斯槍，從底部加熱至質地變得容易塗抹的狀態。

這是一款可以讓人放鬆身心、
百吃不厭的烤盤蛋糕。
在麵團中加入奶酥，
如此簡單的搭配，
卻是讓德國人念念不忘的
好味道。

組合

3

4

烘烤

a

組合

1　將酵母堤格麵團放在撒有手粉的工作檯上，以手掌輕壓擠出因發酵產生的氣體（Punching）後，摺成三層。

2　以擀麵棍擀成烤盤大小（厚度 6mm）。將麵團放在鋪好烘焙紙的烤盤上，切去多餘的麵團後，以派皮戳洞器刺洞。

3　將香草醬均勻塗抹在酵母堤格麵團上，四個角落也仔細塗滿（**3**）。

4　撒上滿滿的奶酥。放置 10 分鐘，等待發酵(**4**)。

烘烤

1　放入烤箱，以 200℃上火烤 20 分鐘。

2　出爐（**a**）。散熱後切去四個角落，再等分切開。可以用融化奶油隨意刷在表面上，更添美味。

Anmerkung

德國人的葬禮習俗中，奶酥蛋糕有等同於「葬禮蛋糕」之意。在悲傷的日子裡，這款溫暖的甜點帶有安撫意味，因此在當地人的心中占有一席之地。

Bienenstich

蜂螫蛋糕

烤得金黃酥脆的杏仁片混合了香氣四溢的糖層，
再搭配有如香草醬般膨鬆柔軟的奶油醬，
層層風味完美結合。

尺寸 45×30cm 1片 可切成12等分

〔麵團〕

酵母堤格麵團（P.23）——700g

〔杏仁糖層〕（合計=950g）

鮮奶油 Sahne——75g

砂糖 Zucker——250g

蜂蜜 Honig——75g

奶油 Butter——250g

杏仁片 Mandeln, gehobelt——300g

〔奶油醬〕（合計=2220g）

牛奶 Milch——1500g

砂糖 Zucker——80g

蛋黃 Eigelb——160g

小麥澱粉 Weizenpuder——170g

香草籽 Vanilleschote——1根

蛋白 Eiweiß——230g

砂糖 Zucker——180g

酵母堤格麵團

以先揉法（Vorteig 法）製作基本款酵母堤格麵團。

製作杏仁糖層

1 鍋內放入鮮奶油、蜂蜜、砂糖，一邊攪拌，一邊加熱（**1**）。

2 在步驟 **1** 中加入奶油，混合均勻（**2**）。

3 煮至沸騰、溫度到達 112℃後熄火（**3a**）。加入杏仁片，攪拌均勻（**3b**）。

4 移至其他容器，散熱放涼。

組合

1 將酵母堤格麵團整成球形後，約等待 1 小時發酵，再放在撒有手粉的工作檯上，並以手掌下壓（Punching），擠出多餘空氣。

2 以擀麵棍擀成厚度 6mm 後，放在鋪好烘焙紙的烤盤上，加上方形慕斯圈（或烤盤模型外框），為了不讓杏仁糖層流出，麵團不刺洞。

3 以杏仁糖層均勻填滿整片麵團（**3**）。

烘烤

放入烤箱，以 200℃烤 30 分鐘。散熱後放涼。

分切

1 從出爐蛋糕的側面入刀（**1**）。

2 把上方的杏仁糖層移開（**2**）。

3 下面的蛋糕層再次加上慕斯圈（**3**）。

4 趁表面的杏仁糖層尚有餘溫時，量好尺寸切開（**4**）。完全冷卻會硬化，便無法切得漂亮。

製作杏仁糖層

1
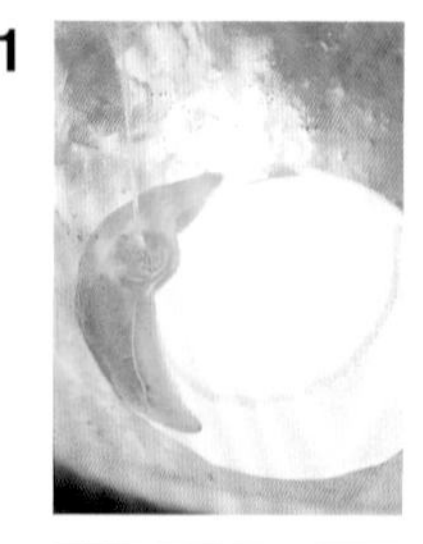

3a
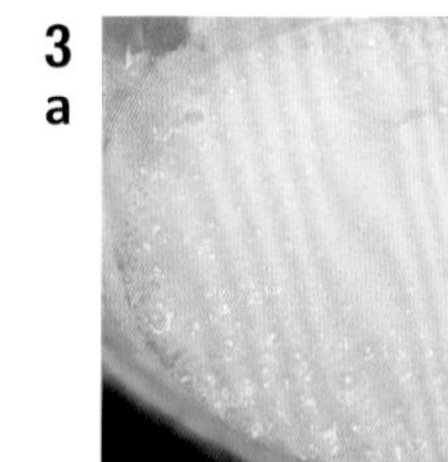

2
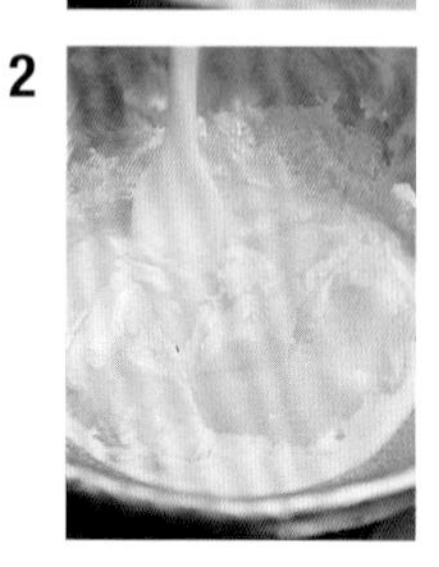

3b
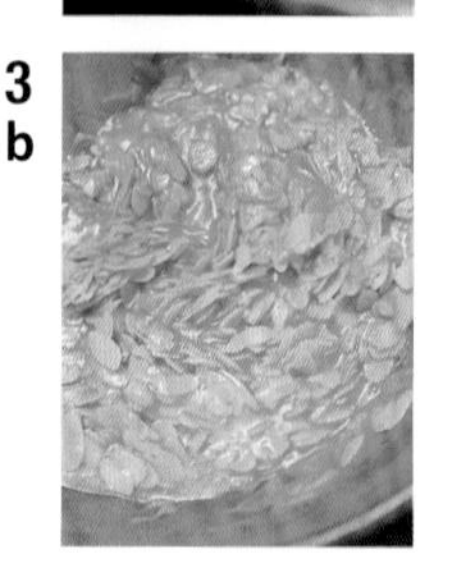

組合

3

烘烤

切開

1

3
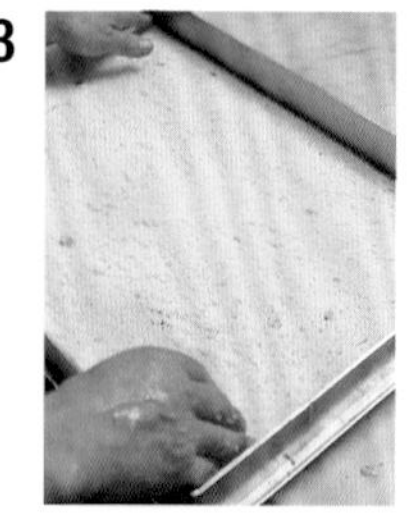

2

4

Anmerkung

Bienen為蜜蜂之意；Stich為戳刺之意。蜂螫蛋糕的命名源自於材料中的蜂蜜及杏仁，也就是杏仁糖層。據說18世紀中期，在萊比錫這個都市發明了蜂螫蛋糕。亦有類似的Mandelschnitten或Florentiner schnitten蛋糕，差別只在於不夾入奶油醬。

製作奶油醬

4

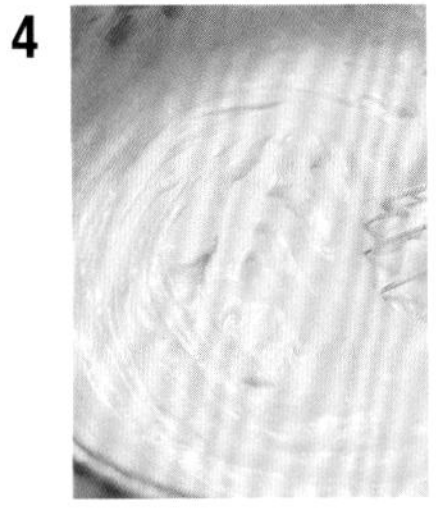

6

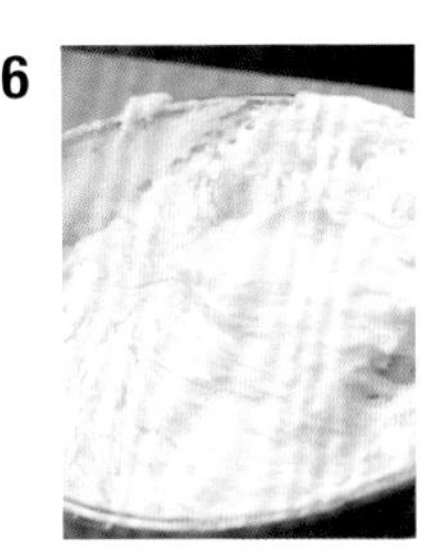

5

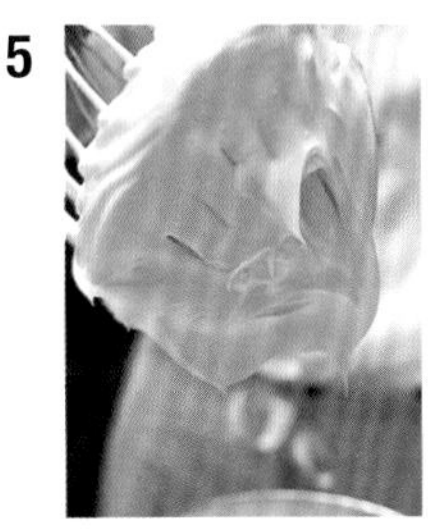

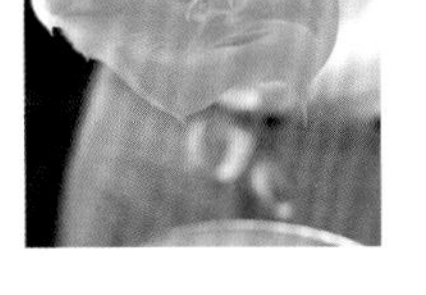

裝飾

1a

2

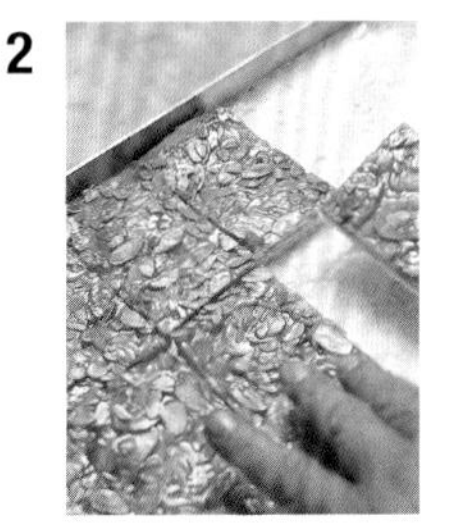

1b

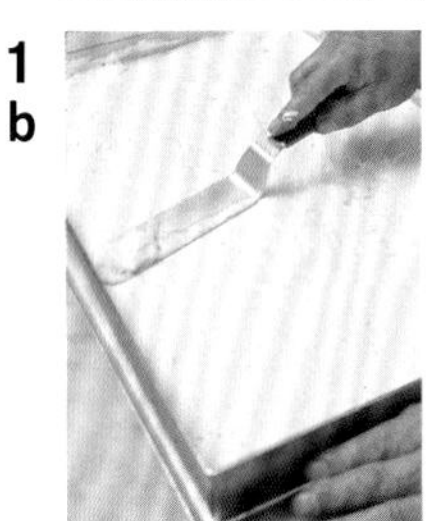

3

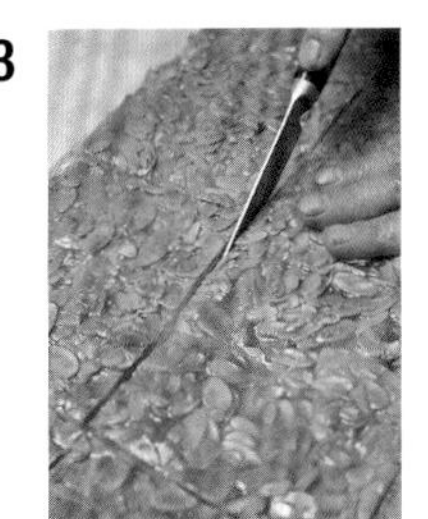

製作奶油醬

1. 鍋裡放入牛奶、香草籽、1/2 量砂糖，一邊攪拌混合，一邊加熱。
2. 取另一個攪拌盆，放入蛋黃後打散，放入剩餘的 1/2 量砂糖，混合均勻。倒入步驟 **1** 的 1/3 份量，混合攪拌。
3. 在步驟**2**中加入小麥澱粉，拌勻後再倒回步驟**1**。
4. 一邊攪拌步驟 **3**，一邊同時加熱。待整體出現光澤，且奶油醬成形、質地柔滑，即代表加熱均勻（**4**）。
5. 再另取一個攪拌盆，放入蛋白、砂糖後打發至質地緊實，攪拌器前端舀起時呈現尖針狀的蛋白糖霜（**5**）。
6. 把步驟 **5** 倒入有熱度步驟 **4** 中，小心混合均勻，不要破壞糖霜，留有一些氣泡也無妨（**6**）。

裝飾

1. 在裝有慕斯圈的蛋糕基底上，均勻塗上熱的奶油醬（**1a**）。由於奶油醬冷卻後就會變硬，所以要快速地整平（**1b**）。
2. 擺放切好的杏仁糖層（**2**）。
3. 從上面配合杏仁糖層的縫隙入刀，切開至底部的蛋糕基底（**3**）。

烘烤重點

● 如何烤出平整的杏仁糖層

將杏仁糖層塗在酵母堤格麵團進行烘烤，待表面烤上色後，暫時從烤箱中取出，以刀子在表面戳出幾個洞，讓熱空氣散出，以預防杏仁糖層因為過熱而膨脹或變成波浪形。

Dresdner Eierschecke

德勒斯登奶蛋蛋糕

吃得到蛋香的奶油麥森麵團，
配上混合了酸味爽口的Quark新鮮乳酪，
烤出美麗的層疊感，是一道專屬於德勒斯登的知名甜點。

尺寸 45cm×30cm1片 可等分切成12個

〔麵團〕
酵母堤格麵團（P.23）——700g

〔奶蛋蛋糕用香草醬〕（合計=1350g）
牛奶 Milch——1000g
砂糖 Zucker——180g
小麥澱粉 Weizenpuder——90g
蛋黃 Eigelb——80g
香草籽 Vanilleschote——1/2根

〔奶蛋蛋糕麥森麵團〕（合計=1223g）
Quark乳酪 ——600g
奶油 Butter——120g
現磨萊姆皮 geriebene Zitronenschale——1/2顆
鹽 Salz——3g
砂糖 Zucker——120g
小麥澱粉 Weizenpuder——20g
蛋 Vollei——60g
香草醬（上記） Vanillecreme——300g

〔奶油麥森麵團〕（合計=960g）
奶油 Butter——360g
砂糖 Zucker——20g
香草籽 Vanilleschote——1/2根
蛋 Vollei——240g
小麥澱粉 Weizenpuder——40g
香草醬（上記） Vanillecreme——300g

製作奶蛋蛋糕麥森麵團

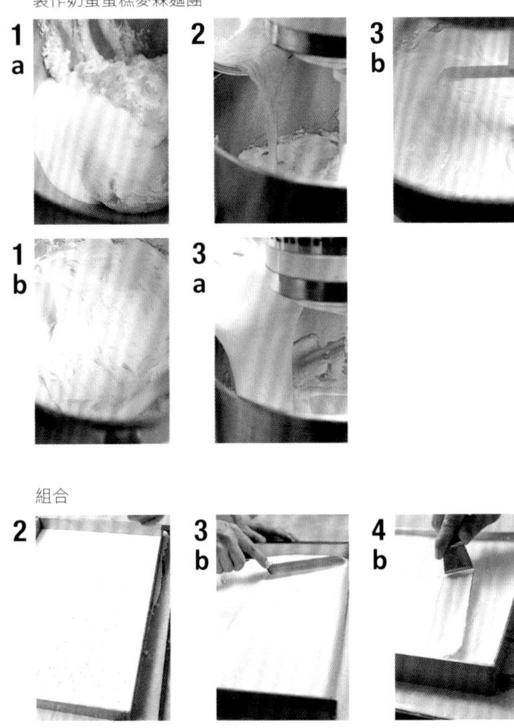

組合

烘烤

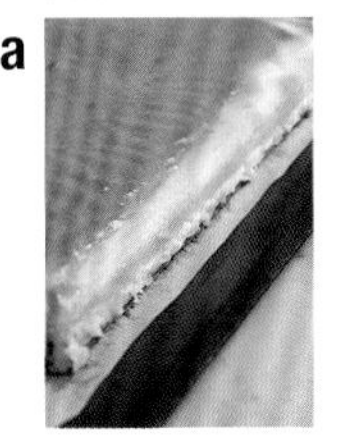

酵母堤格麵團

以先揉法（Vorteig 法）製作基本款酵母堤格麵團。

奶蛋蛋糕用香草醬

步驟和基本的香草醬相同（P.29）。

配方比例依甜點特色重新調配。

＊奶蛋蛋用的香草醬，是香草醬的變化之一。為了能作出好看的奶油麵團層及奶蛋蛋糕麵團層，在此將奶油醬調整成黏性較強、蛋味道較明顯的配方。

製作奶蛋蛋糕麥森麵團

1. 在攪拌盆裡放入 Quark 乳酪、奶油、現磨萊姆皮、鹽、砂糖，混合均勻（**1a**）。再加入小麥澱粉，混合均勻。以機器低速攪拌，注意不要拌到起泡（**1b**）。若起泡麵團就會帶有空氣，烘烤時便會膨脹，出爐後蛋糕會消氣扁塌。
2. 一邊攪拌，一邊慢慢倒入蛋（**2**）。
3. 加入奶蛋蛋糕用的香草醬，混合均勻（**3a**）。即完成了奶蛋蛋糕用的麥森麵團。（**3b**）。

製作奶油麥森麵團

1. 先把奶油攪拌至乳霜狀後，加入砂糖、香草籽，攪拌均勻並保持柔軟的狀態。
2. 慢慢加入蛋，同時混合均勻。
3. 再加入小麥澱粉，混合均勻。
4. 加入香草醬，混合均勻。完成比奶蛋蛋糕麥森麵團更輕柔軟滑的麵團。

組合

1. 將酵母堤格麵團整成球形，放在撒有手粉的工作檯上，以手掌下壓（Punching），擠出多餘空氣後，疊成三層。
2. 以擀麵棍擀成烤盤大小（厚度 6mm）後，放在鋪好烘焙紙的烤盤上，切除邊緣多餘麵團後，以派皮戳洞器刺洞（**2**）。
3. 在放入烤盤的酵母堤格麵團上，均勻塗抹奶蛋蛋糕麥森麵團，厚度約 1cm。（**3a/3b**）。
4. 在奶蛋蛋糕麥森麵團上方，再塗上奶油麥森麵團。注意不要跟下層的奶蛋麵團混合了。厚度同樣為 1cm 左右（**4a/4b**）。

烘烤

1. 放入烤箱，以 200℃，加上蒸氣，烘烤約 40 分鐘。
2. 出爐（**a**）。放涼後取下模型，等分切開。

＊藉由水蒸氣防止蛋糕在烘烤過程中裂開，作出漂亮的平面層，烤箱內有蒸氣也可幫助蛋糕膨脹。

Anmerkung

大部分的裝飾法為塗上融化後的奶油。再依各家店的作法不同產生多種變化，有的會撒上奶酥後再烘烤，有的會放入葡萄乾。這款德勒斯登的特產點心，是從很久以前流傳下來的德風素雅點心之一。

Kirschkäsekuchen

櫻桃起司蛋糕

乳酪的奶油醬和櫻桃是歐洲甜點的絕妙組合。
滋味又酸又甜，唇齒留香，
使烤盤蛋糕的味道更富有層次感。

尺寸 53cm×37cm烤盤1片 可切成20個

〔麵團〕
酵母堤格麵團（P.23）——1180g

〔Quark乳酪麥森麵團〕（合計=1476g）
奶油 Butter——180g
砂糖 Zucker——180g
鹽 Salz——6g
現磨萊姆皮 geriebene Zitronenschale——1個
小麥澱粉 Weizenpuder——90g
蛋 Vollei——120g
Quark乳酪 ——900g

〔裝飾〕
罐裝酸櫻桃 Sauerkirschen——700g
奶酥 Streusel——500g
糖粉⋯散熱後均勻撒上

製作Quark乳酪麥森麵團

5a

5b

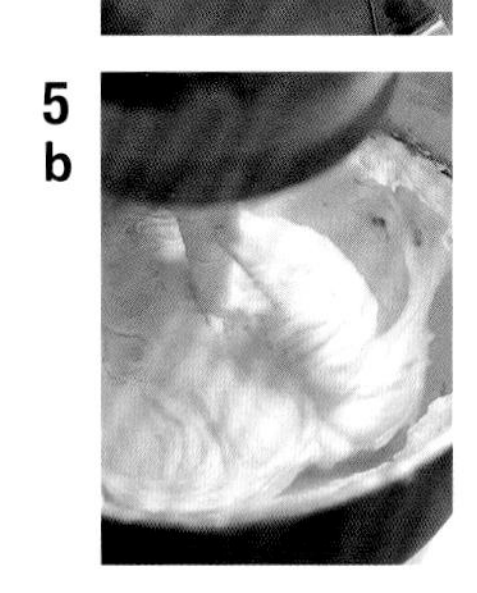

組合

3

4

5

酵母堤格麵團

以先揉法(Vorteig法)製作基本款酵母堤格麵團。

製作Quark乳酪麥森麵團

1 在攪拌盆裡放入已軟化的奶油,加入砂糖,攪拌混合。
2 加入鹽、現磨萊姆皮、香草籽,混合均勻。
3 混勻後,加入1/2量的蛋,再次混勻。
4 加入小麥澱粉,混合均勻後,倒入剩餘1/2量的蛋,再次攪拌均勻。
5 麵團攪拌至質地柔滑後,加入Quark乳酪(**5a**),仔細攪拌均勻(**5b**)。

組合

1 將酵母堤格麵團整成球形,放在撒有手粉的工作檯上,以手掌下壓(Punching),擠出多餘空氣後,疊成三層。
2 以擀麵棍擀成烤盤大小(厚度6mm)後,放在鋪好烘焙紙的烤盤上,切除邊緣多餘麵團後,以派皮戳洞器刺洞。
3 在放入烤盤的酵母堤格麵團上,均勻塗抹上Quark乳酪麥森麵團(**3**)。
4 將瀝除水分的櫻桃散置於上方,輕輕壓入Quark乳酪麥森麵團裡(**4**)。
5 平均撒上奶酥(**5**)即完成。

烘烤

1 放入烤箱,以180℃烘烤約40分鐘。
2 散熱後取下模型。

裝飾

撒上糖粉。切除四個角落,依等分切開。

Anmerkung

建議使用Quark乳酪。若無法購得Quark乳酪,請選擇味道不過酸、容易入口的新鮮乳酪(Fresh Cheese)替代。

Apfelkuchen

蘋果派

到了蘋果的季節，絕對不能錯過新鮮蘋果派！
將切成薄片的蘋果整齊地排列在酵母堤格麵團上，
烘烤完成後，塗上杏桃果醬，再放回烤箱裡，以餘溫將果醬烤乾，
這就是能讓蘋果派表面產生光澤的小訣竅。

尺寸　53cm×37cm烤盤1片　可切為20等分

〔麵團〕
酵母堤格麵團（P.23）——1180g

〔表面裝飾〕
蘋果　Äpfel——2500g（11至12個）
萊姆汁　Zitronensaft——1/2顆
＊加水稀釋後泡入蘋果果肉
麵包粉　Brösel——150g
烤盤用香草醬（P.28）——250g
浸泡過蘭姆酒的白葡萄乾　Sultanien——100g
蛋　Vollei——80g
砂糖　Zucker——150g
肉桂粉　Zimtpulver——4g
＊和砂糖混合

〔最後裝飾〕
杏桃果醬　Aprikosenkonfitüre——300g

準備

蘋果去皮去芯，切成等分的薄片，浸泡在加水稀釋的萊姆汁中，藉由酸化過程淡化蘋果變色的程度，如果可以立刻使用，則無需浸泡。

酵母堤格麵團

以先揉法（Vorteig 法）製作基本款酵母堤格麵團。

組合

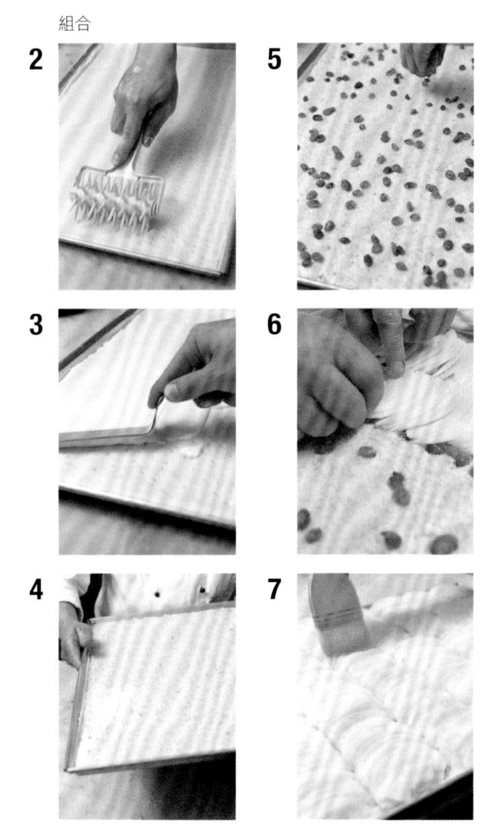

1 將酵母堤格麵團整成球形，放在撒有手粉的工作檯上，以手掌下壓（Punching），擠出多餘空氣後，疊成三層。
2 以擀麵棍擀成烤盤大小（厚度 6mm）後，放在鋪好烘焙紙的烤盤上，切除邊緣多餘麵團後，以派皮戳洞器刺洞（**2**）。
3 在放入烤盤的酵母堤格麵團上，均勻塗抹香草醬（**3**）。
4 平均鋪滿奶酥（**4**）。
5 撒上葡萄乾（**5**）。
6 整齊地重疊上蘋果薄片（**6**）。
7 將蛋打散後，刷在蘋果表面上，最後撒上加了肉桂粉的砂糖（**7**）。

烘烤

放入烤箱，以 180℃烤 50 分鐘。

裝飾

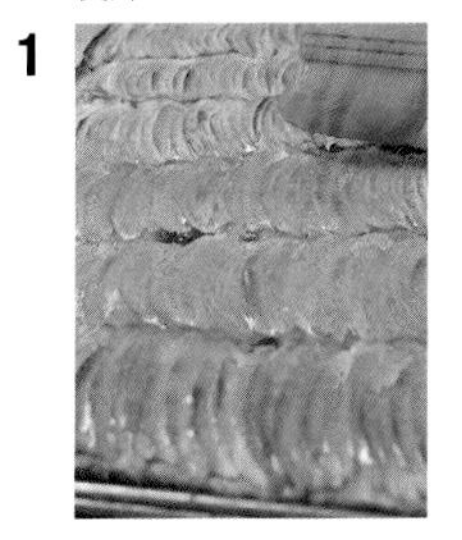

1 烘烤完成後，在蘋果表面塗上杏桃果醬，再以烤箱的餘熱烘乾（**1**）。
2 從烤箱後，散熱後移除烤盤，依等分切開。

Zwetschgenkuchen

李子派

Zwetschgen是一種外形細長，有如蛋般橢圓形李子。
水分含量多，經烹煮會煮出紅色果汁，但切片時不易切得工整。
Zwetschgen甜熟好滋味令人幾乎忘卻外表的不完美。

尺寸 53×37cm烤盤1片 可切為20等分

〔麵團〕
酵母堤格麵團（P.23）—— 1180g

〔表面裝飾〕
烤盤用香草醬（P.28）—— 400g
麵包粉 Brösel —— 220g
新鮮李子 Zwetschgen —— 2500g
＊對半切開，剔除種子

〔最後裝飾〕
奶酥 Streusel —— 適量
＊以烤箱烤過備用

切開李子

1b

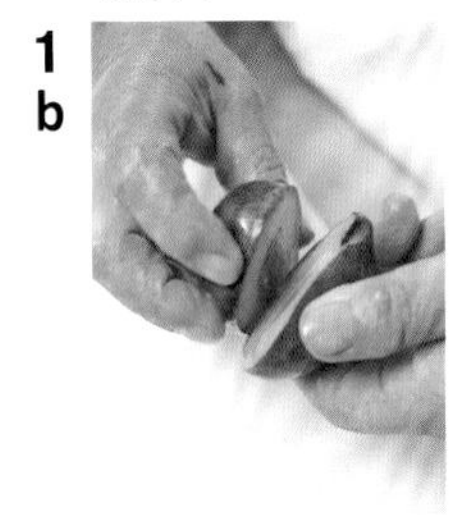

1c

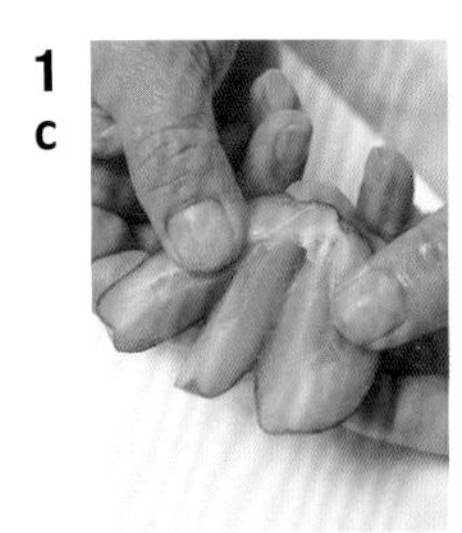

組合

1

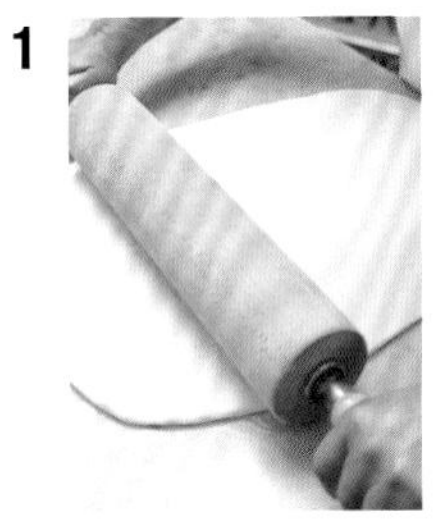

4

2

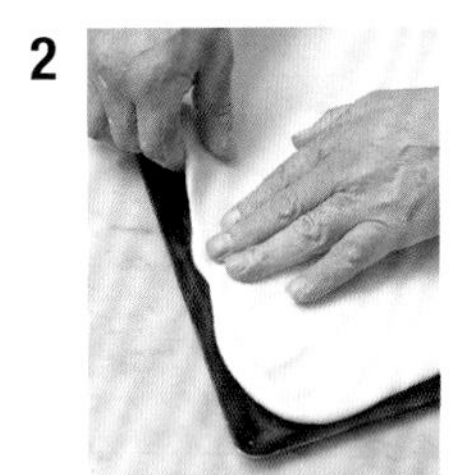

5a

3

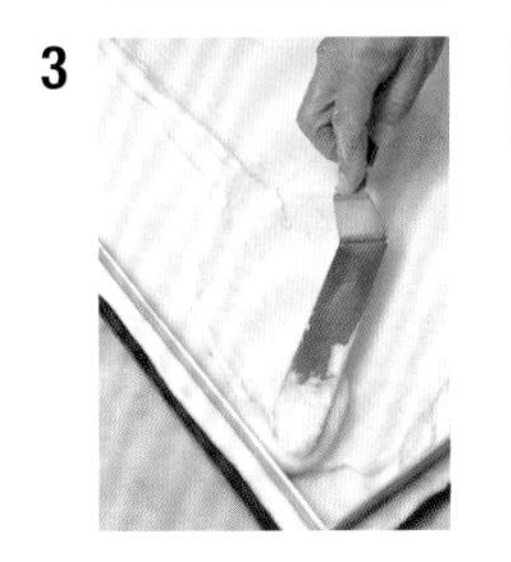

5b

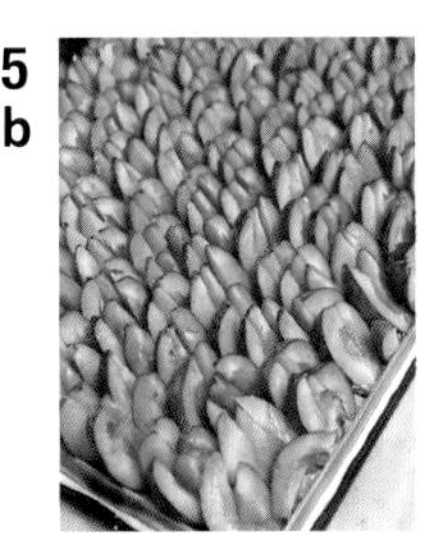

烘烤

a

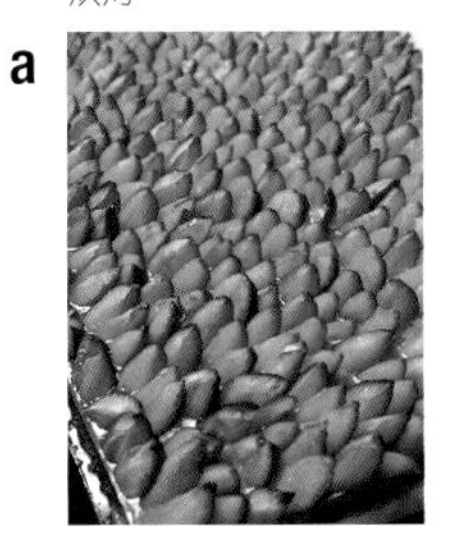

酵母堤格麵團

以先揉法（Vorteig 法）製作基本款酵母堤格麵團。

切開李子

1 把李子對半切開，剔除種子，再切兩道變成 3 瓣（**1b,1c**）。

組合

1 將酵母堤格麵團整成球形，放在撒有手粉的工作檯上，以手掌下壓（Punching），擠出多餘空氣後，疊成三層。以擀麵棍擀成烤盤大小，厚度為 5mm 左右。擀平時視情況撒上手粉（**1**）。

2 把擀好的酵母堤格麵團放在塗好奶油的烤盤上。麵團四周以手指按壓，以防止收縮（**2**）。由於李子多汁，麵團不再刺洞。

3 放上略小一圈的模型外圍，並於麵團表面塗上香草醬（**3**）。

4 撒滿麵包粉，防止果汁滲透到下方的麵團裡(**4**)。

5 將切好的李子整齊擺上（**5a**）。請排列得緊密沒有空隙（**5b**）。

烘烤

放入烤箱，以 200℃烤 40 分鐘。起初的 20 分鐘僅用下火，再點上火續烤 20 分鐘。出爐後，李子會流出果汁（**a**）。待散熱後，算好比例等分切開。為了增添口感，可再撒上烘烤過的奶酥作為點綴。

Anmerkung

在德國南部，隨處可見滿滿的李子樹，是大地恩賜的水果。據說李子原生於Allgäu地區一帶。德國的李子雖然個頭不大，但風味濃郁。

Butterstollen

德式聖誕蛋糕

Stollen指的是揉成棒狀的麵團。
這是一款塞滿了許多水果的發酵蛋糕，
出爐後再浸漬奶油，最後撒上白色的糖粉。
白色質感和波浪形狀被認為是耶穌的嬰兒化身。

尺寸 800g的聖誕蛋糕 4個份

〔酵母堤格麵團〕

◎前置麵團 Vorteig（合計=550g）

牛奶 Milch —— 200g
生酵母 Hefe —— 100g
低筋麵粉 Weizenmehl —— 125g
高筋麵粉 Weizenmehl —— 125g

◎正規麵團 Hauptteig（合計=2102g）

左邊的前置麵團 Vorteig —— 550g
低筋麵粉 Weizenmehl —— 375g
高筋麵粉 Weizenmehl —— 375g
砂糖 Zucker —— 120g
鹽 Salz —— 12g
聖誕蛋糕用的香料 Stollengewürz —— 10g
現磨萊姆皮 geriebene Zitronenschale —— 1顆
香草籽 Vanilleschote —— 1根
蛋 Vollei —— 50g
蛋黃 Eigelb —— 20g
奶油 Butter —— 500g

〔水果〕（合計＝1230g）
蘭姆酒浸白葡萄乾 Sultaninen —— 880g
杏仁碎顆粒（去皮）
Mandeln, grob gehackt —— 200g
糖漬橙皮 Orangeat —— 75g
糖漬萊姆皮 Zitronat —— 75g

〔裝飾〕
融化奶油 Butter, flüssig —— 200g至300g
香草糖 Vanillezucker —— 適量
糖粉 Puderzucker —— 適量

準備

a

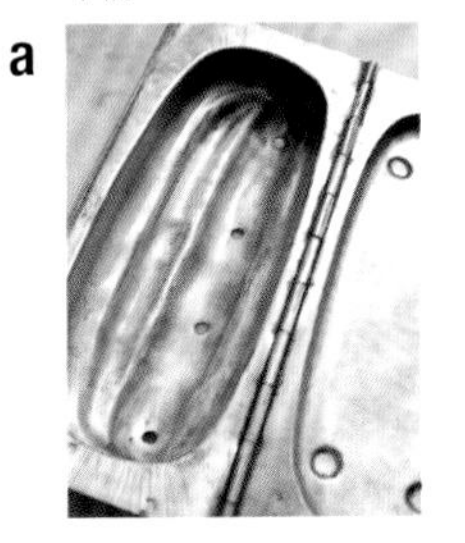

製作前置麵團Vorteig

1

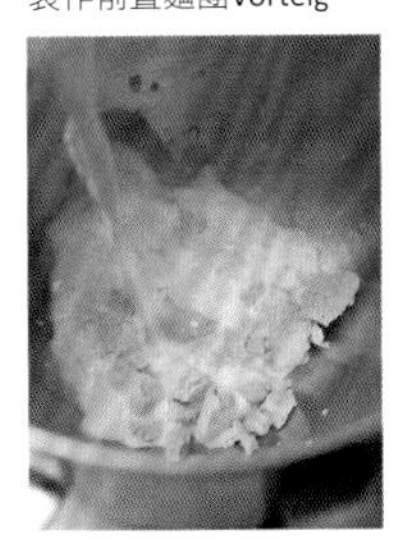

2a

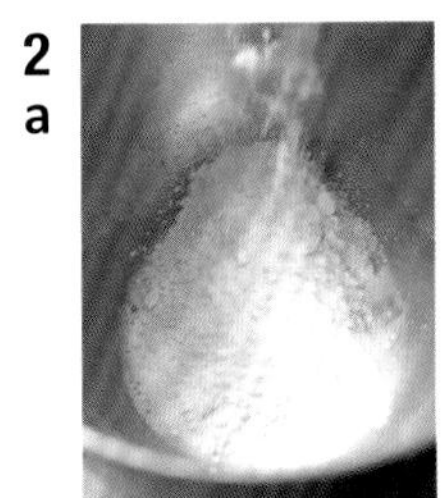

2b

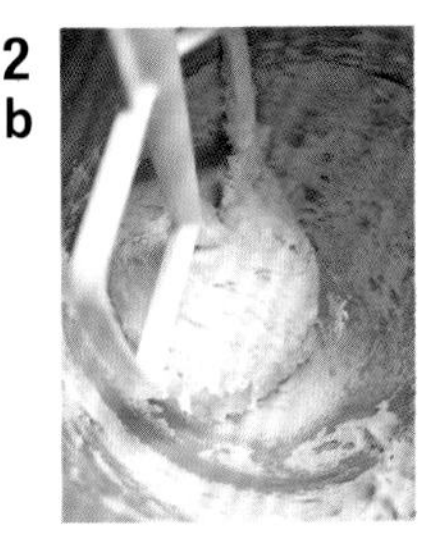

準備

- 將低筋麵粉和高筋麵粉等比混合備用。
- 在德國每個家庭使用的聖誕蛋糕香料都不盡相同。在此將肉桂、肉豆蔻、丁香、薑粉、多香果，以等比例混合即可。
- 在模型內塗上一層薄薄的奶油（**a**）。

製作前置麵團

1. 在攪拌盆裡放入酵母後，倒入 38℃溫熱的牛奶溶解開來（**1**）。
2. 倒入前置麵團用的麵粉（**2a**），輕柔地混合，即完成前置麵團（**2b**）。接著立刻著手進行正規麵團 Hauptteig 的第 **1** 個步驟。

製作正規麵團Hauptteig

1a
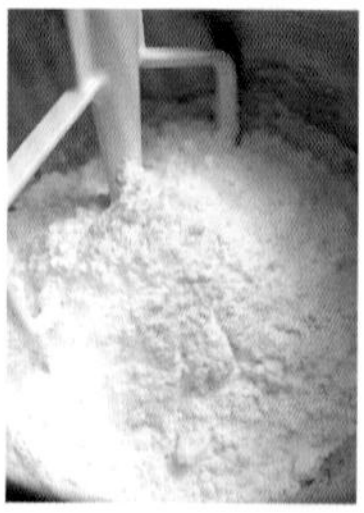

1b
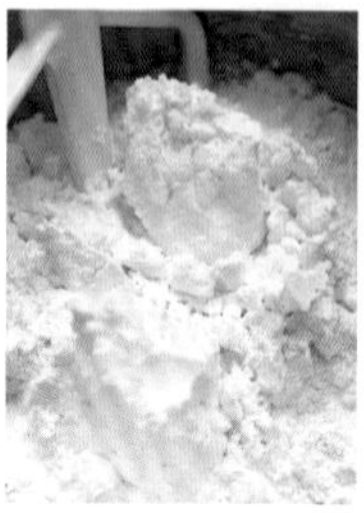

2
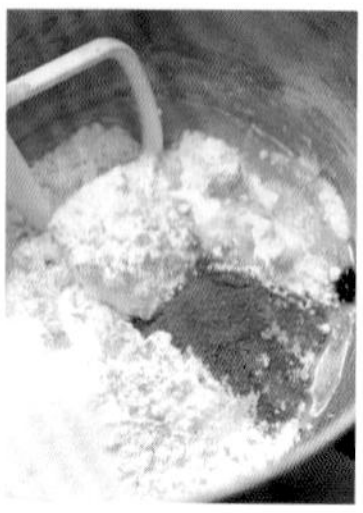

3
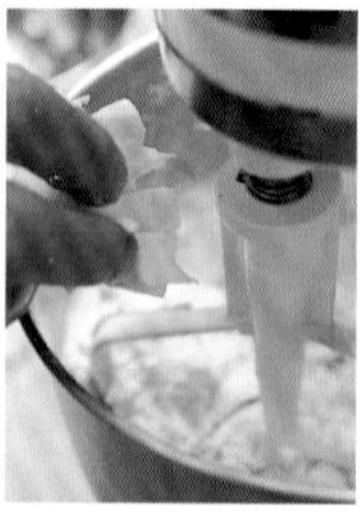

4a
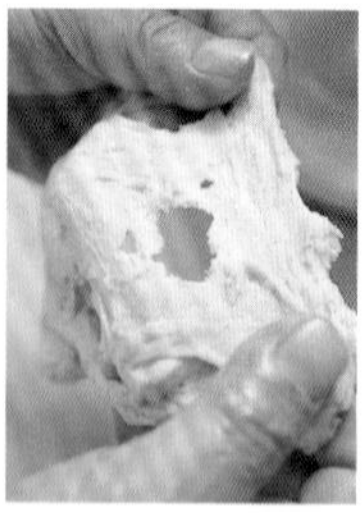

4b
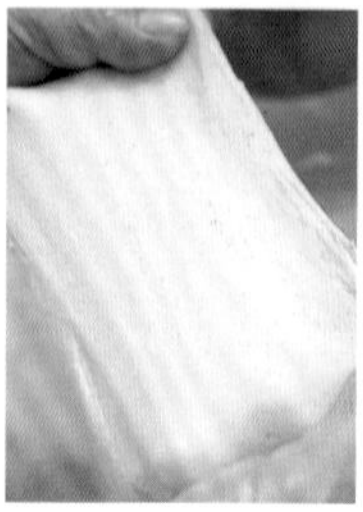

5
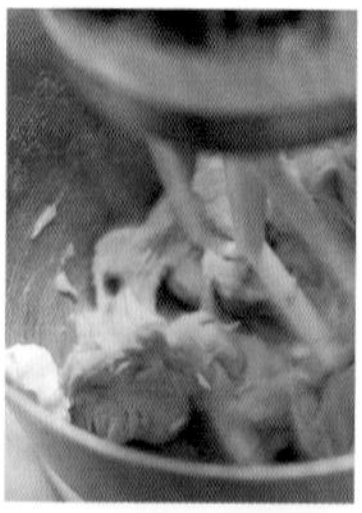

6
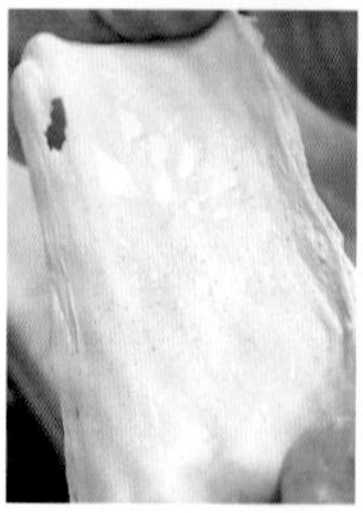

7
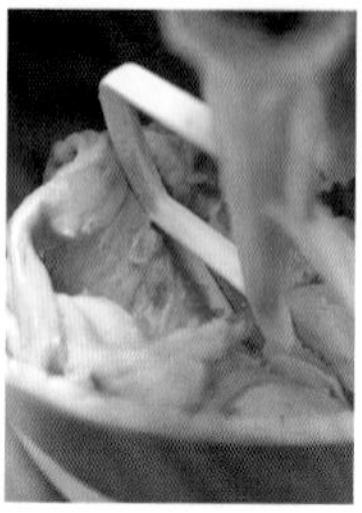

8a
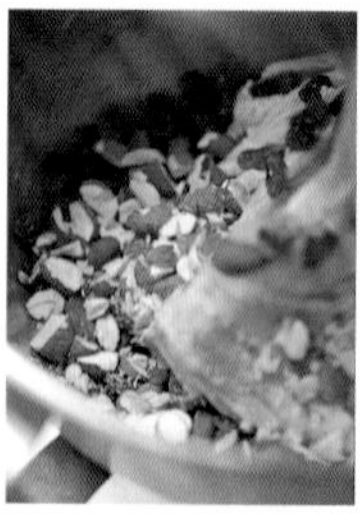

8b
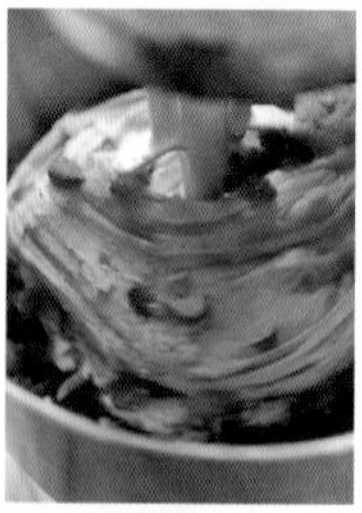

9
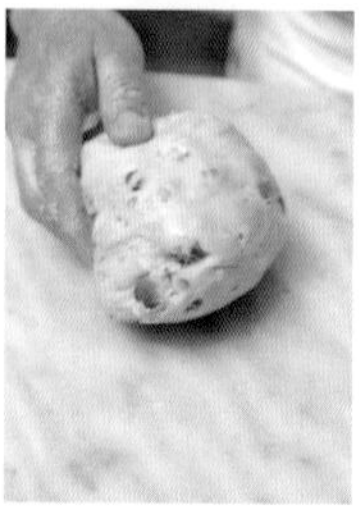

製作正規麵團

1 在前置麵團 Vorteig 上，撒上正規麵團 Hauptteig 用的麵粉，靜置一段時間（**1a**）。約莫 5 分鐘後，酵母的力量會讓麵粉堆膨脹出現裂痕（**1b**）。待麵粉堆完全被擠開來後，即可開始攪拌。

2 在步驟 **1** 中加入現磨萊姆皮、香草籽、鹽、香料、砂糖。將蛋和蛋黃一起打散後，一併加入。以電動攪拌器混合揉麵（**2**）。

3 為了促進攪拌，可加入一些軟化的奶油，但若放得太多，會防礙麵團出筋成形，此階段的奶油只需一點點即可（**3**）。

4 可取一小塊麵團拉開，判斷是否揉麵完成。若能充分延展不斷裂即表示完成；若一拉便裂開，則表示尚未完成（**4a**）。一定要拉薄至可穿透光線的程度，才表示黏性足夠，且麵筋成形（**4b**）。

5 麵團充分攪拌過後，加入剩餘的奶油，繼續攪拌（**5**）。

6 加入了奶油的麵團，請攪拌至質地出現光澤、非常柔軟且延展性佳的程度（**6**）。

7 放入糖漬橙皮和糖漬萊姆皮後，繼續攪拌。由於果皮具有黏性，請攪拌至果皮能均勻分布在麵團裡（**7**）。

8 再加入葡萄乾和杏仁（**8a**）。此時如果機器的力道太強，會打碎葡萄乾使麵團染色，因此請調至慢速，大致拌勻即可（**8b**）。

9 把麵團分割成每個約 800g 至 810g 後，整成圓球形，靜置 10 至 15 分鐘，等待發酵（**9**）。

成形

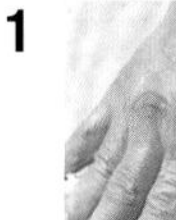

1

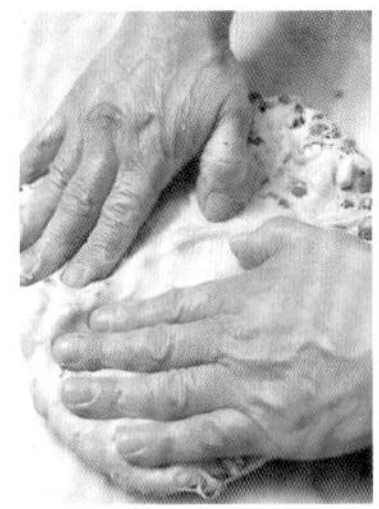

3

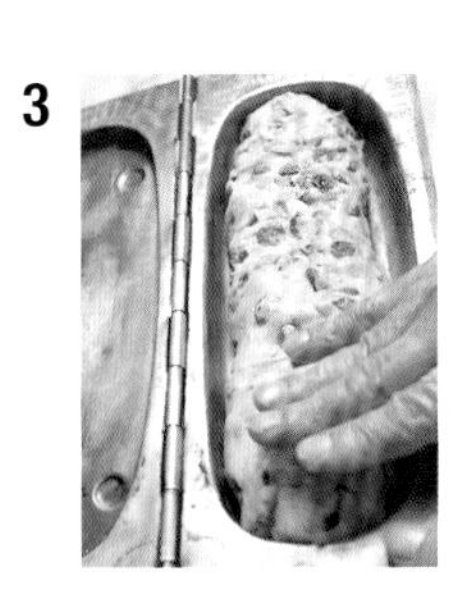

2

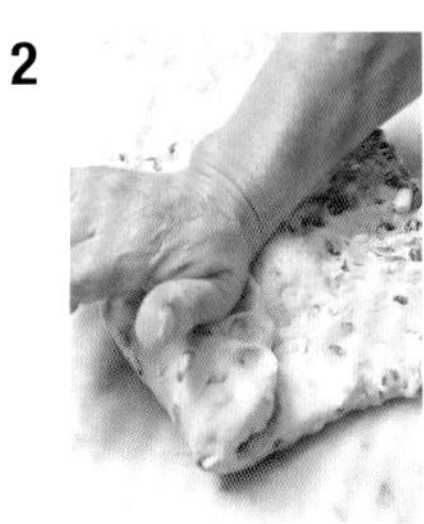

成形

1 以手掌下壓（Punching）麵團，擠出發酵所產生的氣體後，將麵團攤平（**1**）。

2 把左右兩側麵團摺向中間後，轉 90 度改變方向（**2**）。

3 將麵團摺成 4 褶，整成棒狀，麵團接口處朝上，放入模型裡（使用有蓋模型）（**3**）。

烘烤

a

烘烤

1 麵團放入模型裡後，蓋上蓋子靜置於室溫 5 至 10 分鐘，使麵團持續發酵。

2 放入烤箱，以 200℃烤 50 分鐘。圖中為出爐的模樣（**a**）。立刻從模型中取出。

裝飾

1

3 a

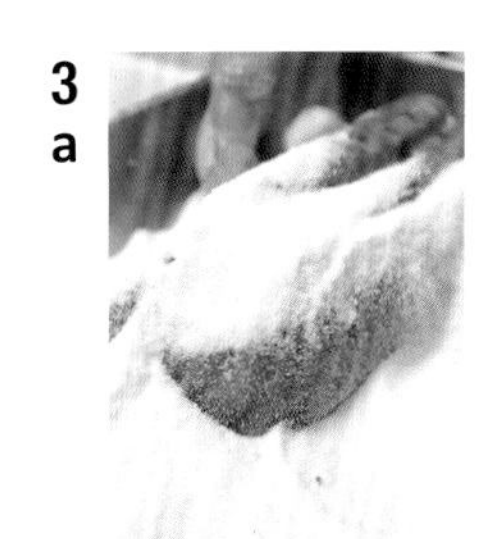

2 a

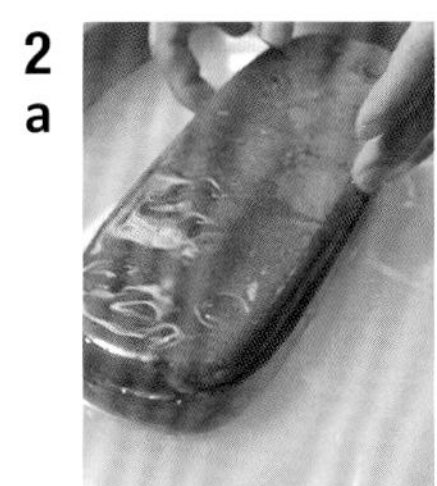

3 b

2 b

裝飾

1 出爐後，立刻以刷子刷上融化奶油（**1**）。

2 靜置一晚後，隔天再浸泡於融化奶油當中（**2a**）。放在網架上讓多餘的奶油滴落，並稍微風乾（**2b**）。

3 以香草糖（將香草莢放在砂糖中，使砂糖沾附香草香氣）包覆整個蛋糕外層（**3a**）。撥去多餘的砂糖（**3b**）。

4 再撒上糖粉，增加白色的視覺效果。

＊在此使用附有蓋子的模型烘烤蛋糕，但也有將成形後的麵團排列於烤盤上烘烤的作法。

＊取下香草籽的香草莢不要丟棄，可放入砂糖中，利用香氣製成香草糖。

Anmerkung

德國聖誕節最應景的點心就是德式薑餅（Lebkuchen）跟Stollen蛋糕了。根據最早的文獻記載，於14世紀時，這類糕點就以聖誕節點心的形式出現。同時成了德勒斯登的名產。

Nussstollen

棒果聖誕蛋糕

把榛果調味後
包覆在發酵麵團裡成為內餡，
製成這一道口味雅緻的聖誕蛋糕。

尺寸　800g的聖誕蛋糕　4個份

〔酵母堤格麵團〕

◎前置麵團 Vorteig（合計=820g）
牛奶　Milch——350g
生酵母　Hefe——70g
低筋麵粉　Weizenmehl——200g
高筋麵粉　Weizenmehl——200g

◎正規麵團 Hauptteig（合計=1962g）
上記的前置麵團　Vorteig——820g
低筋麵粉　Weizenmehl——300g
高筋麵粉　Weizenmehl——300g
砂糖　Zucker——120g
鹽　Salz——10g
聖誕蛋糕用的香料（P.115）
　Stollengewürz——12g
奶油　Butter——400g

〔水果〕（合計=400g）
16等分杏仁顆粒　Mandeln, grob gehackt
　——200g
糖漬萊姆皮　Zitronat——150g
糖漬橙皮　Orangeat——50g

〔棒果內餡〕（合計=902g）
牛奶 Milch —— 250g
砂糖 Zucker —— 300g
奶油 Butter —— 150g
鹽 Salz —— 1g
香草籽 Vanilleschote —— 1/2根
烤過的榛果粉
Haselnüsse, geröstet, gerieben —— 700g
麵包粉 Brösel —— 100g
肉桂粉 Zimtpulver —— 1g
蛋 Vollei —— 100g

＊使用模型前，先在模型內側薄塗一層奶油。

製作麵團

製作麵團

製作德式聖誕蛋糕（Butterstollen）麵團，水果部分混合橙皮、萊姆皮和杏仁。

製作榛果內餡

1

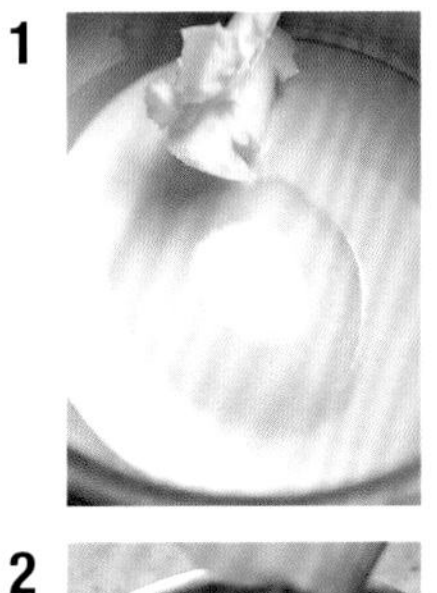

3a

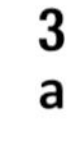

2

3b

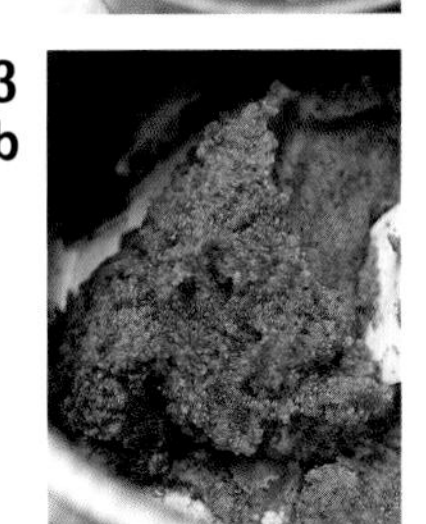

製作榛果內餡

1 在鍋內混合牛奶、砂糖和奶油後加熱。煮沸後約1分鐘左右熄火，再加入鹽和香草籽（**1**）。
2 先把榛果粉、肉桂粉、麵包粉混合在一起後，加入步驟**1**內，攪拌均勻（**2**）。
3 混合完成後，倒入打散的蛋汁，攪拌成糊狀（**3a**）。完成棒果內餡（**3b**）。

成形

1

3

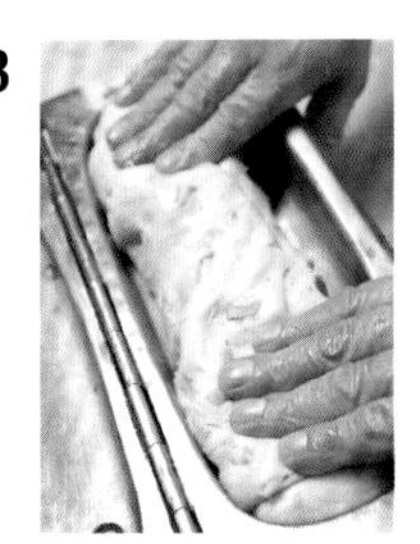

2

成形

1 把麵團調整成和模型相同長度的正方形，上面塗抹棒果內餡，直至邊緣往內1cm處（不要塗滿）（**1**）。
＊600g的麵團搭配200g內餡。
2 從靠近身體這側向外捲出去，麵團變成棒狀（**2**）。
3 輕輕壓緊接合處，將接合處朝上，麵團放入模型裡（使用有蓋模型）（**3**）。
＊烘烤、裝飾的步驟和德式聖誕蛋糕Butterstollen相同。

Mohnstollen

罌粟籽聖誕蛋糕

以罌粟籽製作內餡後，再捲入發酵麵團之中，
吃起來帶著特別的顆粒口感，
使這款聖誕蛋糕滋味更加迷人。

尺寸 800g的Stollen蛋糕 4個份
〔酵母堤格麵團〕
◎前置麵團 Vorteig（合計=820g）
牛奶 Milch —— 350g
生酵母 Hefe —— 70g
低筋麵粉 Weizenmehl —— 200g
高筋麵粉 Weizenmehl —— 200g

◎正規麵團 Hauptteig（合計=1962g）
上記的前置麵團 Vorteig —— 820g
低筋麵粉 Weizenmehl —— 300g
高筋麵粉 Weizenmehl —— 300g
砂糖 Zucker —— 120g
鹽 Salz —— 10g
聖誕蛋糕用的香料（P.119）
Stollengewürz —— 12g
奶油 Butter —— 400g

〔水果〕（合計=400g）
杏仁粗顆粒（去皮）
Mandeln, grob gehackt —— 200g
糖漬萊姆皮 Zitronat —— 150g
糖漬橙皮 Orangeat —— 50g

〔罌粟籽內餡〕（合計=857g）
牛奶 Milch —— 150g
砂糖 Zucker —— 175g
奶油 Butter —— 90g
鹽 Salz —— 1g
香草籽 Vanilleschote —— 1/2根
烤過的榛果粉
Haselnüsse, geröstet, gerieben —— 20g
罌粟籽 gemalener, Mohn —— 300g
＊先烘烤過再壓碎
麵包粉 Brösel —— 50g
肉桂粉 Zimtpulver —— 1g
蛋 Vollei —— 50g

＊使用模型，先在模型內側薄塗一層奶油

製作麵團

1
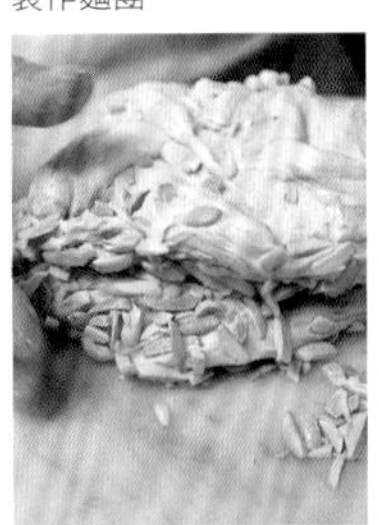

製作麵團

1 製作德式聖誕蛋糕（Butterstollen）麵團，水果部分最後混合橙皮、萊姆皮和杏仁（**1**）。

製作罌粟籽內餡

1

3a

2
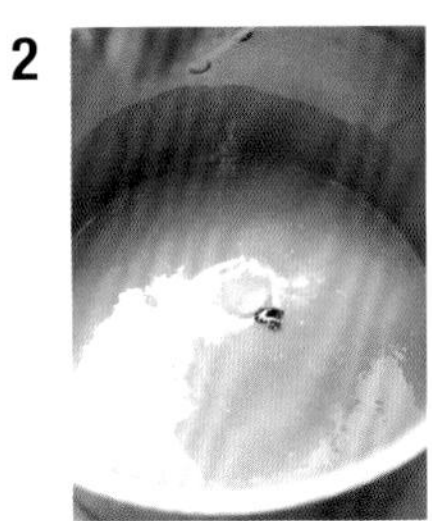

3b

製作罌粟籽內餡

1 先把烤過的罌粟籽、肉桂粉、麵包粉、榛果粉混合在一起（**1**）。
2 在鍋內混合牛奶、砂糖和奶油後加熱。煮沸後約 1 分鐘左右熄火，再加入鹽和香草籽（**2**）。
3 把步驟 **1** 倒入步驟 **2** 裡，攪拌均勻。混合好後，倒入打散的蛋汁，攪拌成糊狀（**3a**）。最後完成罌粟籽內餡（**3b**）。

成形

1a
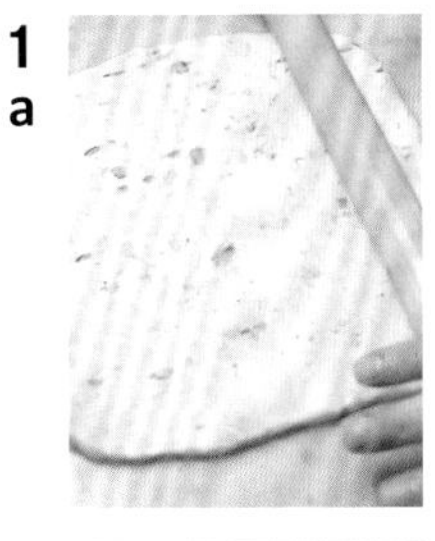

2

1b

成形

1 把麵團調整成和模型相同長度的正方形（**1a**）。上面塗抹罌粟籽內餡，抹至邊緣往內 1cm 處即可（不要塗滿）（**1b**）。
＊ 600g 的麵團搭配 200g 至 250g 內餡。
2 從靠近身體這側向外捲出去，麵團變成棒狀（**2**）。
3 輕輕壓緊接合處，把接合處朝上，麵團放入模型裡（使用有蓋模型）（**3**）。
＊烘烤、裝飾的步驟和德式聖誕蛋糕 Butterstollen 相同。

Marzipanstollen

杏仁果乾聖誕蛋糕

把杏仁膏底揉成棒狀，以發酵麵團捲起包覆成為中央的芯，
烘烤而成這一道杏仁果乾聖誕蛋糕。
加上開心果，使色彩更繽紛。

尺寸　880g的聖誕蛋糕　4個份

〔酵母堤格麵團〕

◎前置麵團　Vorteig（合計=550g）

牛奶　Milch —— 200g

生酵母　Hefe —— 100g

低筋麵粉　Weizenmehl —— 125g

高筋麵粉　Weizenmehl —— 125g

◎正規麵團（合計=2012g）

左邊的前置麵團　Vorteig —— 550g

低筋麵粉　Weizenmehl —— 375g

高筋麵粉　Weizenmehl —— 375g

砂糖　Zucker —— 120g

鹽　Salz —— 10g

聖誕蛋糕用的香料（P.119）

Stollengewürz —— 12g

現磨萊姆皮　geriebene Zitronenschale —— 1顆

香草籽　Vanilleschote —— 1根

蛋　Vollei —— 50g

蛋黃　Eigelb —— 20g

奶油　Butter —— 500g

〔水果〕（合計=1120g）
蘭姆酒漬白葡萄乾 Sultaninen —— 480g
蔓越莓 Preiselbeeren —— 200g
開心果 Pistazien —— 150g
杏仁碎顆粒（去皮）
Mandeln, grob gehackt —— 150g
糖漬橙皮 Orangeat —— 70g
糖漬萊姆皮 Zitronat —— 70g

〔杏仁膏底〕
杏仁膏底 Marzipanrohmasse —— 420g
*4根份。整成棒狀。

*使用模型，先在模型內側薄塗一層奶油。

製作麵團

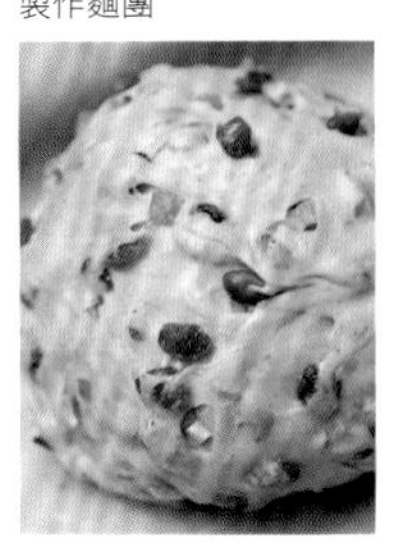

製作麵團

製作德式聖誕蛋糕（Butterstollen）麵團，再混合蘭姆酒漬白葡萄乾、蔓越莓、開心果、杏仁、橙皮、萊姆皮。

成形

1

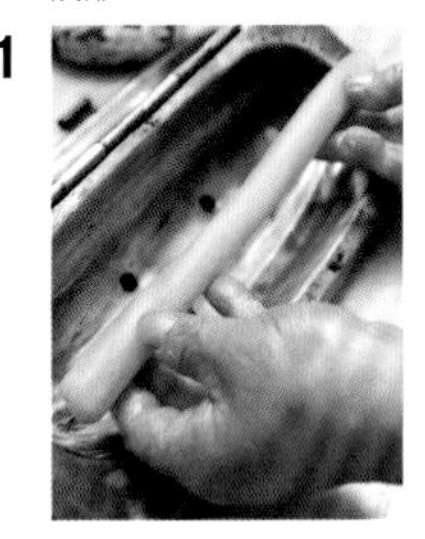

3 c

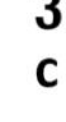

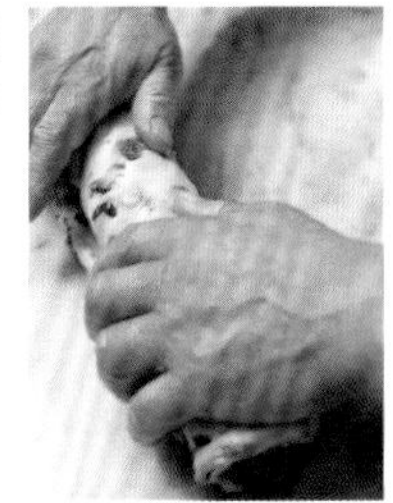

3 a

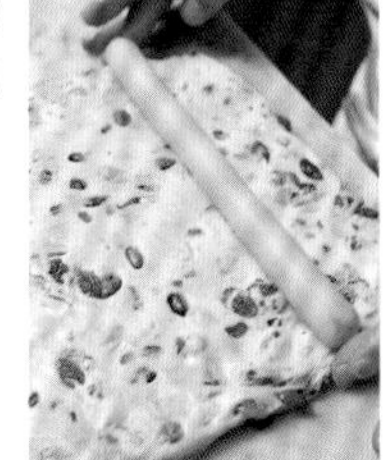

4

3 b

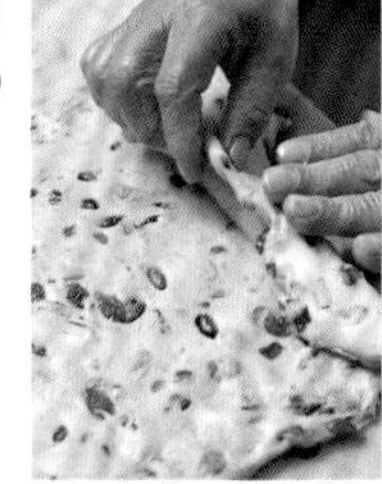

成形

1 把杏仁膏底整成直徑 1cm 的長條棒狀。長度比聖誕蛋糕模型左右各短 1cm（**1**）。
2 把麵團調整成和模型相同長度的正方形。
3 將步驟 **1** 的杏仁膏底以步驟 **2** 的麵團捲包起來（**3a**）。使麵團跟杏仁膏底確實密合（**3b**），避免包入多餘的空氣。動作迅速確實地捲好（**3c**）。
4 輕輕壓緊接合處，把接合處朝上，麵團放入模型裡（使用有蓋模型）（**4**）。

*烘烤、裝飾的步驟和德式聖誕蛋糕 Butterstollen 相同。

Berliner Pfannkuchen

柏林甜甜圈

中世紀時期出現的基督教狂歡節點心，
是一款油炸圓形甜點。
熱呼呼的柏林甜甜圈在享用時要特別小心，
內餡的果醬會從意想不到之處流出呢！

Anmerkung

在柏林，稱之為Pfannkuchen；而柏林以外的地區，則稱為Berliner，意即柏林人的意思。名稱不同的緣由，至今仍說法不一。在中世紀時是以豬油進行油炸，現代則使用植物油，成了美式甜甜圈（Donuts, Cruller）的最初原貌。

尺寸 10個

〔酵母堤格麵團〕

◎前置麵團 Vorteig（合計=250g）

牛奶 Milch —— 100g

生酵母 Hefe —— 20g

低筋麵粉 Weizenmehl —— 65g

高筋麵粉 Weizenmehl —— 65g

◎正規麵團 Hauptteig（合計=632g）

上記的前置麵團 Vorteig —— 250g

低筋麵粉 Weizenmehl —— 100g

高筋麵粉 Weizenmehl —— 100g

砂糖 Zucker —— 35g

鹽 Salz —— 3g

現磨萊姆皮 geriebene Zitronenschale —— 1/4顆

香草籽 Vanilleschote —— 1/2根

蛋 Vollei —— 65g

蛋黃 Eigelb —— 40g

奶油 Butter —— 40g

〔炸油〕

油 Öl —— 適量

〔內餡〕

覆盆子果醬 Himbeerkonfitüre —— 20g

〔上方裝飾〕

香草糖 Vanillezucker —— 適量

糖衣（糖霜）…糖霜100g以水20g、蘭姆酒10g加以稀釋

分割・成形

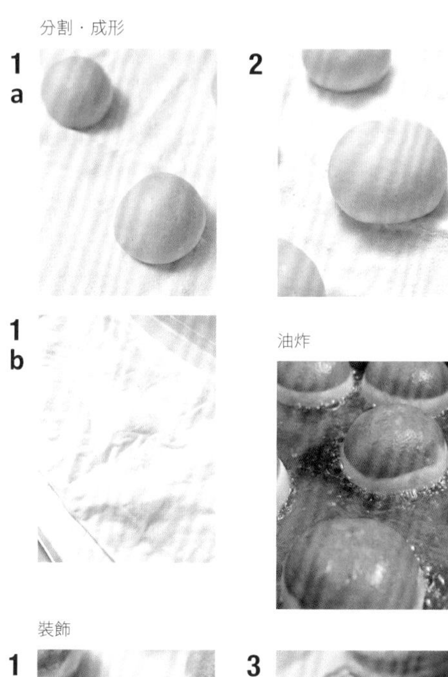

1a　2　1b

油炸

裝飾

1

3

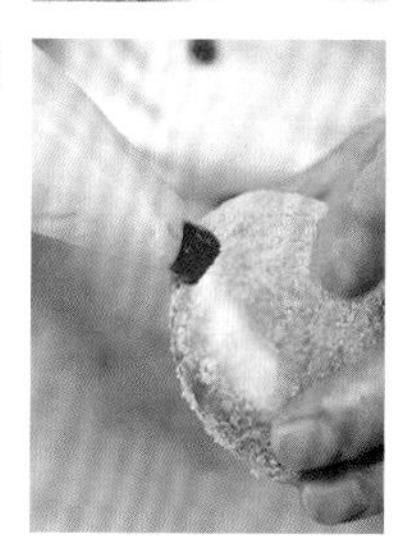

2

準備

把低筋麵粉和高筋麵粉同份量混合。

前置製作麵團Vorteig

在攪拌盆裡放入酵母、38℃的溫牛奶、麵粉，混合均勻。

製作正規麵團Hauptteig

1. 在前置麵團裡加入現磨萊姆皮、香草籽、鹽、砂糖、奶油，再撒上正規麵團用麵粉後，靜置一陣子。
2. 待麵粉因為酵母發酵而膨脹裂散開後，就可以開始揉合步驟**1**的麵團。慢慢加入蛋黃及蛋，攪拌揉合。揉麵完成後靜置10分鐘休息。

分割・成形

1. 每個甜甜圈為60g麵團。在烤盤上鋪上烘烤布，撒上手粉後，將整成圓球形的麵團放在布上排好（**1a**）。再撒上一些麵粉後，蓋上布，可防止乾燥同時促進發酵（**1b**）。
2. 麵團膨脹成三倍大即可（**2**）。

油炸

以180℃的熱油油炸。發酵麵團比較輕會浮在油上，上層和下層的中間銜接處會變得很明顯。

裝飾

1. 炸至顏色金黃後，即可撒上香草糖（**1**）。
2. 在中間銜接處找一個位置，以細的花嘴擠入覆盆子果醬（**2**）。
3. 以糖衣像擠果醬一樣擠在表面，作最後裝飾（**3**）。

Nussbeugel

榛果彎月點心

在捏成彎月形狀的發酵麵團裡，包著榛果內餡，
製作成這一道外型可愛的點心。
就像日本的核桃點心，有著簡素卻無比親切懷念的好味道。

尺寸 24個

〔酵母堤格麵團（直揉法）〕（合計=497g）

牛奶 Milch —— 50g
生酵母 Hefe —— 15g
砂糖 Zucker —— 25g
鹽 Salz —— 2g
現磨萊姆皮 geriebene Zitronenschale —— 1/2顆
香草籽 Vanilleschote —— 1/2根
低筋麵粉 Weizenmehl —— 125g
高筋麵粉 Weizenmehl —— 125g
蛋黃 Eigelb —— 30g
奶油 Butter —— 125g

〔榛果內餡〕（合計=765g）

杏仁膏底 Marzipanrohmasse —— 250g
砂糖 Zucker —— 80g
鹽 Salz —— 1g
香草籽 Vanilleschote —— 1/2根
肉桂粉 Zimtpulver —— 1g
蘭姆酒 Rum —— 15g
麥芽糖 Glukose —— 65g ＊在火上加熱使其軟化
蛋白 Eiweiß —— 100g
烘烤過的榛果粉
Haselnüsse, geröstet, gerieben —— 250g

〔有光澤的蛋汁〕

蛋 Vollei —— 1個
蛋黃 Eigelb —— 2個
鹽 Salz —— 1g ＊ 加重烘烤上色

製作麵團（直揉法）

1

3
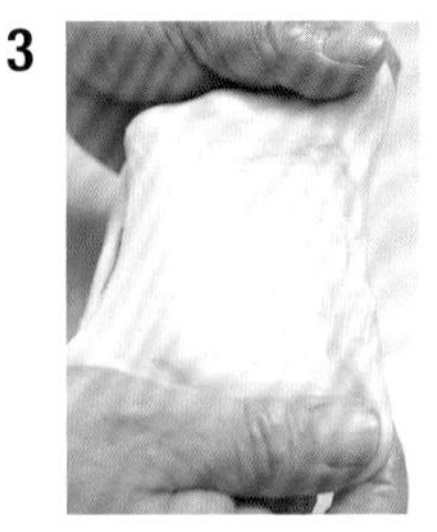

2
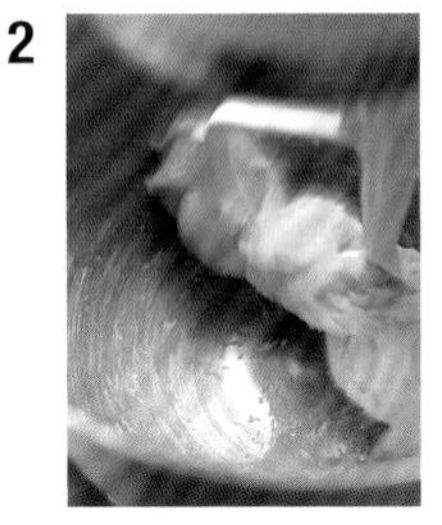

4

製作榛果內餡

2
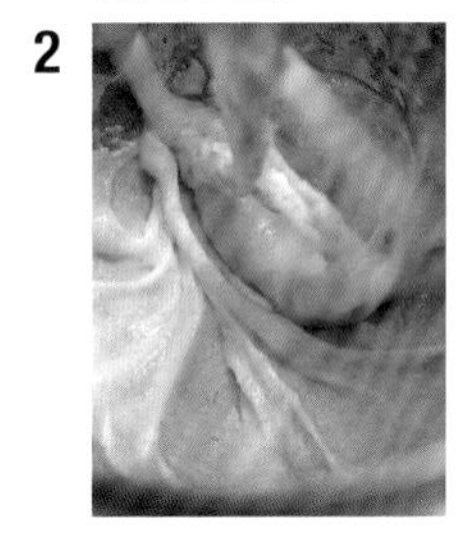

3

成形

1a
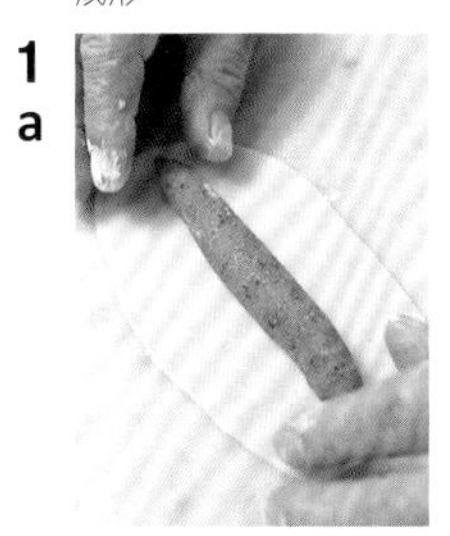

3

1b
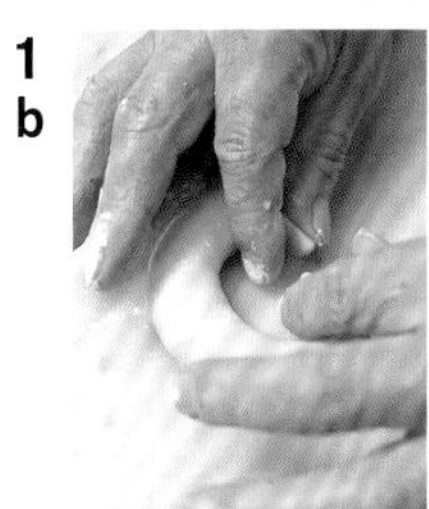

準備

低筋麵粉和高筋麵粉同份量混合。

製作麵團（直揉法）

1. 在攪拌盆裡放入酵母、40℃的溫牛奶、香草籽、鹽、現磨萊姆皮、砂糖、麵粉，混合均勻後，加入蛋黃（**1**）。
2. 以電動攪拌器攪拌混合（**2**）。
3. 判斷麵團是否攪拌均勻的方法：捏一小塊麵團拉開，如果能拉得很薄又不斷裂，即表示完成（**3**）。麵團揉好後從攪拌盆裡取出，整成一個完整個圓球狀後，靜置 30 分鐘。
4. 將麵團分割成 24 個的小塊，每塊 20g。待每個小麵團發酵膨脹至兩倍大即可。圖中為發酵後(**4**)。

製作榛果內餡

1. 在攪拌盆內混合杏仁膏底、香草籽、鹽、砂糖、蘭姆酒。
2. 倒入溫熱軟化的麥芽糖、蛋白，繼續攪拌（**2**）。
3. 將混合烘烤過的榛果粉、肉桂粉，倒入步驟 **2**。仔細攪拌均勻（**3**）。

成形

1. 把分割好的麵團先擀成橢圓形，再包捲起每個 30g 的棒狀榛果內餡(**1a**)。將麵團調整成紡錘形（中間胖二端尖），麵團接口處朝下。把兩個尖端向中間彎曲，完成彎月形（**1b**）。
2. 排放於烤盤上，靜置 15 分鐘，等待發酵。
3. 刷上兩層加了鹽後打散的蛋汁，增加光澤。在蛋汁中加鹽是為了烤出更好看的顏色（**3**）。

烘烤

放入烤箱，以 200℃先用下火烤 10 分鐘，再點上火續烤 10 分鐘即可。

Anmerkung

榛果彎月點心Nussbeugel最早源自於奧地利及斯洛伐克一帶。在德國當地也被稱為Nusskipfel。

Früchtebrot

糖漬水果蛋糕

將各式水果乾以少量的麵團集結起來，
組成一塊麵團後進行烘烤，
是一款起源相當古老的深褐色點心。

尺寸　20cm橢圓形

〔酵母堤格麵團（直揉法）〕（合計=217g）

生酵母　Hefe——6g

鹽　Salz——3g

洋梨利口酒　Birnenwasser——85g

裸麥麵粉　Roggenmehl——60g

低筋麵粉　Weizenmehl——30g

高筋麵粉　Weizenmehl——30g

德式薑餅用香料　Lebkuchengewürz——3g

＊德式薑餅用香料可在家中自行調配。將肉桂、肉豆蔻、丁香、薑粉、多香果等量混合即可。

〔水果類〕（合計=780g）

洋梨乾　Getrocknete Birnen——100g

桃李乾　Trockenzwetschgen——150g

無花果乾　feige——190g

白葡萄乾　Sultaninen——150g

黑葡萄乾　Korinthen——50g

杏桃乾　Aprikosen——50g

糖漬萊姆皮　Zitronat——25g

糖漬橙皮　Orangeat——25g

榛果碎顆粒　Haselnüsse,gehackt——30g

櫻桃利口酒　Kirschwasser——10g

〔裝飾〕
將糖漬櫻桃對半切開，裝飾在麵團中央。
再將6顆杏仁對半切開後，圍繞在櫻桃四周。

〔最後點綴〕
麥芽糖以火加熱變軟，塗在出爐後的蛋糕上。

準備

白葡萄乾浸泡在櫻桃利酒裡，在溫暖的室內放置一晚。其他的果乾類全部混合在一起後，置於溫暖的室內（27℃至 30℃）一晚。

製作麵團（直揉法）

製作麵團

1 在攪拌盆裡放入酵母、洋梨利口酒、鹽，混合均勻（**1**）。
2 先把裸麥麵粉、高低筋麵粉、香料等粉類混合完成後，再倒入步驟 **1** 裡，開始攪拌麵團（**2**）。
3 麵團攪拌混合好後，靜置 15 分鐘（**3**）。
4 將混合過後的果乾類，一起倒入步驟 **3**，全部攪拌均勻（**4**）。
5 混合好後，再次靜置 20 分鐘。請維持麵團溫度在 27℃左右（**5**）。
6 把麵團取出，放在工作檯上，以沾濕的雙手將麵團整成橢圓形（**6**）。
7 在正中央放上糖漬櫻桃，在周圍裝飾上半片杏仁。要確定把杏仁按壓固定在麵團上（**7**）。
8 靜置 1 小時，等待發酵。

烘烤

放入烤箱，以 220℃烘烤 40 至 50 分鐘。

裝飾

為了防止乾燥並增加光澤，趁糖漬水果蛋糕上有餘溫時，以刷子在表面刷上一層加熱後軟化的麥芽糖。

最後點綴

Anmerkung

冬季接近聖誕節之前，為了祈求豐饒，在祭典中時常可見這道糖漬水果蛋糕。雖然據傳最早是起源自南德或奧地利一帶，但也有一說是來自於水果多產的義大利。

Kapitel

5

Torten, Schnitten

麵團與材料的完美平衡
鮮奶油蛋糕＆塔派

Schwarzwälder Kirschtorte

黑森林蛋糕

因為大量使用了德國黑森林櫻桃及櫻桃利口酒製作，
而以德國黑森林為名。
蛋糕基底則使用與黑森林同名的巧克力麵團。
是德國甜點中最為人知的代表性甜點。

尺寸　24cm慕絲圈1個

〔巧克力麥森麵團〕
維也納麥森麵團 巧克力口味
（P.16）——1cm厚3片

〔櫻桃果泥〕
罐裝酸櫻桃　Sauerkirschen——1000g
＊把果實和果汁分開
小麥澱粉　Weizenpuder——100g
砂糖　Zucker——200g
肉桂粉　Zimtpulver——2g

〔櫻桃口味鮮奶油〕（合計＝1080g）
鮮奶油（乳脂含量35％）　Sahne——900g
牛奶　Milch——95g（稀釋鮮奶油用）
砂糖　Zucker——50g
明膠粉末　Gelatine——5g（以4倍份量的水還原）
櫻桃利口酒　Kirschwasser——30g

〔裝飾〕
削成碎片的調溫巧克力　Kuvertüre——適量
櫻桃（新鮮帶梗／裝飾用）　Kirschen——10個

製作櫻桃果泥

1

5
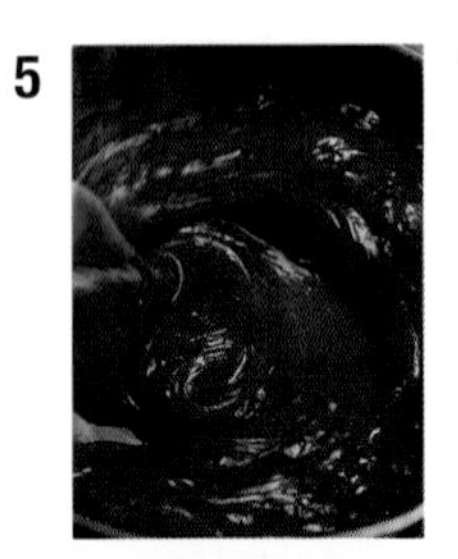

2
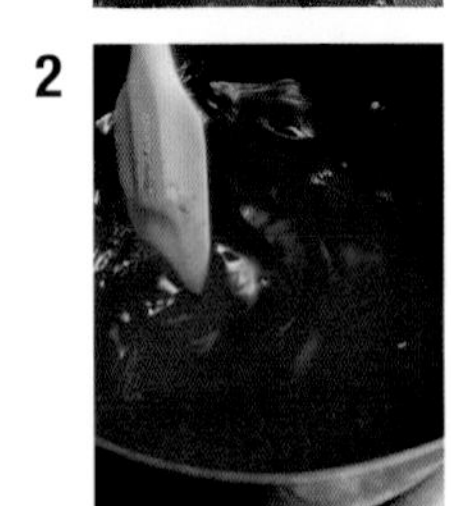

6
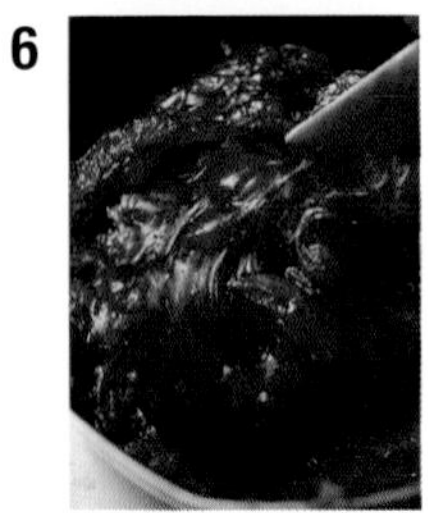

3
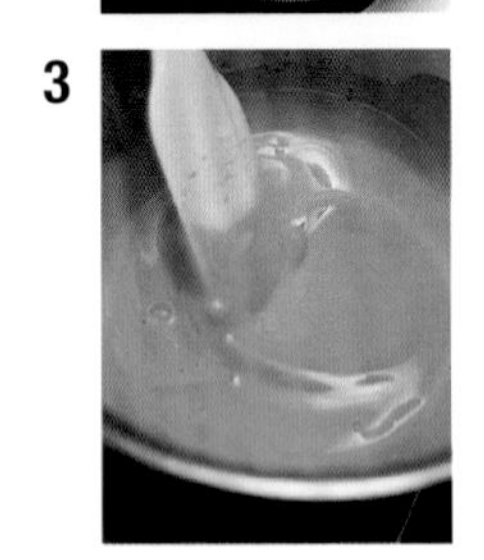

製作櫻桃果泥

1　將罐裝酸櫻桃的果肉和果汁分開（**1**）。
2　在攪拌盆中留下些許果汁。剩下的果汁放入鍋內，加入砂糖後加熱（**2**）。
3　攪拌盆裡的果汁，加入小麥澱粉後，混合均勻（**3**）。
4　鍋中的果汁沸騰後，倒入步驟**3**，攪拌均勻。
5　一邊加熱，一邊攪拌，增加黏稠度。煮成凝膠狀後，即可熄火（**5**）。
6　加入果肉，趁還有熱度時攪拌均勻。再加入肉桂粉，拌勻（**6**）。
7　倒入平底淺盆內，放涼。

製作櫻桃口味的鮮奶油

1 4 2 5 3 6

製作櫻桃口味的鮮奶油

1 鮮奶油打發至攪拌器前端提起時，呈現有如緞帶般落下的質感（七分立），再加入牛奶以調整濃度（可把乳脂含量 35% 下降為 32%）(**1**)。

2 繼續打發，同時加入砂糖，一次全加即可（**2**）。

3 加入櫻桃利口酒（**3**)。持續攪拌，打發起泡。

4 打發後，取少量和明膠混合る（**4**）。

5 把步驟 **4** 倒回鮮奶油裡，全部拌均（**5**）。

6 混合完成的狀態（**6**）。

組合

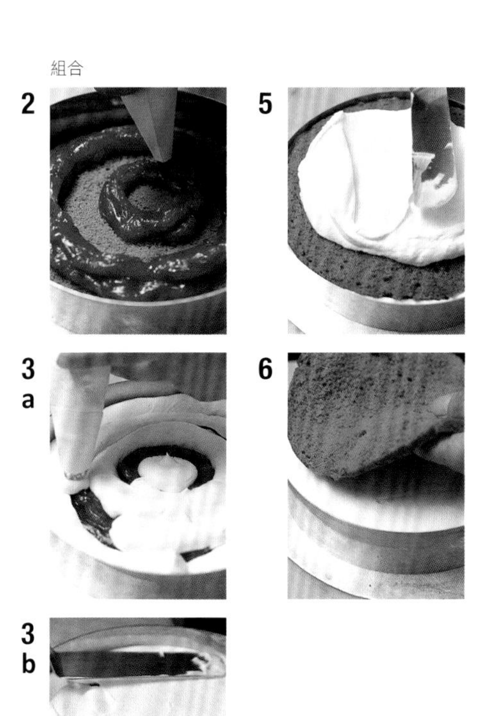

組合

1 先製作巧克力口味維也納麥森麵團，切成 1cm 厚，總共 3 片。

2 在直徑 24cm 的慕絲圈中放入第 1 片巧克力蛋糕層。櫻桃果泥放入擠花袋後，在基底上畫出 2 個圓圈（**2**）。

3 沒有櫻桃果泥之處擠上櫻桃鮮奶油（**3a**）後，在最上面擠上一層鮮奶油，抹平（**3b**）。

4 疊上第 2 片巧克力蛋糕層。

5 塗上鮮奶油，高度和慕絲圈高度相同（**5**）。

6 放上第 3 片巧克力蛋糕層厚，放入冷凍，使蛋糕固定（**6**）。

裝飾

1

2

3 a
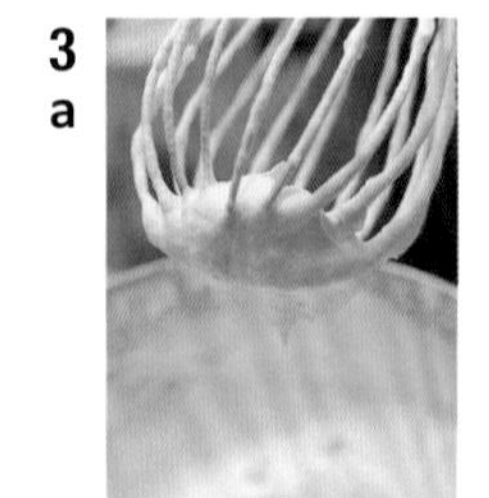

3 b
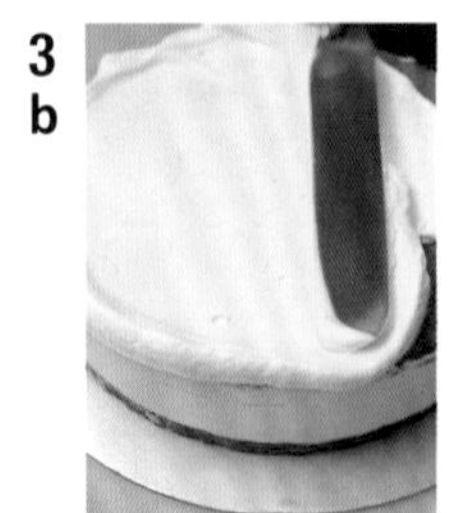

4
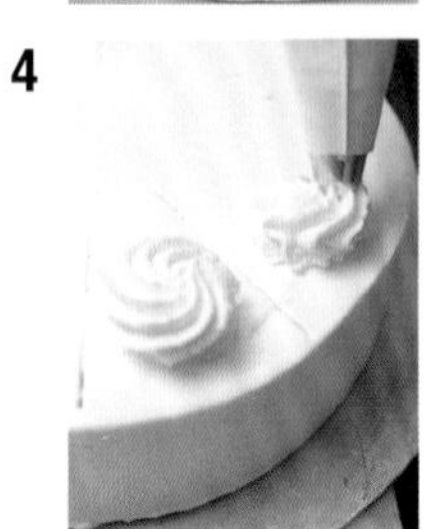

裝飾

1 以刀背將調溫巧克力削出碎片（**1**）。
2 蛋糕從冷凍取出後，取下慕絲圈。以瓦斯加熱慕絲圈，較方便取下（**2**）。
3 準備和蛋糕內層相同口味的櫻桃鮮奶油。乳脂含量低，質地較為柔軟（**3a**）。塗抹於上面及側面，均勻抹平（**3b**）。
4 先畫出 10 等分的線後，再在蛋糕邊緣的位置上，以 8 角形的 8 號花嘴擠花袋擠出鮮奶油（**4**）。擠出的鮮奶油線條較為鬆弛，可以擠得大一些。
5 在擠花鮮奶油上方，放上有梗的櫻桃。中央放上大量的步驟 **1** 巧克力削片。

1
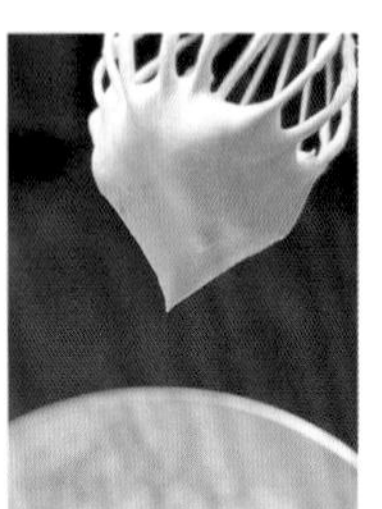

2
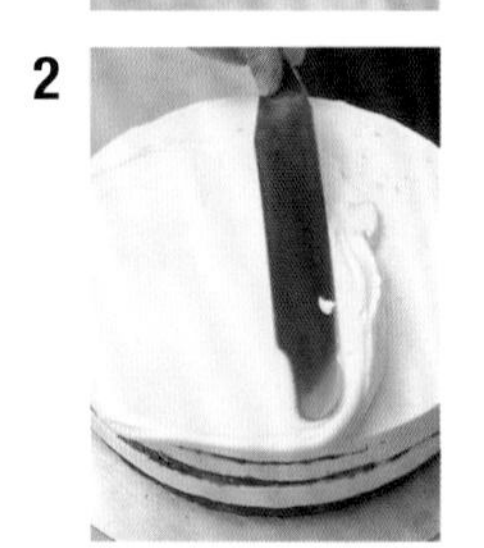

3
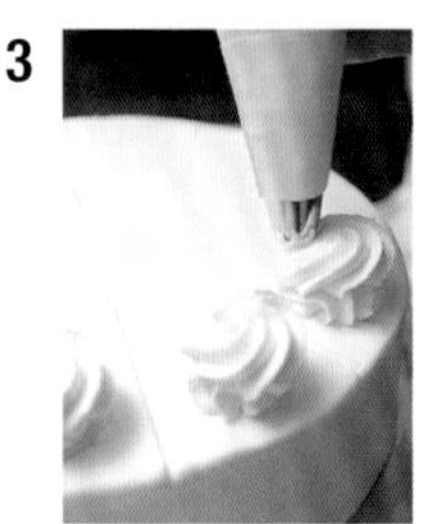

使用乳脂含量42%的鮮奶油

1 由於乳脂含量高，打發完成後質地緊實（**1**）。
2 在蛋糕上塗抹的模樣。比乳脂含量 32% 的鮮奶油來得厚重，顏色也略偏黃白色（**2**）。
3 擠花時，鮮奶油線條立體分明，如果擠得大朵一些，口感會更顯得濃郁厚重（**3**）。

Anmerkung
德風鮮奶油蛋糕的製作方法

1

將維也納麥森蛋糕層切開1cm厚。

2

在派皮堤格麵團上塗一層果醬。

3

切成1cm厚的維也納蛋糕層疊放到步驟**2**上方。

4

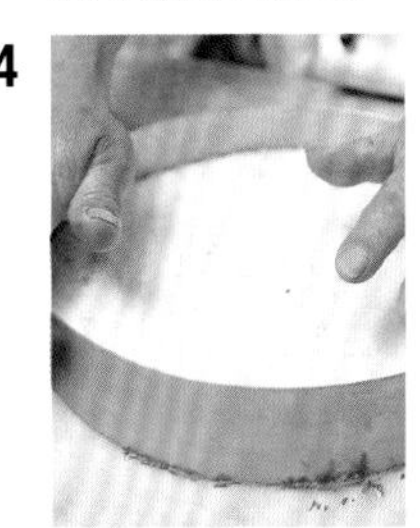

從上方放上相同直徑大小的慕絲圈。

5

塗上奶油醬。

6

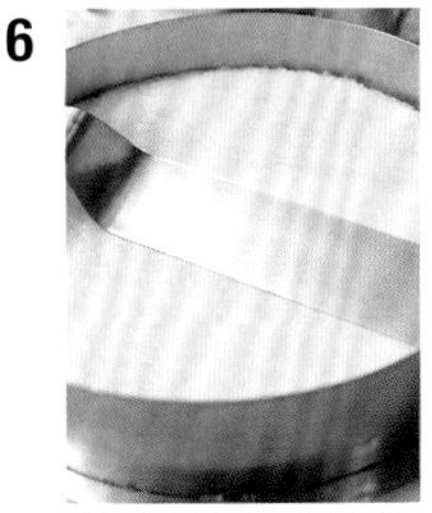

將蛋糕層上的奶油醬均勻塗開。

7

撒上大量質地細緻的麵包粉。

8

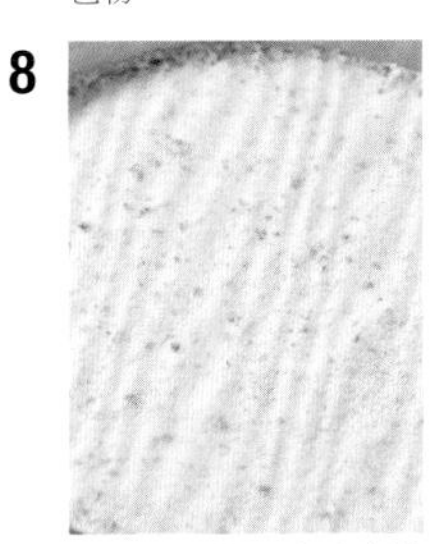

覆蓋整面後，去除多餘的麵包粉。

德國風鮮奶油蛋糕主要指的是重疊數層蛋糕層或奶油醬的蛋糕。尺寸為直徑 24cm 或 26cm，偶爾也會看到 28cm 大的蛋糕。

蛋糕的內部層次構造，是在底部鋪上同直徑的派皮堤格麵團（Mürbeteig），塗上一層果醬或巧克力後，再加上維也納麥森麵團類的海綿蛋糕（**1 至 4**）。如果是鮮奶油蛋糕，則以水果內餡或混合了明膠的奶油醬填滿內層，再加上一層海綿蛋糕層。這是最基本的作法。

以新鮮水果裝飾的蛋糕，會先在海綿蛋糕上加塗一層香草醬，再撒上麵包粉以防止水分滲透（**5 至 8**）。德式蛋糕不像法式甜點，在製作蛋糕基底麵團時會加入糖漿。因此德式蛋糕不需要大量的氣泡，反而更喜歡將蛋糕體烤得扎實緊緻。

蛋糕層會因為各式不同蛋糕的需求而在口味上作調整，雖然基本技巧皆相同，但配方會有些變動。種類豐富且多變的蛋糕體結構，也是德式甜點的一大特色。

例如：脆硬的派皮堤格麵團（蛋糕基底）、美味的蛋糕層（boden，中間層的蛋糕）、不過度甜膩的奶油醬、酸甜的水果或略帶苦味的巧克力。思考著每一個步驟的變化，完成最終美麗的組合，正是製作德式鮮奶油蛋糕最令人著迷之處。

裝飾法為左右對稱、同心圓。德國甜點相當重視視覺的協調美感。和法式甜點的不對稱、充滿個性、浪漫的裝飾方法，形成對比。

Käsekuchen

起司蛋糕

起司蛋糕在德國是相當受歡迎的甜點之一。
表面顏色烤成美麗的黃褐色，蛋糕質地入口即化，
擁有無法言喻的迷人魅力。

尺寸　24cm蛋糕模型（深8cm）1個

〔烘烤蛋糕用的派皮堤格麵團〕（合計＝1132g）

＊1個份使用420g

奶油　Butter —— 300g
鹽　Salz —— 2g
現磨萊姆皮　geriebene Zitronenschale —— 1/2顆
香草籽　Vanilleschote —— 1/2根
糖粉　Puderzucker —— 150g
蛋　Vollei —— 80g
低筋麵粉　Weizenmehl —— 600g

〔蛋糕底〕

杏桃果醬　Aprikosenkonfitüre —— 適量
白葡萄乾　Sultaninen —— 20g

〔起司麥森麵團〕（合計＝1220g）

奶霜乳酪　Käse —— 650g
Quark乳酪 —— 100g
低筋麵粉　Weizenmehl —— 10g
小麥澱粉　Weizenpuder —— 10g
砂糖　Zucker —— 150g
現磨萊姆皮　geriebene Zitronenschale —— 1/2顆
萊姆汁　Zitronensaft —— 1/2個
香草籽　Vanilleschote —— 1/2根
牛奶　Milch —— 100g
蛋　Vollei —— 200g

製作派皮堤格麵團

1　將麵粉過篩在工作檯上，再把麵粉堆成小山狀，在中間作出一個凹槽（**1**）。
2　在麵粉凹槽中打入蛋、撒鹽，再加入糖粉和奶油，以刮板一邊切拌，一邊混合（**2**）。
3　等到吸收水分的麵粉變成小碎塊狀後，以雙手將麵團聚集成團（**3**）。
4　無須揉麵團，只要麵團集中成一大塊即可（**4a**）。以包鮮膜包覆後，放入冰箱冷藏2小時（**4b**）。
5　麵團經休息後會出現光澤，表面也會顯得平滑（**5**），並且產生黏性，較容易擀開使用。

＊在此也可以電動攪拌器或慢速打蛋器來進行。

製作派皮堤格麵團

1
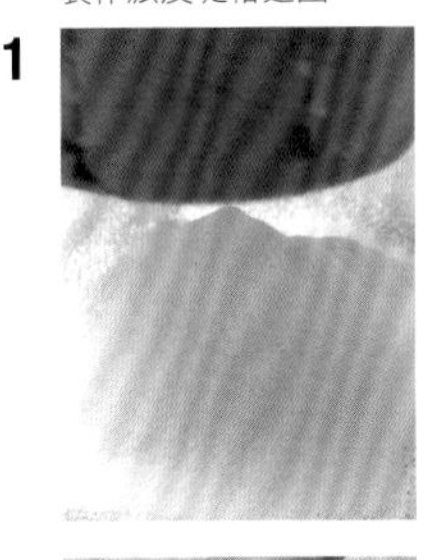

4a
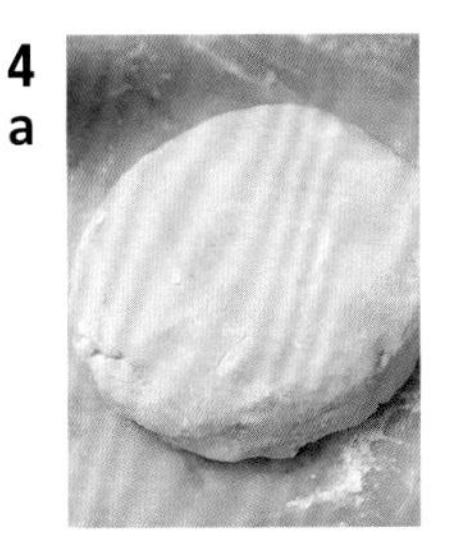

2

4b
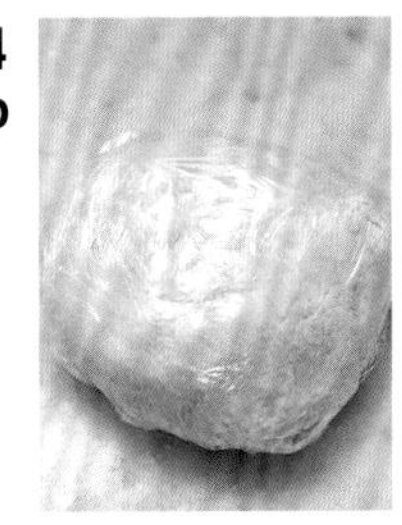

3
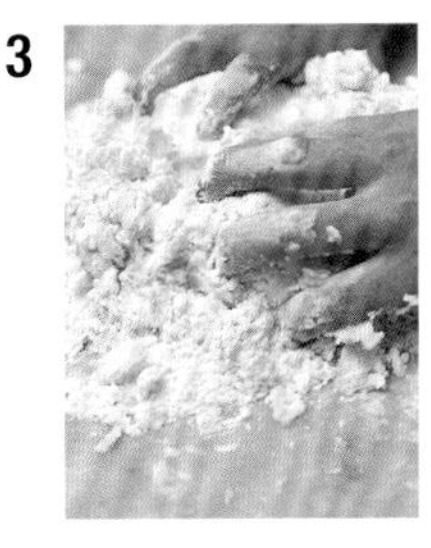

5
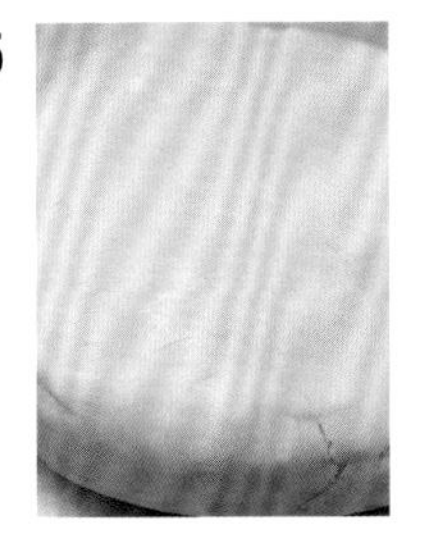

在模型內鋪上派皮堤格麵團

1
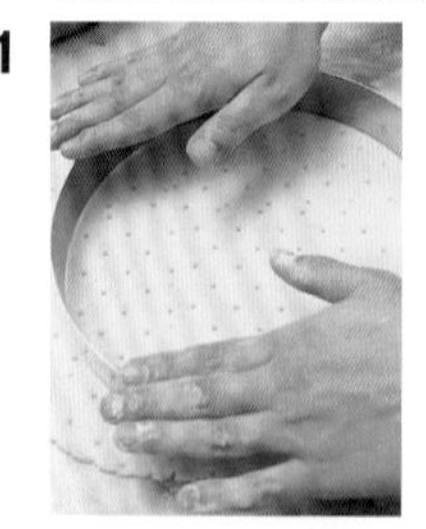

3
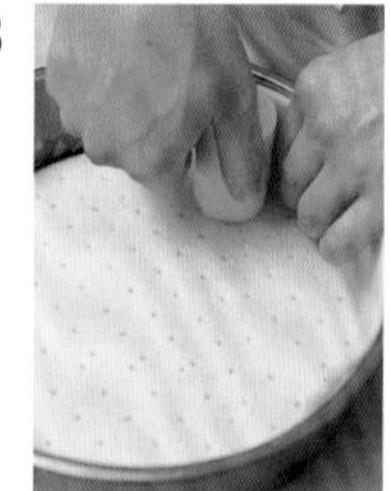

2
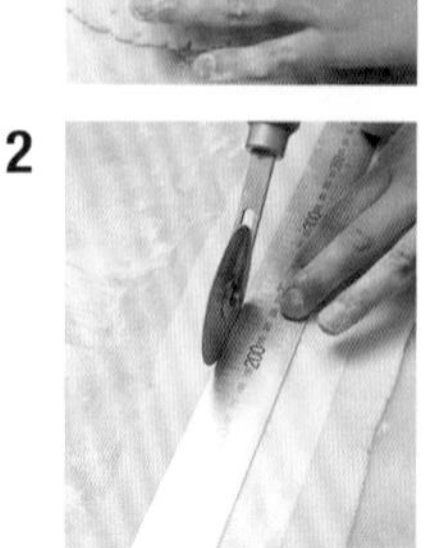

4
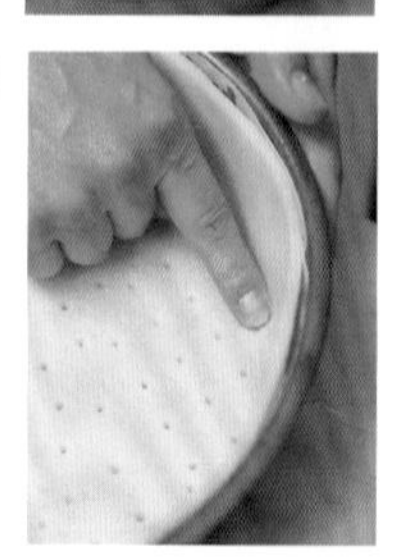

在模型內鋪上派皮堤格麵團

1 將直徑 24cm 圓形基底用的麵團，以擀麵棍擀成 3mm 厚。以派皮戳洞器刺洞，再以 24cm 的慕絲圈切出適當大小（**1**）。放在模型基底上，仔細貼合後，放入烤箱，以 180℃烘烤 10 分鐘。

2 準備側面用的麵團。裁好符合模型高度及圓周總長的版型紙，將麵團擀成 3mm 厚，對照版型紙切出正確大小後，去除多餘的麵團（**2**）。

3 待步驟 **1** 出爐冷卻後，在模型側面薄塗上奶油。再將側面以麵團貼合（**3**）。

4 請務必將側面的麵團和基底麵團緊密接合（**4**）。側面的麵團也要刺出孔洞。

製作起司麥森麵團

1
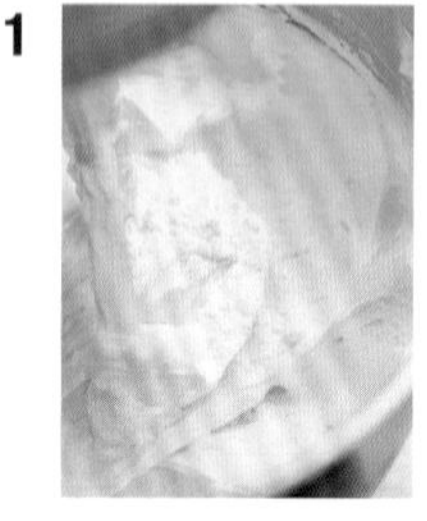

5 a
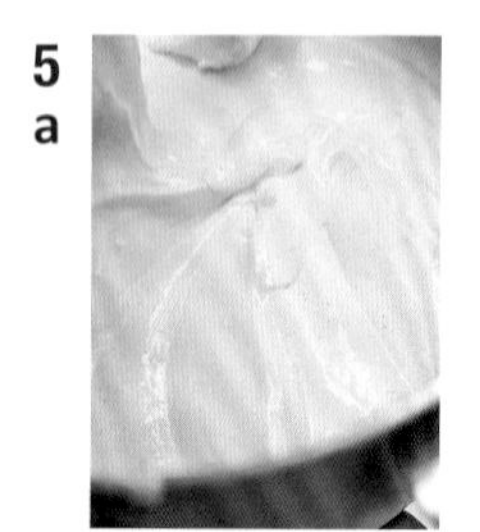

2
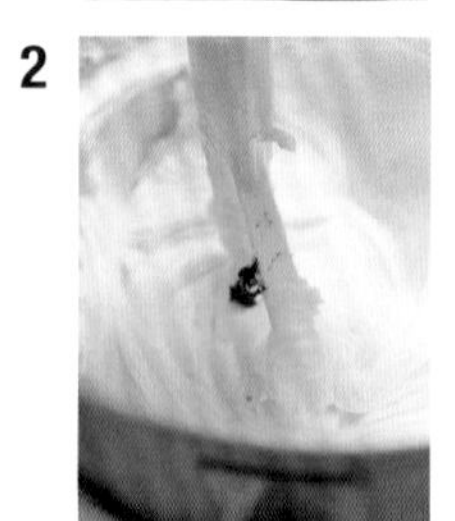

5 b
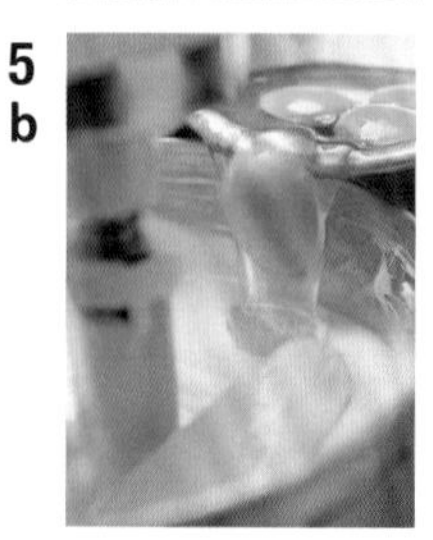

3
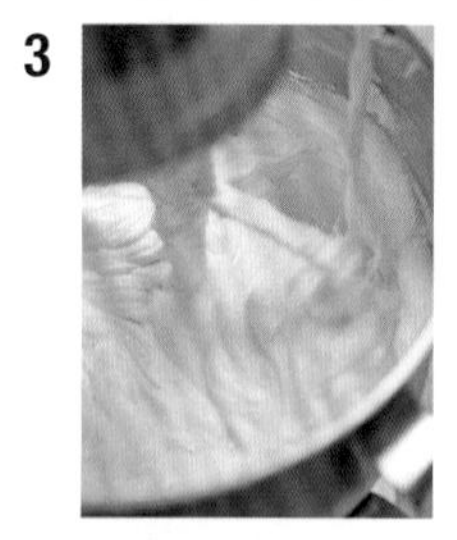

6

4

7
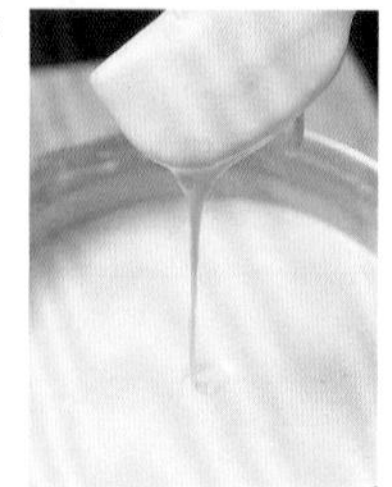

製作起司麥森麵團

1 在攪拌盆裡放入奶霜乳酪、Quark 乳酪，攪拌成乳霜狀，再加入低筋麵粉和小麥澱粉，攪拌均勻（**1**）。

2 加入砂糖和香草籽，拌勻（**2**）。

3 慢慢倒入牛奶，拌勻（**3**）。

4 加入萊姆汁、現磨萊姆皮，提高攪拌的速度，使整體混合均勻（**4**）。

5 攪拌至如圖中光滑細緻的程度即可（**5a**）。再慢慢倒入蛋，攪拌均勻（**5b**）。

6 麵團漸漸變成質地極為細緻的麥森麵團。以刮杓混合飛濺在攪拌盆周圍的麵團或沉在攪拌盆底部的團塊，使麵團整體均勻（**6**）。

7 待麵團變成顏色偏白且充滿黏稠感後，即可從機器上取下（**7**）。

Anmerkung

建議使用Quark乳酪。早在14世紀即出現起司蛋糕的食譜，隨著時代的演變，這道甜點的地位仍屹立不搖，在甜點界有如王者般的存在。

倒入模型

1 

2 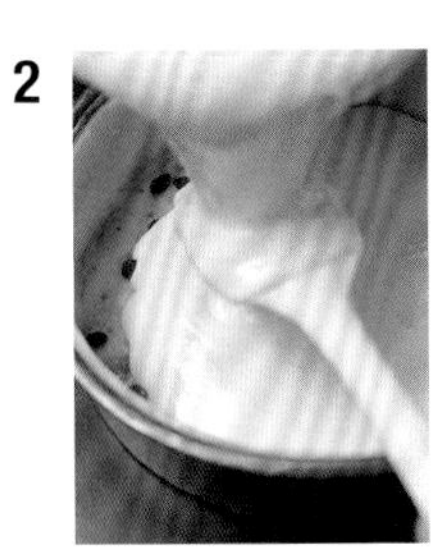

烘烤

1 

3 

2 

倒入模型

1 在派皮堤格麵團基底上，塗一層杏桃果醬後，撒上白葡萄乾（**1**）。

2 為了避免葡萄乾移動位置，以刮杓接住起司麥森麵團後再緩緩倒入模型內（**2**）。

烘烤

1 放入烤箱，以200℃烤30分鐘（**1**）。

2 烘烤過程中，當表面顏色開始變深後，中途取出，以刀子在側面的麵團及起司麵團之間，沿著圓形畫一圈（**2**），再續烤30分鐘。

＊起司蛋糕會遇熱膨脹，如果側面麵團和中央麵團黏太緊，中央部位會因為承受過多熱力而裂開。為了讓起司麵團朝垂直方向平均地隆起，維持表面的平滑美觀，需要在側面麵團和起司麵團之間加劃刀口。

3 待蛋糕烤出濃郁的咖啡色後，以牙籤戳刺，若無沾附任何麵團，即表示烘烤完成（**3**）。稍微散熱後，取下模型再放涼。

＊派皮堤格麵團與普通蛋糕基底用的派皮堤格麵團相比而言，蛋（水分）和麵粉的含量都較高。側面和底部都要鋪上堤格麵團，再倒入麥森麥團，目的在於不讓側面及底部的麵團變形，同時維持容易塑形的特性，且不能易碎或破裂，因此在配方上作了調整。烘烤出爐後，堤格麵團濕潤的口感，與起司麥森麵團也十分契合。

＊德國Quark乳酪的特色是色白、口感滑順，有著爽口的酸味，是屬於新鮮乳酪的一種(P.8)。在日本不易購得，但可以奶霜乳酪（Cream Cheese）和茅屋起司（Cottage Cheese）以等比例混合替代使用。Quark乳酪的口感清爽無負擔；奶霜乳酪則味道較濃郁，兩者都相當好吃。

Frankfurter Kranz

法蘭克福皇冠蛋糕

將海綿蛋糕烤成皇冠形狀，
塗上稍微口味偏甜，口感入口即化的克林姆醬，
最後撒上滿滿的焦糖杏仁顆粒作裝飾。

尺寸 19cm（4號）戚風蛋糕模型3個

〔麵團〕（合計=962g）

蛋 Vollei —— 315g

砂糖 Zucker —— 245g

鹽 Salz —— 2g

低筋麵粉 Weizenmehl —— 140g

小麥澱粉 Weizenpuder —— 140g

奶油 Butter —— 120g

〔法蘭克福皇冠蛋糕用香草醬〕（合計=872g）

牛奶 Milch —— 500g

鹽 Salz —— 2g

香草籽 Vanilleschote —— 1/2根

蛋 Vollei —— 220g

砂糖 Zucker —— 100g

小麥澱粉 Weizenpuder —— 50g

〔克林姆醬〕（合計=1540g）

上記的香草醬 Vanillecreme —— 750g

奶油 Butter —— 750g

糖粉 Puderzucker —— 40g

〔糖漿〕

糖漿（砂糖：水=1:1） Lauterzucker —— 250g

茴香酒 Alak —— 50g

〔裝飾〕

焦糖杏仁顆粒 Mandelpraline —— 適量

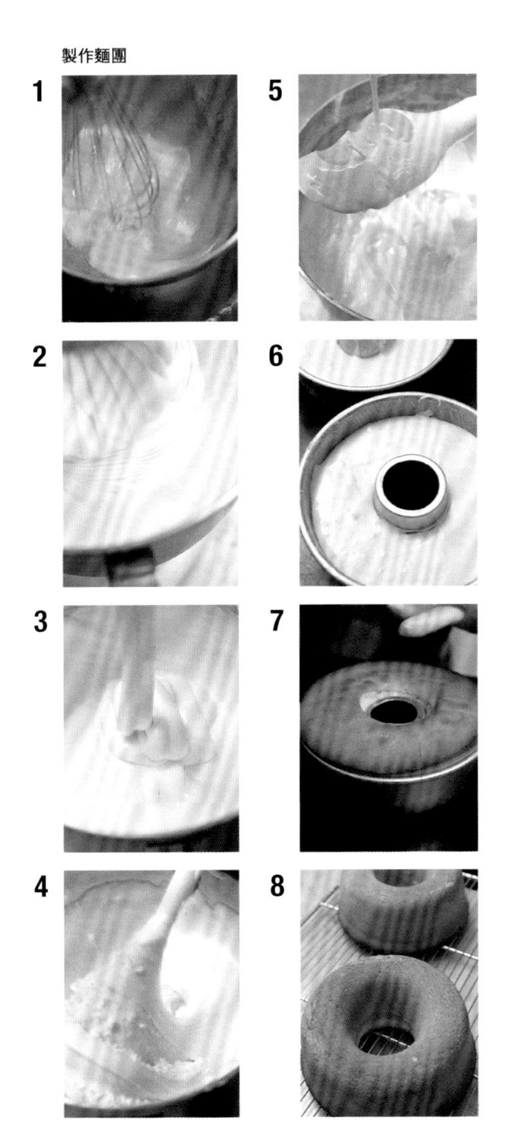

準備

● 混合低筋麵粉及小麥澱粉。

● 模型內薄塗一層奶油。

製作麵團

1 在攪拌盆裡混合蛋、砂糖和鹽。一邊隔水加熱，一邊以打蛋器攪拌。溫度為38℃至42℃（**1**）即加熱完成。

2 溫度上升後，把攪拌盆放回機器，以高速混合打發至顏色偏白，且整體隆起即可（**2**）。

3 顏色變白後即可降為中速，打發出扎實且細緻的氣泡。以刮杓撈起呈現緞帶般墜落的樣子，即完成（**3**）。

4 改以刮杓，一邊慢慢倒入粉類，一邊混合均勻（**4**）。

5 以刮杓銜接融化的奶油，緩緩倒入攪拌盆裡（**5**）。攪拌混合至麵團出現光澤感。

6 整個麵團質地變得柔軟滑順後，倒入模型（**6**）。

7 放入烤箱，以180℃烤30分鐘（**7**）。

8 出爐後，散熱至不燙手，再取下模型（**8**）。

組合

1 5 2 6a 3a 6b 3b 7a 4 7b

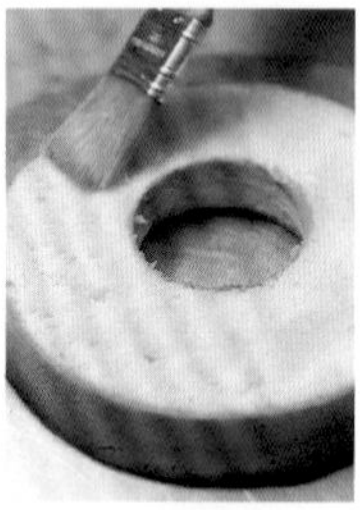

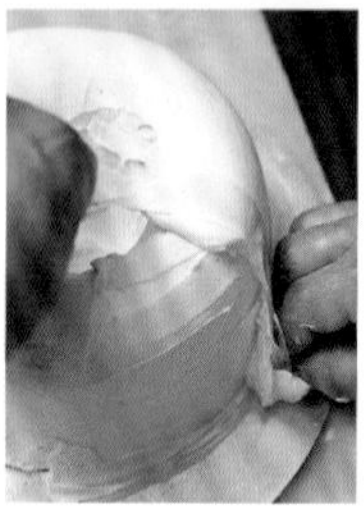

製作法蘭克福皇冠蛋糕用香草醬

1 在攪拌盆內打散蛋後，加入 1/2 份量砂糖，攪拌至顏色變淡偏白。
2 將小麥澱粉、鹽倒入步驟 **1** 內，混合均匀。
3 將牛奶倒入鍋中，加入剩下的 1/2 砂糖、香草籽，加熱至即將沸騰即可。
4 一邊將加熱完成的步驟 **3** 慢慢倒入步驟 **2**，一邊攪拌混合均匀。再全部倒回鍋中，以大火加熱。
5 鍋中的香草醬變得相當濃稠，再持續攪拌，煮至香草醬出現光澤，且質地又會恢復柔軟，即表示完成。
6 將完成的香草醬倒入淺盆裡，放入冰箱冷藏。

製作克林姆醬

將奶油攪拌成乳霜狀後，倒入香草醬、糖粉，混合均勻。

茴香酒風味的糖漿

以砂糖：水＝ 1：1 的比例製作出 250g 糖漿後，加入 50g 的茴香酒即完成。

組合

1 冷卻後的海綿蛋糕切成 3 等分（**1**）。
2 將茴香酒糖漿刷在第 1 層（最底層）的切面（**2**）。
3 克林姆醬裝入擠花袋，擠在步驟 **2** 上（**3a**）。並以蛋糕抹刀抹平（**3b**）。
4 加上第 2 層，同樣地刷上糖漿，塗上克林姆醬（**4**）。
5 加上第 3 層，並將整個外層刷上糖漿（**5**）。
6 以蛋糕抹刀將整個外層均勻地塗抹克林姆醬（**6a**）。側面有弧度之處，沿著弧形以玻璃紙將奶油醬抹平（**6b**）。
7 撒上焦糖杏仁顆粒，沾覆所有表面（**7a**、**7b**）。

裝飾

1

2

3

裝飾

1　以 10 等分器壓出紋路，再以手指在稍後準備裝飾的位置按出記號（**1**）。

2　克林姆醬裝入搭配 5 號花嘴的擠花袋裡，擠在裝飾點上（**2**）。

3　放上糖漬櫻桃作裝飾（**3**）。

法蘭克福皇冠蛋糕用香草醬

製作步驟同基本款香草醬，配方也幾乎相同，差別只在於使用全蛋製作而非只有蛋黃。完成後的香草醬口感更為清爽。

法蘭克福皇冠蛋糕除了海綿蛋糕本身和杏仁外，沒有太多其他的調味，是一款以克林姆醬為主要基調的蛋糕，因此在口味上，稍微偏甜一些。

Anmerkung

法蘭克福皇冠蛋糕為法蘭克福當地最具代表性的名產，象徵了神聖羅馬帝國的加冕儀式在此舉行。早在18世紀即出現，由當地的糕點師傅構思而成。

Spanischer Vanilletorte

西班牙香草蛋糕

巧克力、香草、杏仁從西班牙傳入德國，成為重要的進出口貿易項目。
這些昂貴的食材被大量地添加在這一款豪華的蛋糕中。
巧克力碎片分成兩層夾心，從蛋糕的側切面看來，
像極了香草莢的輪廓，十分有趣呢！

尺寸 25cm法式蛋糕圓模
（開口直徑略大於底部直徑的圓形模型）1個

〔麵團〕（合計＝1007g）

杏仁膏底 Marzipanrohmasse —— 300g
現磨萊姆皮 geriebene Zitronenschale —— 1/4顆
香草籽 Vanilleschote —— 1根
奶油 Butter —— 110g
蛋黃 Eigelb —— 140g
砂糖 Zucker —— 50g
蛋白 Eiweiß —— 140g
砂糖 Zucker —— 110g
鹽 Salz —— 2g
低筋麵粉 Weizenmehl —— 155g

〔內餡〕

調溫巧克力碎片 Kuvertüre, gehackt —— 120g

〔灑於模型內〕

12分杏仁（1顆杏仁等分為12碎粒）
Mandeln, gehackt —— 適量

準備

- 模型內薄塗一層奶油後，均勻地撒上杏仁顆粒。
- 調溫巧克力削成碎片。

製作麵團

1 攪拌盆裡放入杏仁膏底後，以電動攪拌器攪拌開來。
2 加入現磨萊姆皮、香草籽、1/2 份量的奶油後，全部攪拌均勻。
3 再倒入砂糖、剩下的1/2份量砂糖，仔細混合均勻。
4 慢慢倒入蛋黃，持續攪拌至完全乳化即可（**4**）。
5 另取一個攪拌盆，放入蛋白、砂糖、鹽，打發起泡直至質地緊緻、以攪拌器撈起時前端會呈現帶有弧度的尖針狀。放入全量砂糖一起打發即可。
6 步驟 **4** 攪拌至質地柔滑細緻後，倒入步驟 **5** 的蛋白糖霜的 1/3 量後，混合均勻。
7 在蛋白糖霜尚未完全消失前，慢慢倒入低筋麵粉，同時攪拌均勻。以手動方式將刮杓由盆底向上翻舀的方式混合（**7**）。
8 待粉末完全被吸收後，再加入剩下的蛋白糖霜，全部混合（**8a**）。盡量不要破壞太多氣泡。攪拌至均勻且質地滑順即可（**8b**）。

製作麵團

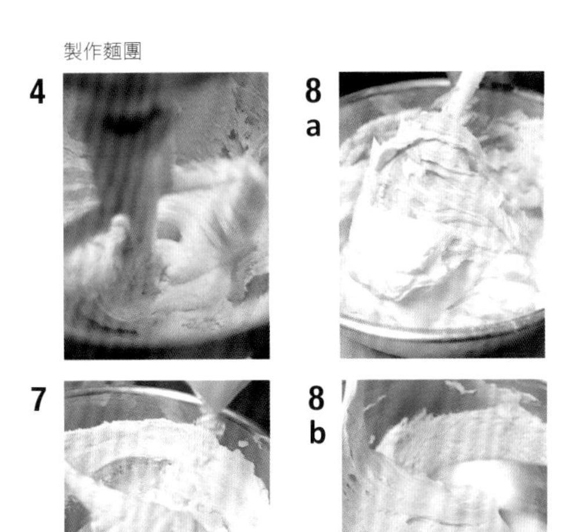

倒入模型

1 2 3 4 5

烘烤

a

倒入模型

1. 把 1/3 量的麵團緩慢地倒入準備好的模型（**1**）。
2. 整平表面後，再以 1/2 量的巧克力碎片鋪出一個實心圓。為了不讓巧克力溶化擴散到外面，請把圓形畫在從外緣以內的 2cm 處（**2**）。
3. 鋪上 1/3 份量的麵團，盡量不要和下面的巧克力混合，以免烘烤時巧克力散開來（**3**）。
4. 鋪上第 2 層巧克力（**4**）。
5. 把剩下的麵團再次緩慢且穩定地倒入至低於模型高度 1cm 的位置（**5**）。

烘烤

放入烤箱，以 200℃下火烤 20 分鐘，再以上火烤 20 分鐘。出爐後把模型上下顛倒置涼，散熱後即可取下模型（**a**）。

裝飾

放上 12 等分器，再撒上糖粉。

Anmerkung

南方國度的西班牙在北方國度的德國人眼中，充滿了浪漫的異國風情，因此蛋糕以西班牙命名。

Linzer Torte

林茲蛋糕

奧地利都市——林茲的名產。
麵團裡混合了香料和核桃，內層夾有紅醋栗果醬，每一口都十分美味。
有著格子紋路的外形，為其一大特色。

尺寸 25cm法式蛋糕圓模
（開口直徑略大於底部直徑的圓形模型）1個

〔林茲蛋糕麵團〕（合計=883g）
奶油 Butter —— 200g
糖粉 Puderzucker —— 70g
小麥澱粉 Weizenpuder —— 70g
蛋 Vollei —— 100g
低筋麵粉 Weizenmehl —— 130g
榛果粉 Haselnüsse, gerieben —— 130g
麵包粉 Brösel —— 130g
肉桂粉 Zimtpulver —— 2g
丁香粉 Nelkenpulver —— 1g
核桃 Walnüsse —— 50g
牛奶 Milch —— 70g
*加在擠花用的330g麵團裡，適當稀釋用

〔內餡〕
紅醋栗果醬 Johannisbeerkonfitüre —— 300g

〔裝飾〕
杏仁片 Mandeln, gehobelt —— 20g

準備

a

b

準備

- 將低筋麵粉、烘烤過的榛果粉、麵包粉、肉桂粉、丁香粉全部放入攪拌盆內（**a**），混合均勻（**b**）。
- 模型內薄塗一層奶油。

製作麵團

1

4a

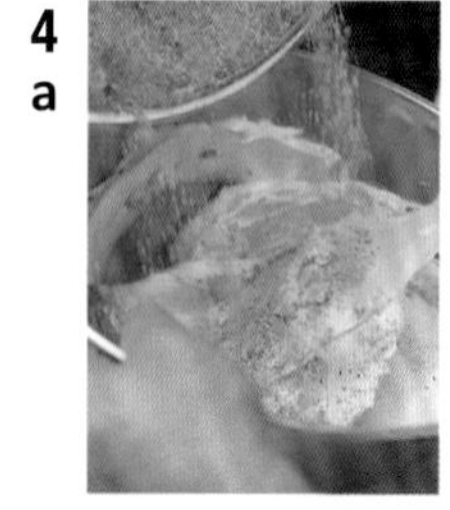

2

4b

3

5

6

製作麵團

1 在攪拌盆裡放入奶油和糖粉，以電動攪拌器混合（**1**）。

2 奶油變成乳霜狀後，加入小麥澱粉，攪拌均勻(**2**)。

3 慢慢倒入蛋（**3**）。

4 步驟**3**混合得柔滑之後，從機器上取下。以刮杓一邊攪拌，一邊慢慢倒入粉類（**4a**）。仔細攪拌均勻（**4b**）。

5 取出300g備用（最後的表面裝飾用）。其餘麵團加入烘烤過的核桃作成蛋糕的主體（**5**）。

6 預留的300g表面用麵團加入牛奶稀釋，調整為容易擠出的濃度。牛奶不用放入太多，如果麵團變得太軟，擠出來後形狀容易塌掉。只要調整成方便擠出來的質地就好（**6**）。

Anmerkung

林茲蛋糕也公認是現存最古老的德式蛋糕。最早從17世紀開始就保有完整的原始食譜和名稱。但據傳羅馬帝國時代就已有這道點心出現。想必豐富的香味和酸味的組合，從古至今都令人神往不已吧！

倒入模型

1

3

2
a

4

2
b

烘烤

a

倒入模型

1 將蛋糕主體麵團倒入模型內，倒至一半高度（550g）。整平表面（**1**）。

2 在擠花袋裡裝入紅醋栗果醬，在麵團上擠出一圈比模型小的圓（**2a**）。再以刮板將果醬抹開填滿（**2b**）。

3 將表面裝飾用的麵團放入擠花袋中，在步驟 **2** 的上方擠出格子紋路。邊緣擠 2 圈（2 層）（**3**）。

4 撒上杏仁片（**4**）。

烘烤

放入烤箱，以200℃下火烤22至23分鐘，再加上火一起續烤15分鐘即可（**a**）。

Erdbeersahnetorte

草莓鮮奶油蛋糕

草莓的酸甜加上清爽的鮮奶油，
在味道上融合得恰到好處。
在日本草莓鮮奶油蛋糕也是最常見的一款德國蛋糕。

尺寸 24cm慕絲圈1個

〔準備〕

派皮堤格麵團基底（P.20）——1片

草莓果醬 Erdbeerkonfitüre——50g

維也納麥森麵團（海綿蛋糕，P.14）——1片

〔鮮奶油醬〕（合計=615g）

牛奶 Milch——50g

砂糖 Zucker——85g

蛋黃 Eigelb——50g

香草籽 Vanilleschote——1/2根

明膠粉 Gelatine——10g

＊以4倍的水還原

鮮奶油 Sahne——420g

クレメをつくる

2

4

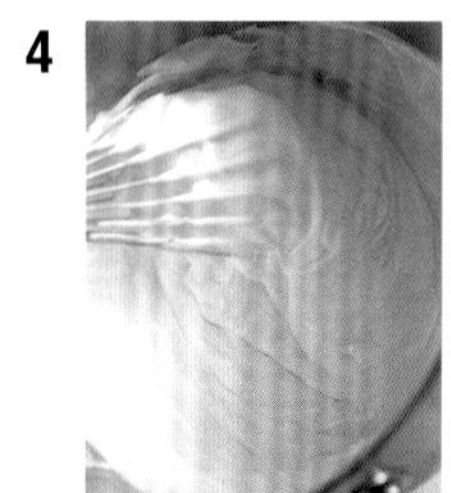

組合

1

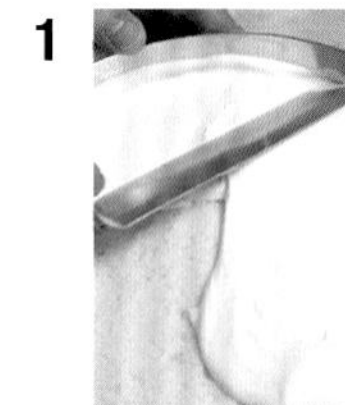

2

裝飾

1

3

2

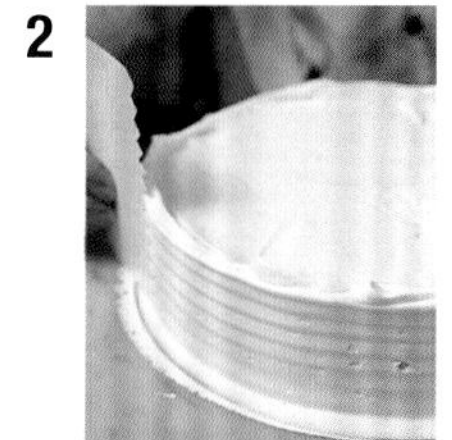

4

草莓 Erdbeeren——25顆（350g）

〔裝飾〕

發泡鮮奶油 Schlagsahne——適量

＊不加糖，乳脂含量32至35%

準備

派皮堤格麵團以直徑24cm的慕絲圈切好，塗上草莓果醬。和同直徑的海綿蛋糕重疊好，裝上慕絲圈，完成蛋糕的基底。

製作奶油醬

1. 將好牛奶、砂糖、蛋黃、香草籽放入攪拌盆，隔水加熱或在盆底以水蒸煮的方式，加熱至溫度達到83℃至85℃（目的在於殺菌）。
2. 在步驟**1**中加入經過4倍水分還原的明膠，混合均勻（**2**）。
3. 另取一個攪拌盆，不加糖，將鮮奶油打發至撈起後有如緞帶般緩緩垂落的程度。
4. 將顏色變淡近白的步驟**2**加入步驟**3**的鮮奶油裡，混合均勻（**4**）。

組合

1. 在準備好的蛋糕基底上，倒入1/3份量的奶油醬。整平表面（**1**）。
2. 排列擺放去蒂且對半切開的草莓（**2**）。
3. 以剩餘奶油醬覆蓋至和慕絲邊緣切齊，整平表面。放入冰箱冷藏固定。

裝飾

1. 移除模型後，在正上方及側面塗上鮮奶油（**1**）。
2. 蛋糕側面以波浪刮板作出紋理（**2**）。
3. 以烘烤過的杏仁碎片在底部邊緣作裝飾（**3**）。
4. 以12等分器壓出分線後，在預計放上草莓的位置以擠花袋擠出鮮奶油（**4**）。
5. 草莓去蒂後，放在鮮奶油上。

Anmerkung

在德國還有另一種作法，是將鮮奶油和草莓混合在一起，製作而成草莓鮮奶油蛋糕。以香草香味的鮮奶油為內層，裝飾時使用的鮮奶油則不加糖。蛋糕主體的海綿蛋糕也不刷上糖漿，將甜度控制得恰到好處。

Erdbeertorte

草莓塔

在德國，能摘取新鮮草莓的季節相當短促。
草莓塔就是一款能展現當季鮮美意境的甜點。
時至今日仍是豪華貴重點心的代表之作。

尺寸 24cm圓形模型1個
〔蛋糕主體〕
派皮堤格麵團基底（P.20）——1片
草莓果醬 Erdbeerkonfitüre——50g
維也納麥森麵團（海綿蛋糕）（P.14）——1片
＊切成1.5cm厚
〔裝飾〕
草莓 Erdbeeren——40顆
蛋糕用的香草奶油醬
Vanillecreme（P.28）——150g
麵包粉 Brösel——25g

〔最後裝飾用的果凍凝膠〕
洋菜 Agar-Agar——16g
砂糖 Zucker——150g
水 Wasser——700g
櫻桃利口酒 Kirschwasser——3g
蔓越莓果汁 Preiselbeersaft——5g

〔最後裝飾〕
草莓果醬 Erdbeerkonfitüre——適量
烘烤過的杏仁片
Mandeln, gehobelt, geröstet——25g

組合

1
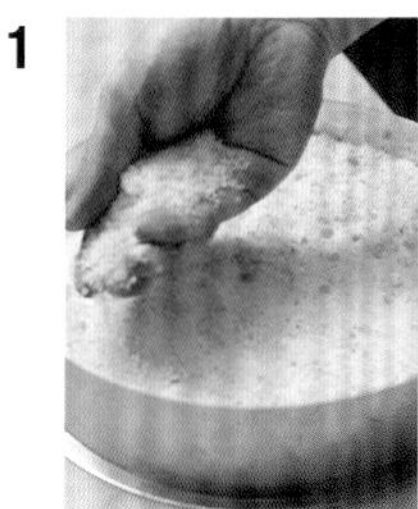

3a
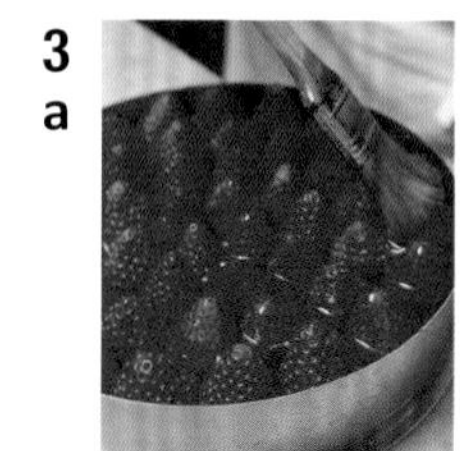

2

3b

最後裝飾

1

2

準備

- 準備派皮堤格麵團，擀成3mm厚，刺出孔洞。放入烤箱，以180℃烤20分鐘，冷卻後以直徑24cm的慕絲圈切出尺寸。塗上草莓果醬，疊上同樣尺寸的海綿蛋糕，加上慕絲圈，完成蛋糕基底。
- 準備麵包粉的目的是為了吸收水果的果汁等多餘水分，不讓水分滲透到海綿蛋糕裡。

製作淋在正上方的果凍凝膠

將水煮沸後，加入砂糖和洋菜溶化。再倒入櫻桃利口酒、蔓越莓果汁，散熱至50℃左右。

組合

1 將香草奶油醬塗抹於蛋糕基底上，整平表面。撒上麵包粉（**1**）。
2 將去蒂的草莓鋪滿整個正面（**2**）。
3 將果凍凝膠完整地刷上草莓表面（**3a**）。再將剩下的凝膠倒在表面上。放入冰箱冷藏固定（**3b**）。

最後裝飾

1 果凍凝膠冷卻固定後，取下慕絲圈，在側面塗上草莓果醬（**1**）。
2 側面沾滿烘烤過的杏仁片作為裝飾（**2**）。

Anmerkung

表面的草莓要擺滿、沒有空隙，再以果凍凝膠固定。凝膠在草莓表面刷上一層，製造出整體的光澤度。

Obsttorte

水果塔

使用了各式當季新鮮水果組合的甜點，
思考顏色的排列組合的同時，
也利用水果形狀妝點出完美的同心圓。

尺寸　24cm圓形模型1個

〔蛋糕主體〕

派皮堤格麵團基底（P.20）——1片

覆盆子果醬　Himbeerkonfitüre——30g

維也納麥森麵團（海綿蛋糕）（P.14）——1片

＊厚度切成1.5cm

〔裝飾〕

蛋糕用的香草奶油醬

Vanillecreme（P.28）——200g

麵包粉　Brösel——30g

柳橙　Orange——2個

＊撥開成瓣

奇異果　Kiwi——2個

＊切成5mm薄片

葡萄　Trauben——8顆

＊對半切開，去籽

覆盆子　Himbeeren——8顆

藍莓　Heidelbeeren——4顆

草莓　Erdbeeren——5顆

＊對半切開

洋梨　Birnen——1個

＊切成3mm薄片

〔最後裝飾用的果凍凝膠〕

洋菜　Agar-Agar——20g

砂糖　Zucker——60g

白酒　Weißwein——100g

水　Wasser——300g

〔最後裝飾〕

蛋糕用的香草奶油醬　Vanillecreme——15g

烘烤過的杏仁片

Mandeln, gehobelt, geröstet——25g

組合

2

3

最後裝飾

1

2

準備

完成蛋糕基底（參照P.159）

切水果

柳橙剝去外皮，並去掉每一瓣的外膜，使用果肉部分。奇異果去皮，切成5mm薄片。葡萄對半切開，去籽。洋梨去皮，切成3mm薄片。草莓對半切開。水果可依季節不同調整。為了最後能排成美麗的圓形，水果請切成相同厚薄度，並同時整齊。

製作淋在正上方的果凍凝膠

鍋裡放水、砂糖、洋菜，混合，加熱煮沸後，再倒入白酒。

組合

1. 在準備好的蛋糕基底上，塗上香草奶油醬後抹平。撒上麵包粉。
2. 將準備好的水果排列於步驟**1**上。依序放上柳橙、奇異果、洋梨、葡萄、草莓、覆盆子、藍莓，排出同心圓（**2**）。
3. 在水果表面刷上融化的熱果凍凝膠，再將剩下的凝膠緩慢地倒在表面上，倒入至與慕絲圈齊高（**3**）。
4. 放入冰箱冷藏固定。

最後裝飾

1. 果凍凝膠冷卻固定後，以刀子沿著蛋糕和慕絲圈中間畫一圈，小心緩慢地將慕絲圈移除（**1**）。
2. 側面塗上香草奶油醬，再以蛋糕抹刀抹平。側面沾滿烘烤過的杏仁片作為裝飾（**2**）。

Himbeertorte

覆盆子塔

覆盆子在德國各地皆有產出，
尤其是以櫻桃聞名的黑森林也是各種野生莓菓類的藏寶庫。
把果實由外向內整齊地排滿，既美麗又美味。

尺寸 24cm圓形模型1個

〔蛋糕主體〕
派皮堤格麵團基底（P.20）——1片
覆盆子果醬 Himbeerkonfitüre——30g
維也納麥森麵團（海綿蛋糕）（P.14）——1片
＊厚度切成1.5cm

〔裝飾〕
覆盆子 Himbeeren——400g
蛋糕用的香草奶油醬
Vanillecreme（P.28）——200g
麵包粉 Brösel——30g

〔最後裝飾用的果凍凝膠〕
洋菜 Agar-Agar——20g
砂糖 Zucker——60g
水 Wasser——400g

〔最後裝飾〕
蛋糕用的香草奶油醬
Vanillecreme——15g
烘烤過的杏仁片
Mandeln, gehobelt, geröstet——25g

組合

2

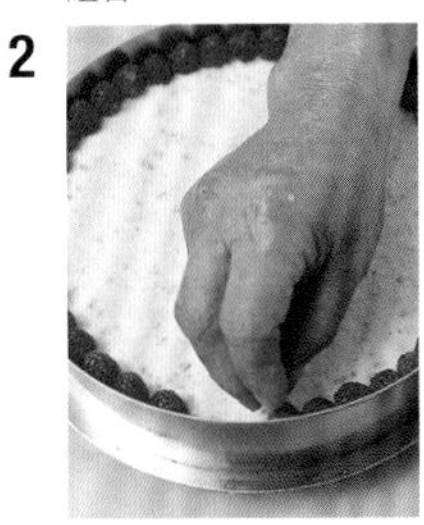

3

最後裝飾

1

2

準備
製作蛋糕主體（參考 P.159）。

製作淋在正上方的果凍凝膠
鍋裡放水、砂糖、洋菜，混合後煮沸。

組合
1 在準備好的蛋糕基底上，塗上香草奶油醬後抹平。撒上麵包粉。
2 把覆盆子從最外圍向內集密地擺放整齊（**2**）。
3 在覆盆子表面刷上熱果凍凝膠，再把剩下的凝膠緩慢穩定地倒在表面上，高度和慕絲圈齊高(**3**)。
4 放入冰箱冷藏固定。

最後裝飾
1 果凍凝膠冷卻固定後，以刀子沿著蛋糕和慕絲圈中間畫一圈，小心地把慕絲圈移除（**1**）。
2 側面塗上香草奶油醬，再以蛋糕抹刀抹平。以烘烤過的杏仁片沾滿側面，作裝飾（**2**）。

Käsesahnetorte

生起司蛋糕

結合了乳酪和鮮奶油的蛋糕。
製作成這一款顏色雪白，帶有輕微的酸味的生起司蛋糕，
入口即化的口感從外觀上便可一眼看出。

尺寸　24cm圓形模型1個

〔蛋糕主體〕

派皮堤格麵團基底（P.20）——1片

杏桃果醬　Aprikosenkonfitüre——40g

維也納麥森麵團（海綿蛋糕）（P.14）——1片

〔起司鮮奶油醬〕（合計＝1262g）

牛奶　Milch——130g

砂糖　Zucker——130g

蛋黃　Eigelb——70g

鹽　Salz——2g

Quark乳酪　Quark——420g

明膠粉　Gelatine——10g

＊以4倍份量的水還原

鮮奶油　Sahne——500g

〔內餡〕

杏桃罐頭　Aprikosen——500g

〔裝飾〕

發泡鮮奶油　Schlagsahne——適量

＊不加砂糖

〔點綴〕

麵包粉　Brösel…磨碎，裝飾蛋糕的邊緣用

製作起司鮮奶油醬

1
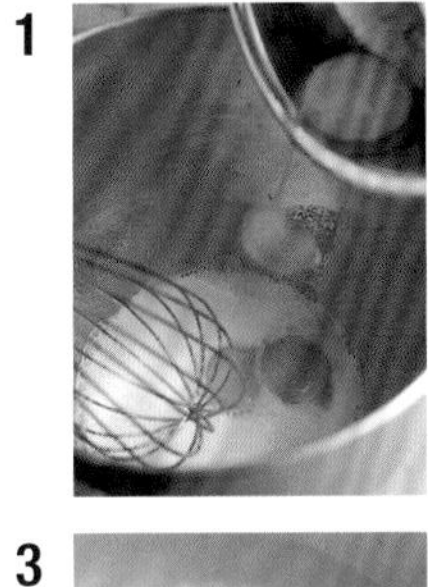

7
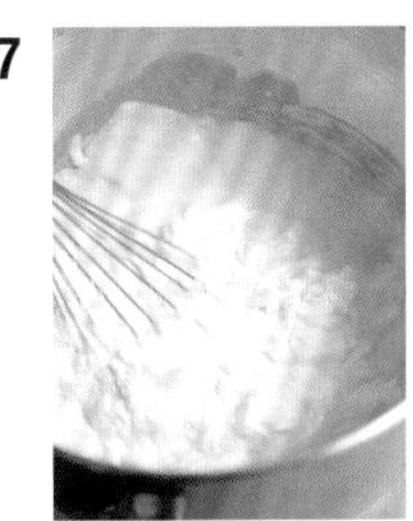

3 / 8a
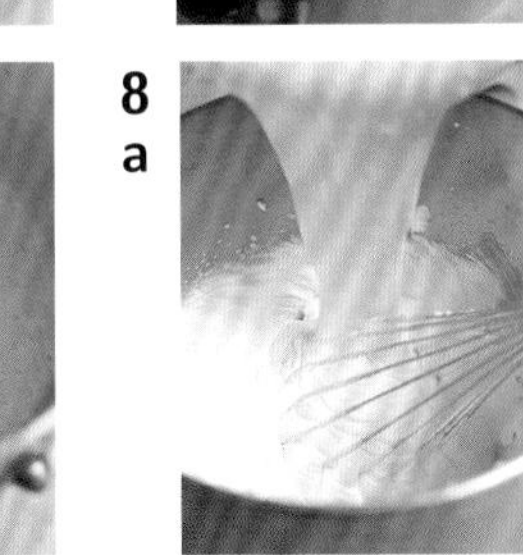

5
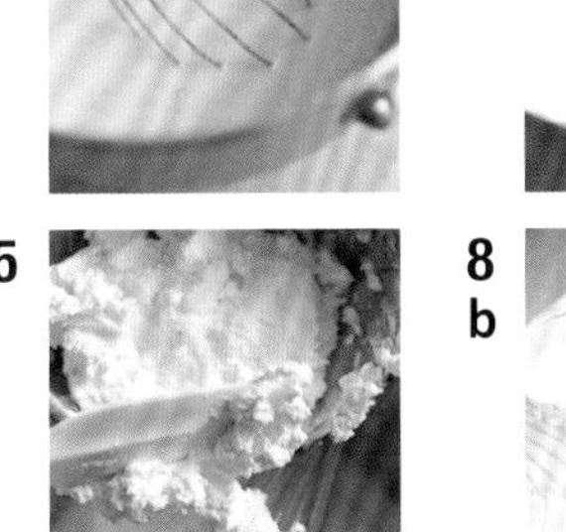

8b
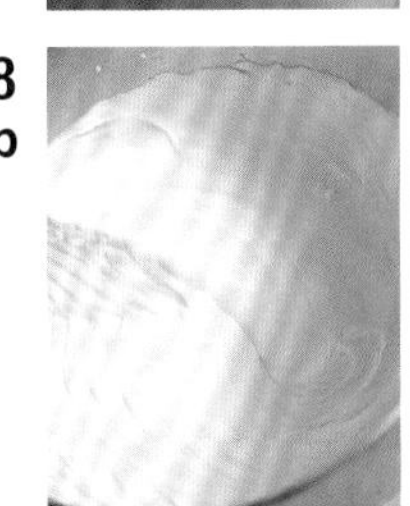

6
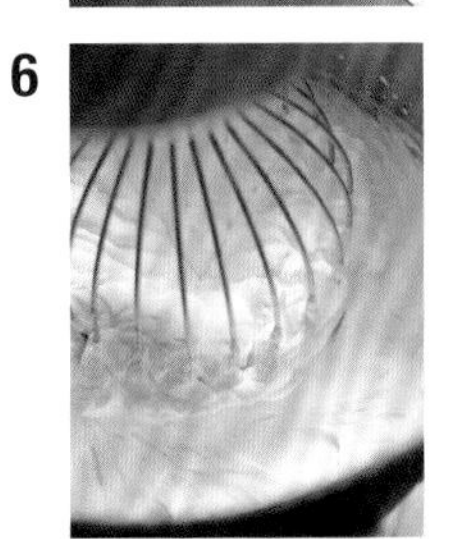

準備

●準備派皮堤格麵團，擀成3mm厚，刺出孔洞。以180℃烤20分鐘，冷卻後以直徑24cm的慕絲圈切出尺寸。剩下多餘的麵團壓碎，可作為麵包粉使用（不適用於此款蛋糕裡）。

●以海綿蛋糕中心的白色部分作為麵包粉。為了搭配起司的雪白，強調柔軟的口感，麵包粉也改以質地柔軟顏色偏白的食材。

●若無法購得Quark乳酪，亦可以茅屋起司（Cottage Cheese）和奶霜乳酪（Cream Cheese）混合，調整出喜好的口味後替代使用。

製作起司鮮奶油醬

1　將牛奶、砂糖、蛋黃均勻混合後加入鹽，攪拌均勻。（**1**）。

2　明膠粉以4倍的水泡開。

3　同P.157將步驟**1**加溫至83℃至85℃（**3**）。

4　冷卻後加入步驟**2**的明膠，混合均勻。

5　將Quark乳酪加入步驟**4**裡，拌勻（**5**）。

6　將鮮奶油放入另一個攪拌盆打發至撈起時有如緞帶般垂落的質感即可（**6**）。

7　將步驟**6**的鮮奶油少量加入步驟**5**當中，混合均勻（**7**）。

8　混合完成後，再倒回裝有剩下鮮奶油的攪拌盆裡（**8a**）。混合完成的狀態（**8b**）。

組合

1

3

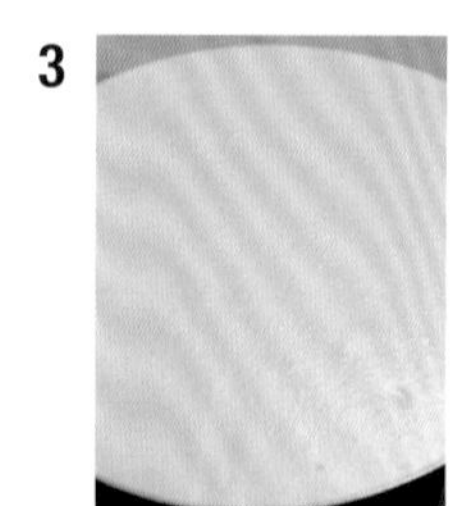

2

組合

1 將 1/3 份量的起司鮮奶油醬塗在蛋糕基底上，抹平表面（**1**）。

2 整擠擺放上瀝去水分的杏桃。從杏桃的中央入刀，使杏桃和奶油醬結合得更緊密（**2**）。

3 倒入剩下的奶油醬。抹平表面，放入冰箱冷藏固定（**3**）。

裝飾

1 將烤好的海綿蛋糕從底部切出 1cm 厚（**1**）。

2 將切好的底面翻正，放上 12 分等分器，撒上糖粉（**2**）。

3 從冰箱取出的蛋糕主體，外圍均勻塗抹上發泡鮮奶油（**3**）。

4 以軟質麵包粉沾附在邊緣周圍，作為裝飾（**4**）。

5 正面放上步驟 **2** 海綿蛋糕（**5**）。

裝飾

1

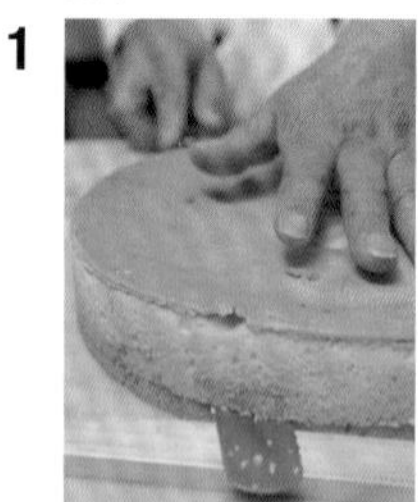

4

5

Trüffeltorte

松露巧克力蛋糕

將麥芽糖、鮮奶油、奶油和巧克力混合成
香濃馥郁的松露巧克力醬，
製作巧克力海綿蛋糕的夾心。

尺寸 24cm圓形模型1個

〔松露巧克力蛋糕用的巧克力海綿蛋糕主體〕（合計=742g）

蛋 Vollei——300g
砂糖 Zucker——170g
鹽 Salz——2g
現磨萊姆皮 geriebene Zitronenschale——1/4顆
香草籽 Vanilleschote——1/4根
低筋麵粉 Weizenmehl——100g
小麥澱粉 Weizenpuder——60g
可可粉 Kakaopulver——25g
奶油 Butter——85g

〔松露巧克力醬〕（合計=640g）

鮮奶油 Sahne——250g
麥芽糖 Glukose——50g
調溫巧克力 Kuvertüre——250g
奶油 Butter——50g
蘭姆酒 Rum——40g

製作松露麥森麵團

1

3

2

4

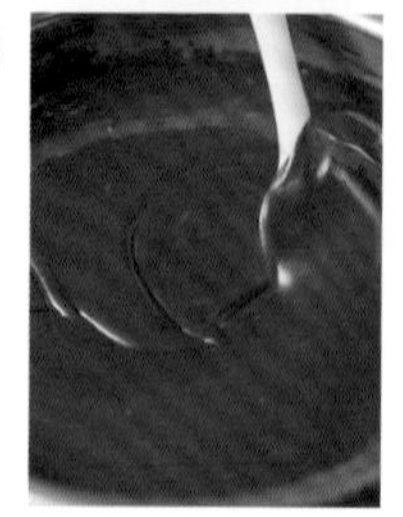

組合

2

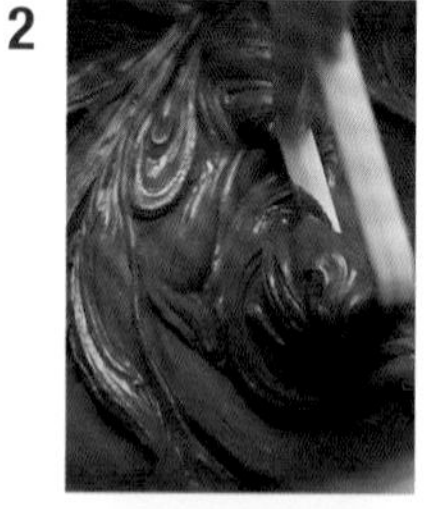

4b

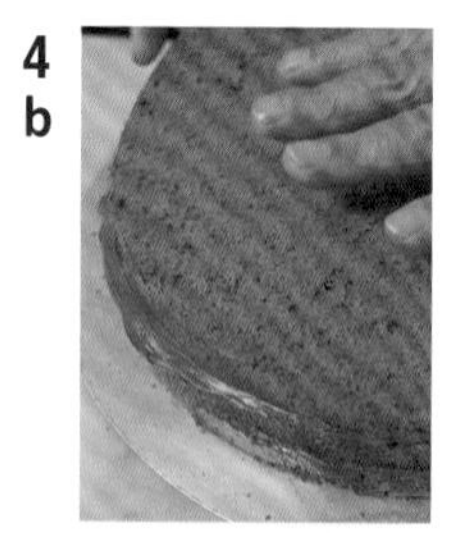

3

5

製作松露巧克力蛋糕用的海綿蛋糕主體

作法同基本款巧克力維也納波登麵團（P.16），但是為了味道較濃郁的松露巧克力奶油醬在口味上取得平衡，可可粉的份量配方降低了 10%。

製作松露巧克力醬

1 鮮奶油加入麥芽糖裡，煮至沸騰（**1**）。

2 將調溫巧克力倒入步驟 **1**，以刮杓攪拌至質地變得柔軟即可（**2**）。

＊攪拌時盡量不要混入太多空氣。接續的步驟取需要的份量，打發後使用。

3 把奶油掰成小塊後加入，利用巧克力醬的餘溫融化奶油，攪拌均勻。（**3**）。

4 攪拌至出現光澤後，倒入蘭姆酒後，放涼至溫度降為 22℃（**4**）。

組合

1 以直徑 24cm 的慕絲圈烤出巧克力海綿蛋糕後，切成 1cm 厚片 3 片。

2 取一部分的松露巧克力醬，以攪拌器打發，包覆大量空氣（**2**）。

3 在第 1 片海綿蛋糕上，塗抹上步驟 **2**（**3**）。

4 疊上第 2 片海綿蛋糕，同樣塗抹上步驟 **2**（**4a**）。再疊上第 3 片海綿蛋糕（**4b**）。

5 依序在正面、側面塗抹沒有打發的松露巧克力醬，最後整平表面（**5**）。放入冰箱冷藏固定。

裝飾

1 3

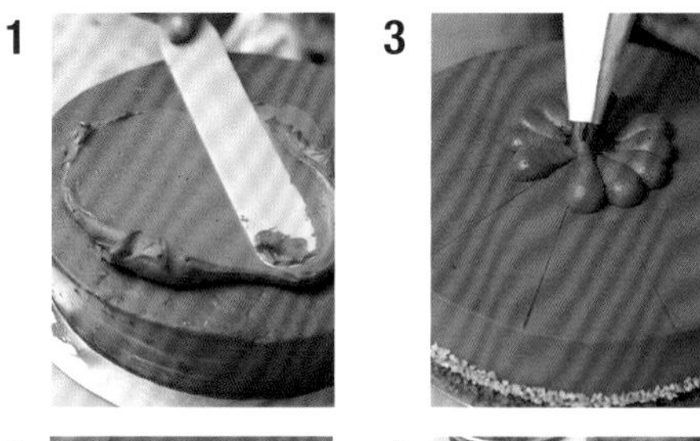

2

4

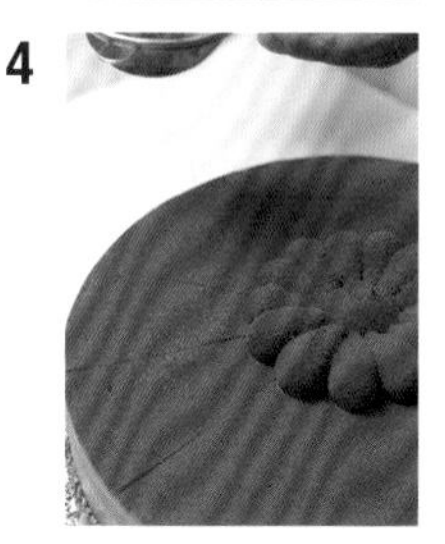

裝飾

1　在組合好的巧克力蛋糕上，塗抹打發過的巧克力醬，增加厚度（**1**）。
2　底部邊緣以 16 等分杏丘顆粒裝飾（**2**）。
3　以 12 等分器壓出紋路。將打發的巧克醬放入擠花袋在正中央擠出花朵圖案（**3**）。
4　將可可粉均勻撒滿整個正面，正中央放上松露巧克力，作最後裝飾（**4**）。

製作松露巧克力

1　把松露巧克力醬擠出成直徑 1cm 的球形（**1a**）。上方撒上糖粉（**1b**）。
2　把步驟**1**以手掌心揉圓，使形狀更接近球形（**2**）。
3　將巧克力球浸在融化後的調溫巧克力（Kuvertüre）裡，再放在粗網上轉動，製造出表面的壓紋（**3**）。

製作松露巧克力

1a

2

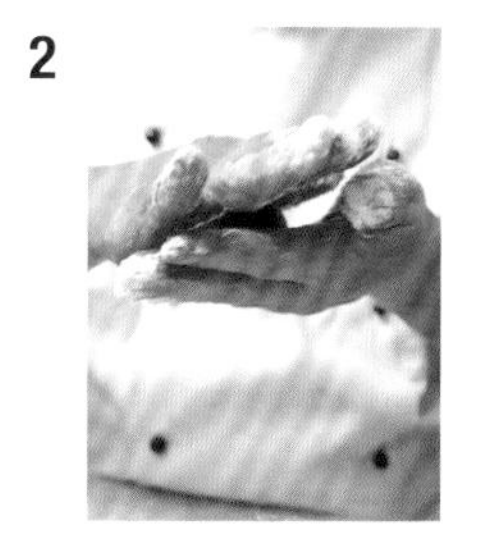

1b

3

Sachertorte

德式薩赫蛋糕

德國風味的薩赫蛋糕
與正宗的純奧地利薩赫蛋糕相較而言，
外形富有極簡的現代感，口感較為清爽，入口無負擔。

尺寸 24cm圓形模型1個

〔薩赫麥森麵團〕（合計=1257g）
奶油 Butter —— 180g
糖粉 Puderzucker —— 75g
香草籽 Vanilleschote —— 1根
調溫巧克力 Kuvertüre —— 195g
蛋黃 Eigelb —— 150g
蛋白 Eiweiß —— 225g
砂糖 Zucker —— 150g
鹽 Salz —— 2g
8等分杏仁顆粒 Mandeln, gehackt —— 130g
低筋麵粉 Weizenmehl —— 150g

〔內餡〕（合計=290g）
奶油 Butter —— 130g
調溫巧克力 Kuvertüre —— 20g
糖粉 Puderzucker —— 65g
蛋 Vollei —— 75g

〔裝飾〕
覆盆子果醬 Himbeerkonfitüre —— 85g
甘納許 Ganache —— 200g
＊使用下記的甘納許

〔甘納許〕
調溫巧克力 Kuvertüre —— 500g
牛奶 Milch —— 250g

〔點綴〕
調溫巧克力 Kuvertüre —— 適量

製作麵團

1 a

5 a

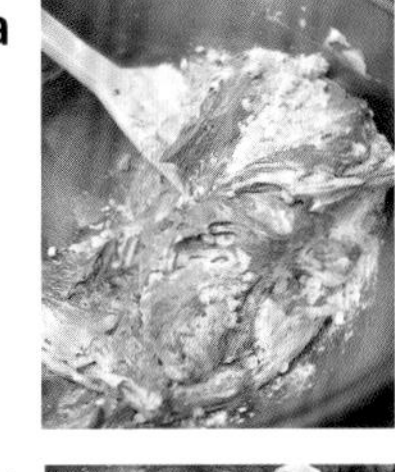

2

5 b

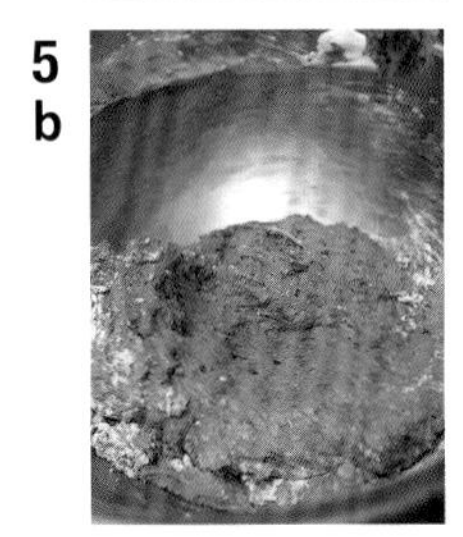

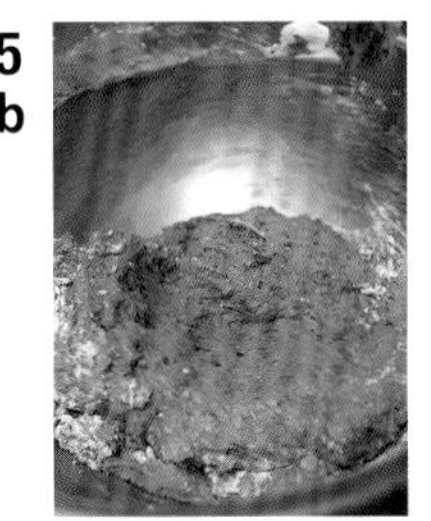

4

6

倒入模型

烘烤

準備

低筋麵粉混合烘烤過的 8 等分杏仁顆粒。

製作麵團

1 攪拌盆裡放入奶油，以機器打散後。加入香草籽、隔水加熱融化的調溫巧克力（**1**）。稍微攪拌一下後，再加入糖粉，混合均勻。

2 慢慢倒入蛋黃，攪拌均勻（**2**）。

3 另取一個攪拌盆，加入蛋白、鹽、砂糖，打發至氣泡質地緊實細緻即可。

4 在步驟 **2** 中加入 1/3 量的步驟 **3** 蛋白糖霜，以切拌的方式混合（**4**）。

5 將麵粉慢慢倒入步驟 **4** 中，混合均勻(**5a**)。混合完成的模樣（**5b**）。

6 將剩下的蛋白糖霜全部加入，混合均勻（**6**）。

倒入模型

麵團倒入模型裡，抹平表面。

烘烤

放入烤箱，以 180℃的下火烤 15 分鐘，再加上上火續烤 20 分鐘。要烤得均勻上色，上下倒置，放涼散熱。

製作內餡

1

3a

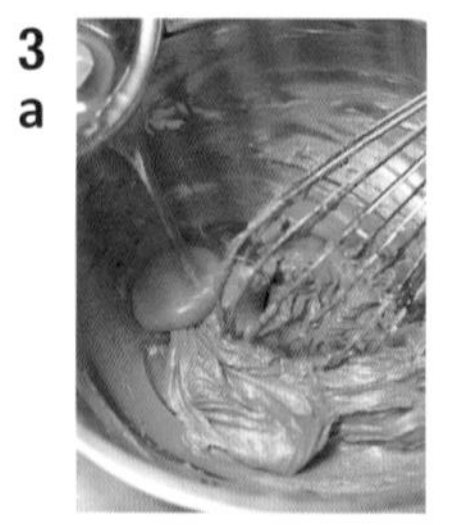

2

3b

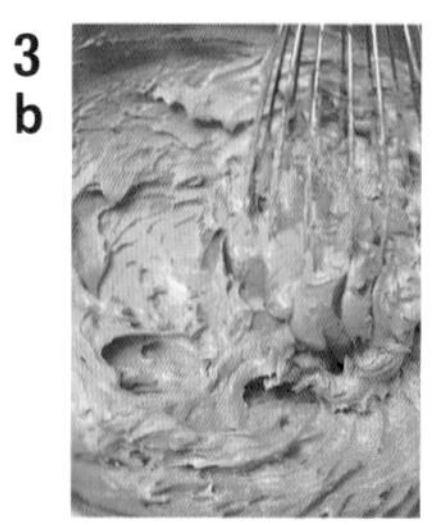

製作甘納許

1

2

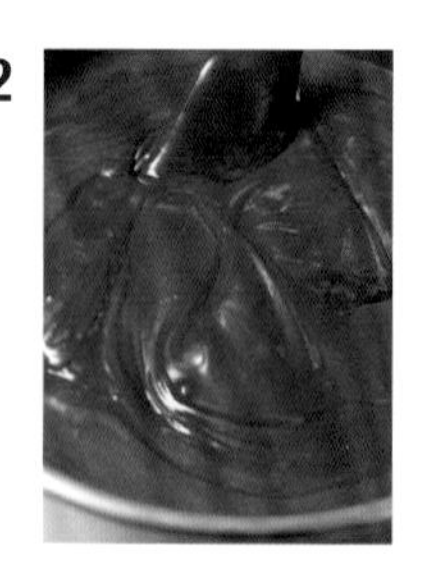

製作內餡

1 奶油打發後，倒入融化的調溫巧克力中，混合均勻（**1**）。

2 倒入糖粉，攪拌均勻（**2**）。

3 慢慢倒入蛋（**3a**）。混合均勻（**3b**）。

製作甘納許

在調溫巧克力中倒入沸騰的熱牛奶，溶解混合後（**1**），散熱放涼（**2**）。

Anmerkung

正宗的薩赫蛋糕其實是維也納的名產。正宗的薩赫蛋糕的蛋糕體由奶油和巧克力組成，質地濃郁，內餡則使用杏桃果醬，最後淋上完全不含可可脂（cocoa butter）的巧克力醬。在糖霜中加入可可膏（cocoa mass）製作成可可糖霜。以可可糖霜或科赫巧克力（以水和可可膏混合，加熱至165℃後，置於室溫放涼的巧克力）作外層裝飾。在現今的德國，薩赫蛋糕經過許多次配方的調整，而本書所介紹的是爽口無負擔的甘納許外層，搭配覆盆子果醬夾心的酸甜組合。

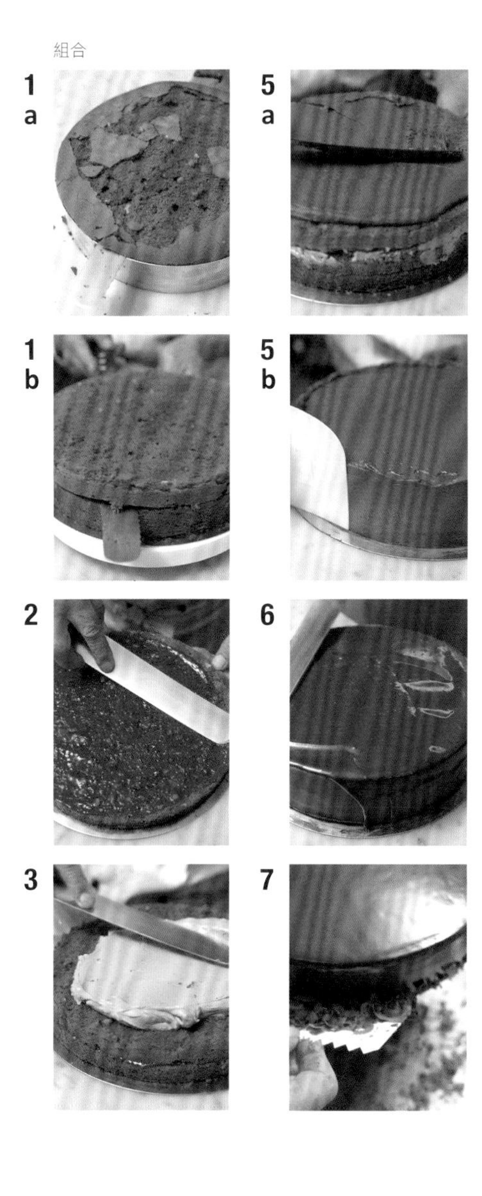

組合

1. 切除高過於慕絲圈的蛋糕表面（**1a**）。取下模型後，將蛋糕切成每片厚度 1cm，共 3 片（**1b**）。
2. 第 1 片的表面塗上覆盆子果醬。為了避免果醬在重疊時，因擠壓溢出而影響外觀，塗抹果醬時外緣側留 5mm 不要塗滿（**2**）。
3. 疊上第 2 片蛋糕。上面塗上 200g 的內餡（**3**）。
4. 疊上第 3 片蛋糕，輕輕向下壓。
5. 將冷卻後的甘納許，以電動攪拌器攪打後，塗滿正面（**5a**）及側面（**5b**）。
6. 將隔水加熱的溫熱甘納許塗在整個蛋糕外層表面（**6**）。
7. 底部邊緣以巧克力碎片作裝飾（**7**）。

Eierlikörtorte

蛋酒蛋糕

在蛋酒的香濃奶油醬中，放入核桃&巧克力碎片，
再結合數種滋味鮮明食材，製作成這一款味道濃而不膩，
令人齒頰留香的蛋酒蛋糕。
在味道與口感上取得巧妙的平衡，正是德式甜點的特色之一。

尺寸 24cm圓形模型1個

〔蛋糕主體〕

派皮堤格麵團基底（P.20）——1片

杏桃果醬 Aprikosenkonfitüre——40g

維也納麥森麵團（海綿蛋糕）（P.14）——1片

〔核桃麵團〕（合計=592g）

蛋黃 Eigelb——95g

蛋黃用砂糖 Zucker——40g

現磨萊姆皮 geriebene Zitronenschale——1/4顆

香草籽 Vanilleschote——1/2根

蛋白 Eiweiß——190g

蛋白用砂糖 Zucker——60g

鹽 Salz——2g

低筋麵粉 Weizenmehl——55g

核桃粉 Walnüsse, gerieben——100g

調溫巧克力 Kuvertüre——50g

〔蛋酒奶油醬〕（合計=488g）

鮮奶油 Sahne——300g

砂糖 Zucker——12g

牛奶 Milch——30g

蛋黃 Eigelb——50g

蛋酒 Eierlikör——90g

明膠粉 Gelatine——6g

＊以4倍的水還原

〔裝飾奶油〕

蛋酒 Eierlikör——1大匙

發泡鮮奶油 Schlagsahne——適量

＊不加砂糖

〔裝飾〕

烘烤過的杏仁…碎顆粒

派皮堤格麵團…杏仁膏裝飾的基底

杏仁膏底…加重黃色後以擠花袋擠出，
　再以瓦斯槍將表面烤得微焦

冷凍乾燥的草莓…放在擠出的杏仁膏中央

製作核桃麵團

3

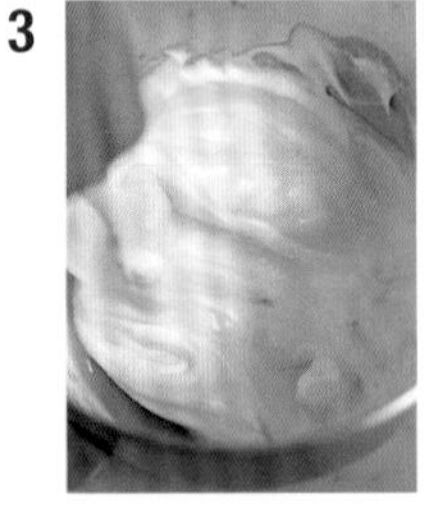

5

4

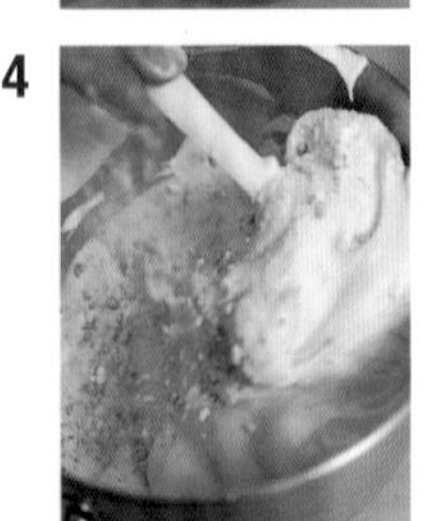

7

準備

將低筋麵粉、調溫巧克力碎片、核桃粉，在調理盆中混合後備用。

製作核桃麵團

1　將蛋黃、現磨萊姆皮、香草籽、砂糖一起打發。

2　蛋白裡加入鹽、砂糖後，打發成質地緊實的蛋白糖霜，撈起後尖端呈現彎曲的尖針狀即完成。

3　在打發至顏色偏白的步驟 **1** 中，分成 3 次加入步驟 **2** 的蛋白糖霜，混合均勻（**3**）。

4　將粉類慢慢倒入步驟 **3**（**4**）。以切拌的方式混合至麵團產生光澤。

5　將麵團倒入直徑24cm的模型中，抹平表面（**5**）。

6　放入烤箱，以 200℃烤 25 分鐘。

7　出爐後，散熱至不燙手即可取下模型，放置冷卻（**7**）。

製作杏仁膏裝飾

1
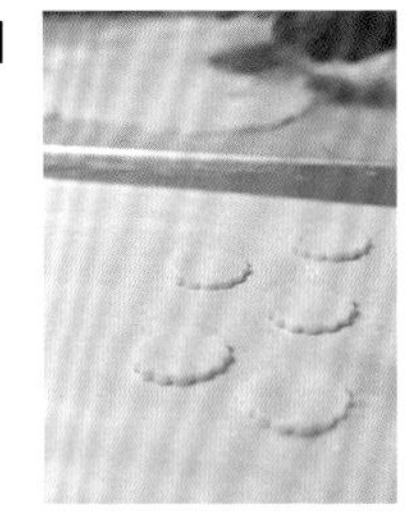

2c
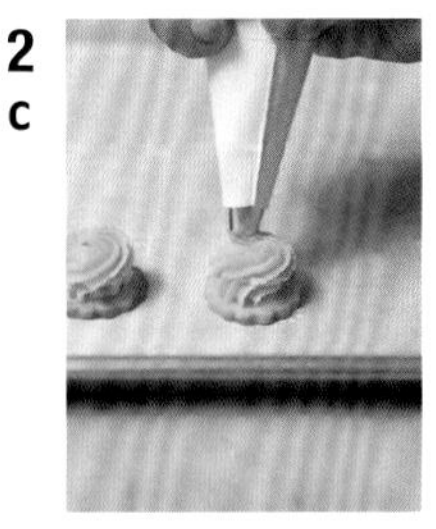

2a
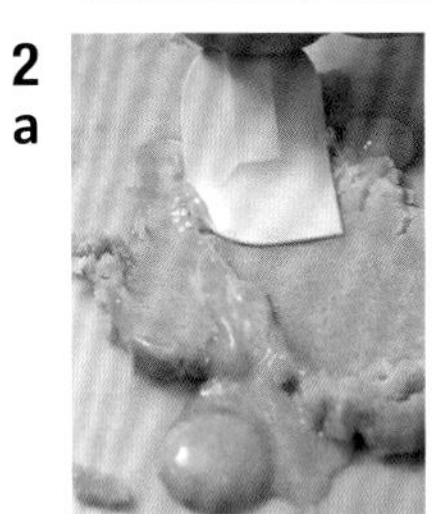

3

2b
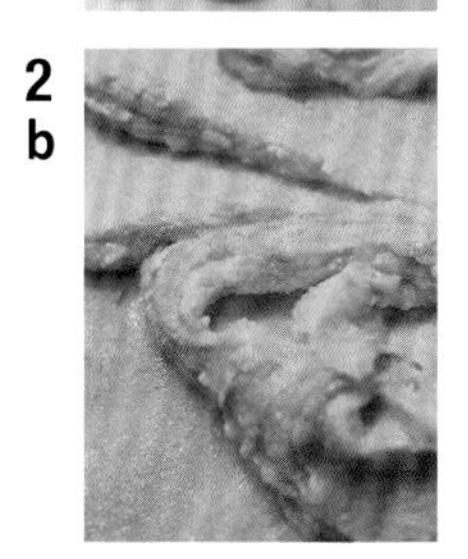

製作蛋酒奶油醬

3a
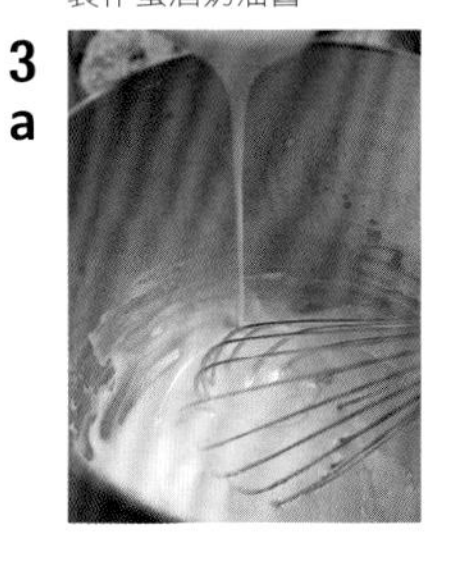

3b
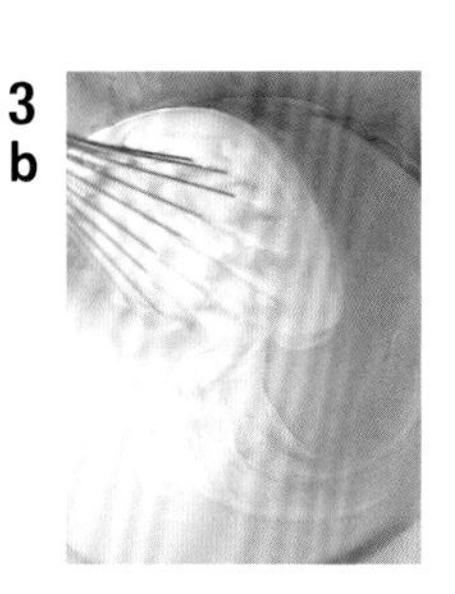

準備進行組合

a
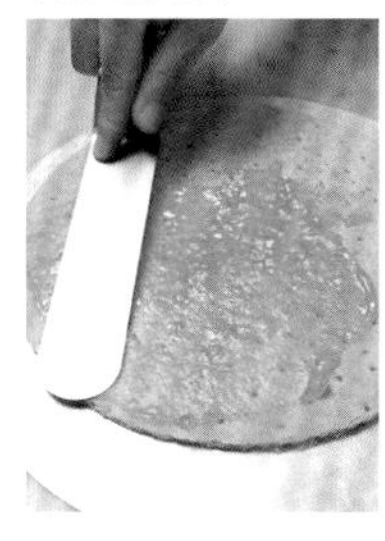

b
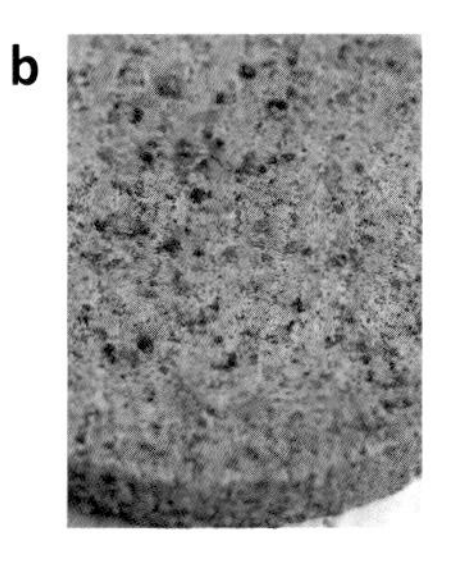

製作杏仁膏裝飾

1 擀平派皮堤格麵團，以35mm的菊花模型切割好（**1**）。放入烤箱，以180℃烤20分鐘後，散熱放涼。

2 在杏仁膏底裡加入蛋黃、蛋酒後，混合均勻（**2a**、**2b**）。以8角形的10號花嘴擠花袋擠在步驟**1**上（**2c**）。

3 為了讓擠出來的杏仁膏形狀更好看。放入烤箱，以150℃烤約10分鐘，烘乾表面（**3**）。

4 再以瓦斯槍在表面稍微火烤，作出微焦的感覺。中央放上冷凍乾燥的草莓。

製作蛋酒奶油醬

1 攪拌盆裡放入蛋黃、砂糖，混合打散。步驟同P.157加熱至83℃至85℃。倒入以4倍水還原的明膠，混合後打發。

2 另取一個攪拌盆放入鮮奶油，打發至撈起時呈緞帶般垂落的質地即可。

3 在打發至顏色偏白的步驟1裡，加入蛋酒，混合均勻（**3a**）。混合好後，慢慢加入步驟**2**的發泡鮮奶油，以切拌的方式混合均勻（**3b**）。

組合

- 準備派皮堤格麵團，擀成3mm厚，刺出孔洞。放入烤箱，以180℃烤20分鐘。放涼冷卻後，以直徑24cm的慕絲圈切出尺寸。切好的派皮堤格基底塗上杏桃果醬（**a**）。
- 核桃麵團切成1cm厚，重疊在塗了杏桃果醬的基底上，完成了蛋糕主體（**b**）。
- 把相同直徑的海綿蛋糕切成1cm厚片。

組合

1a 2

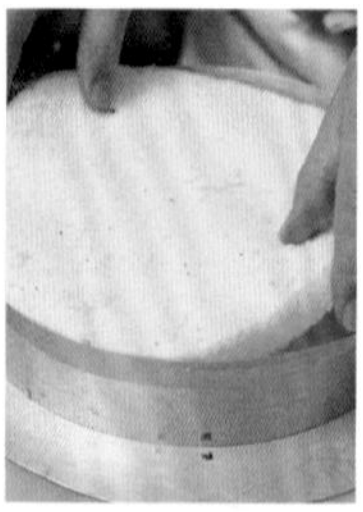

1b  3

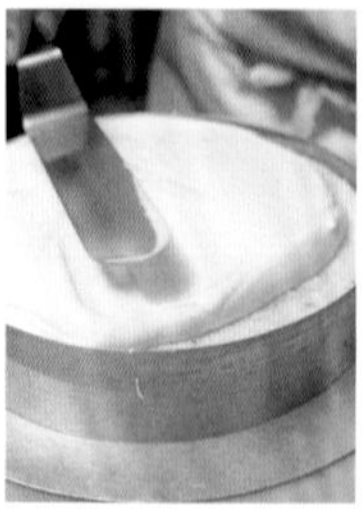

組合

1 在蛋糕體上，放上 200g 的奶油醬（**1a**），抹平表面（**1b**）。
2 疊上海綿蛋糕（**2**）。
3 放上剩下的 250g 奶油醬，填滿至模型高度，抹平表面。放入冷凍庫低溫固定（**3**）。

裝飾

1 冷卻固定後，取下模型，將發泡鮮奶油塗在正面及側面後抹平（**1a**、**1b**）。
2 把烘烤過的杏仁敲碎後，裝飾在底部邊緣（**2**）。
3 正上方放上一個 12cm 直徑的慕絲圈，壓出圓形的形狀（**3a**）。在圓形裡倒入蛋酒奶油醬（**3b**）。以雙手捧住整個蛋糕，慢慢地攤平奶油醬（**3c**）。
4 擺放上杏仁膏作最後裝飾（**4**）。

裝飾

1a 3a

1b  3b

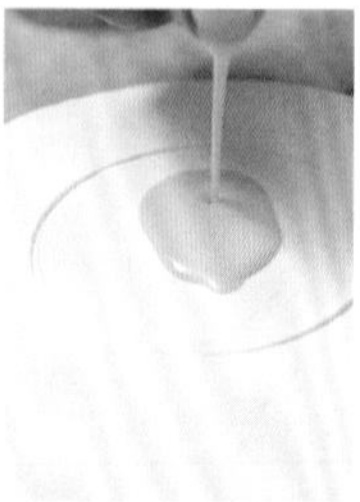

2  3c

4

Anmerkung

這款蛋糕使用了被稱為Advocaat的蛋酒（Eierlikör）製作而成。Advocaat是以白蘭地為底的黃色濃稠液體，味道接近卡士達醬。歐洲人在地理大發現時代，由於荷蘭人太喜歡中南美洲的酪梨酒的味道，於是在荷蘭境內嘗試重現相同的滋味，最終誕生了現今的蛋酒。

Prinzregententorte

七層巧克力蛋糕

簡單的薄層海綿蛋糕，搭配不含鮮奶油的巧克力醬，
內層華麗，熱量含量卻很低。
據說是為了當時高齡的攝政王子的健康而量身製作的糕點。
※Prinzregententorte即為攝政王子蛋糕之意。

尺寸 24cm圓形模型1個

〔七層巧克力蛋糕層〕（合計=757g）

蛋黃 Eigelb —— 150g
蛋黃用砂糖 Zucker —— 40g
現磨萊姆皮 geriebene Zitronenschale —— 1/4顆
香草籽 Vanilleschote —— 1/2根
蛋白 Eiweiß —— 230g
蛋白用砂糖 Zucker —— 85g
鹽 Salz —— 2g
低筋麵粉 Weizenmehl —— 70g
小麥澱粉 Weizenpuder —— 70g
融化奶油 Butter, flüssig —— 110g

〔巧克力醬〕（合計=780g）

蛋 Vollei —— 200g
砂糖 Zucker —— 60g
奶油 Butter —— 260g
調溫巧克力 Kuvertüre —— 260g

〔表面裝飾〕

調溫巧克力 Kuvertüre —— 300g
＊1個蛋糕使用約150g

〔裝飾〕

烘烤過的16等分杏仁 —— 適量

製作麵團

1 3 4 5 6 7 9a 9b

製作麵團

1 將蛋黃、砂糖、現磨萊姆皮、香草籽一起打發起泡（**1**）。
2 另取一攪拌盆，放入蛋白、鹽、砂糖，打發至氣泡質地緊實。
3 在打發好的步驟 **1** 中，分 3 次倒入步驟 **2** 的蛋白糖霜。直至全部加入即可（**3**）。
4 在蛋白糖霜尚未完全消失前，倒入事先混合並過篩的低筋麵粉＋小麥澱粉，混合均勻（**4**）。
5 加入融化後的奶油，仔細攪拌均勻（**5**）。
6 攪拌至麵團出現光澤感，質地變得細緻柔滑即可（**6**）。
7 將步驟 **6** 的麵團倒在鋪好烘焙紙的烤盤上，以每 100g 為單位畫出直徑 25cm 的圓形，總共 7 片（**7**）。
＊出爐後尺寸會略為縮減，在此的圓形面積比模型尺寸稍大。
8 放入烤箱，以 200℃烤 15 分鐘。
9 出爐後放涼冷卻（**9a**）。再以直徑 24cm 的慕斯圈壓切出正確大小（**9b**）。

製作奶油醬

5a
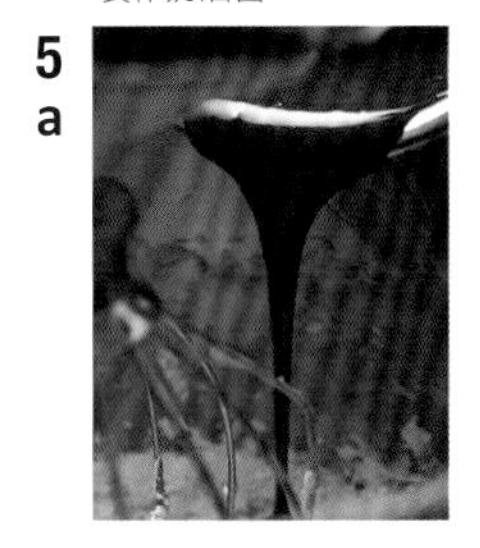

5b
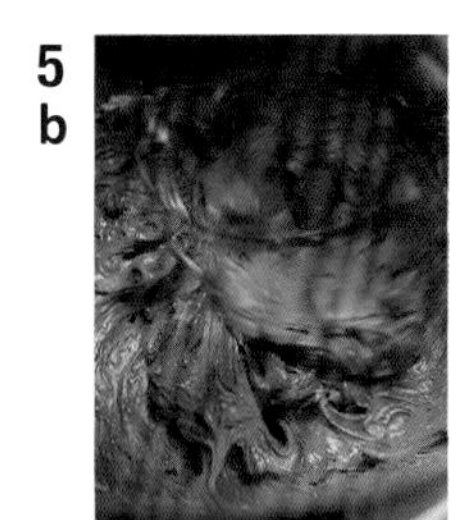

組合

1

2b

2a

3

製作巧克力醬

1 攪拌盆裡放入蛋及砂糖，攪拌均勻。

2 另取一攪拌盆，放入奶油，攪拌至軟化。

3 在攪拌步驟 **2** 的同時，將步驟 **1** 的蛋液以隔水加熱的方式，加熱至 83℃至 85℃，再以電動攪拌器打發。

4 在顏色變白、質地變軟的奶油中，慢慢倒入打發後質地變得黏稠的步驟 **3**。

5 倒入經由隔水加熱變成液體的調溫巧克力(**5a**)。混合均勻（**5b**）。

組合

1 在直徑 24cm的慕斯圈裡，放上第1片海綿蛋糕。烘烤時的正面朝上。塗上約80g的巧克力醬(**1**)。

2 疊上第 2 片海綿蛋糕。從第 2 片開始，蛋糕的烘烤面朝下（**2a**）。重複步驟疊至第 7 片，皆以同樣方式塗抹巧克力醬，疊上海綿蛋糕（**2b**）。

3 第 7 片的表面也塗上巧克力醬後，連側面也一併塗好(**3**)。抹平所有的表面，放入冰箱冷藏休息。

裝飾

1 將融化成液狀的調溫巧克力淋在蛋糕上，以蛋糕抹刀均勻抹平，均勻覆蓋整個表面。

2 以烘烤過的 16 等分杏仁顆粒裝飾底部邊緣。

3 以溫熱過的刀子按壓出等分，以便之後切割。

Anmerkung

這個蛋糕是為了巴伐利亞的攝政王子Prinz Luitpold量身訂作，而後因受德國人喜愛而聞名，成了慕尼黑當地的高級糕點。在Luitpold王子的時代，慕尼黑的發展達到了顛峰期，各個糕餅店也爭相競豔，紛紛獻上精心製作的蛋糕給王子。據說當時的七層巧克力蛋糕直徑較小，內層則最少有6層，也有製作7層至8層。

Marzipansahnetorte

杏仁鮮奶油蛋糕

在德國中，有許多甜點大量使用杏仁膏底為材料，
而這正是一款不僅蛋糕主體，
連同鮮奶油也混合了杏仁膏底的杏仁風味蛋糕。

尺寸 24cm圓形模型1個

〔蛋糕主體〕

派皮堤格麵團基底（P.20）——1片
杏桃果醬 Aprikosenkonfitüre——40g
維也納麥森麵團（海綿蛋糕）（P.14）——1片

〔杏仁麵團〕（合計=821g）

杏仁膏底 Marzipanrohmasse——150g
牛奶 Milch——25g
蛋黃 Eigelb——125g
蛋黃用砂糖 Zucker——75g
現磨萊姆皮 geriebene Zitronenschale——1/4個
香草籽 Vanilleschote——1/2根
蛋白 Eiweiß——190g
蛋白用砂糖 Zucker——75g
鹽 Salz——1g
低筋麵粉 Weizenmehl——180g

〔杏仁鮮奶油〕（合計=408g）

杏仁膏底 Marzipanrohmasse——110g
杏仁利口酒——25g
砂糖 Zucker——20g
明膠粉 Gelatine——3g
＊以4倍的水還原
鮮奶油 Sahne——250g

〔裝飾奶油〕

發泡鮮奶油 Schlagsahne——100g
＊不加砂糖

〔裝飾〕

烘烤過的杏仁片——適量
杏仁膏…製作圓球及周圍的花圈時使用

製作杏仁麵團

製作杏仁麵團

1 將杏仁膏底放入攪拌盆裡，一邊慢慢倒入蛋黃，一邊攪拌均勻。由於杏仁膏底質地較硬，可先倒入一些蛋黃，比較容易拌開。最後倒入剩下的蛋黃及牛奶，仔細攪拌混合均勻（**1**）。
2 加入現磨萊姆皮。再倒入砂糖（**2a**）。全部攪拌均勻（**2b**）。
3 另取一個攪拌盆，倒入蛋白，加入鹽、砂糖，打發至質地緊實，撈起時前端呈現彎曲的尖針的狀態。
4 在攪拌至顏色變白的步驟**2**裡，分次加入1/3量的步驟**3**蛋白糖霜，混合均勻，直至所有的蛋白糖霜完全加入即可（**4**）。
5 在蛋白糖霜尚未完全消失前，慢慢加入低筋麵粉，以切拌的方式混合（**5a**）。攪拌至以刮杓撈起，質地有如緞帶般垂落即可。倒入直徑24cm的慕絲圈裡，抹平表面（**5b**）。
6 放入烤箱，以200℃烤30分鐘（**6**）。
7 出爐散熱後，即可取下模型，上下顛倒放涼（**7**）。

製作杏仁膏裝飾

1a

2b

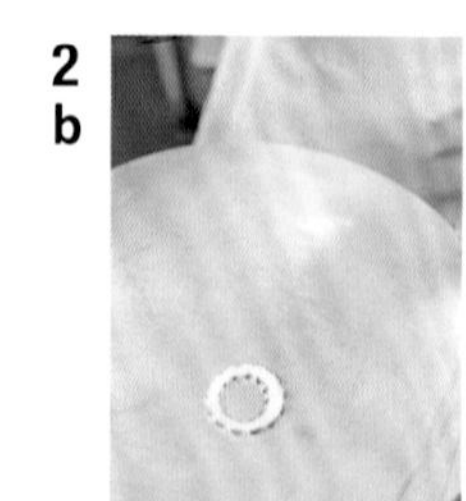

1b

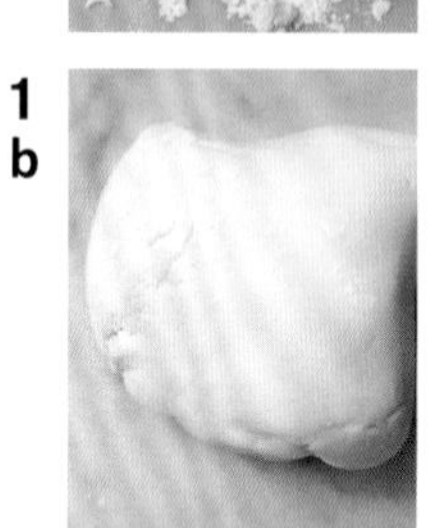

3

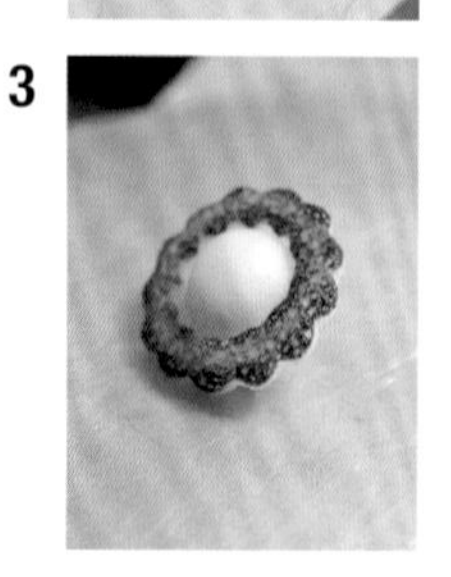

2a

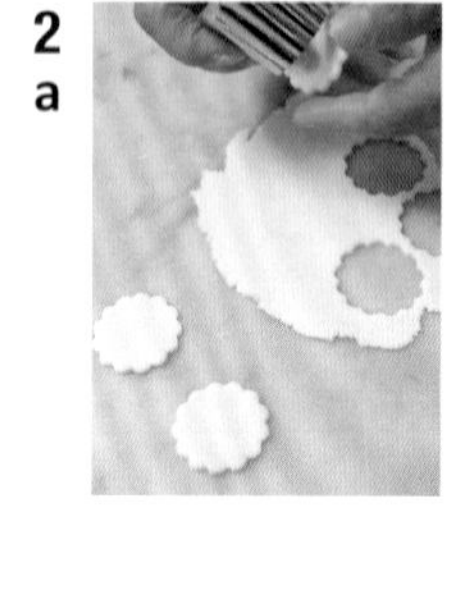

製作杏仁膏裝飾

1 把杏仁膏底和糖粉混合揉勻（**1a**）。整成一個完整的塊狀（**1b**）。再以擀麵棍擀成 3mm 厚。

2 將一半份量的杏仁膏以菊花形及圓形壓模，壓出花瓣形狀（**2a**）。再以瓦斯槍製造出微焦感（**2b**）。

3 另一半份量的杏仁膏揉成圓球狀後，套上步驟 **2** 的花瓣（**3**）。

準備組合

a

c

b

準備組合

派皮堤格麵團擀成 3mm 厚，刺出孔洞。放入烤箱，以 180℃烤 20 分鐘，冷卻後以直徑 24cm 的慕絲圈切出尺寸。將切好的派皮堤格基底塗上杏桃果醬（**a**）。杏仁海綿蛋糕切成 1cm 厚片（**b**）。再將海綿蛋糕疊在派皮堤格基底上，即完成了蛋糕主體（**c**）。

製作杏仁鮮奶油

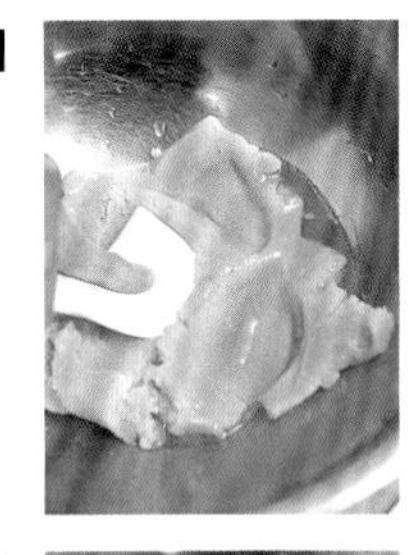
1

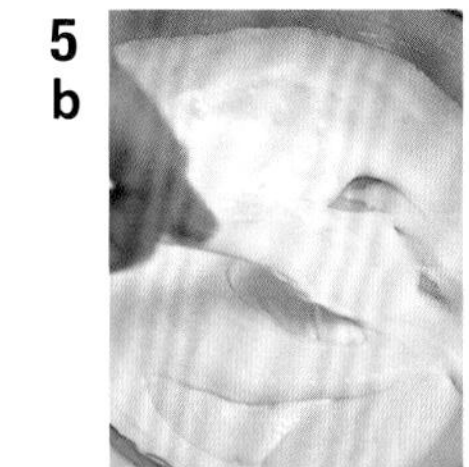
5b

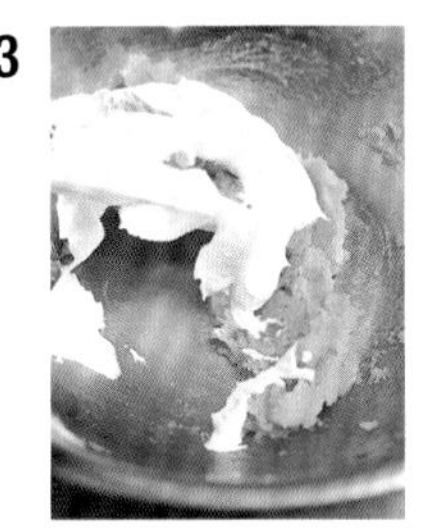
3

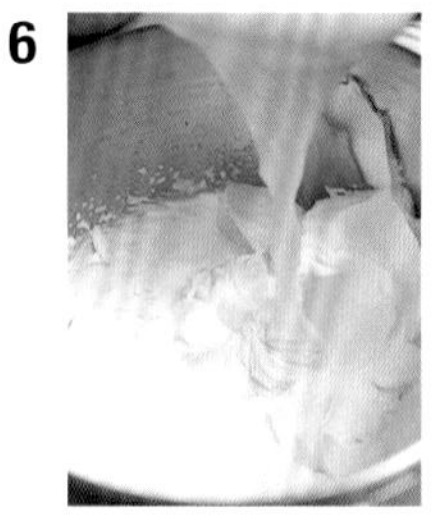
6

4

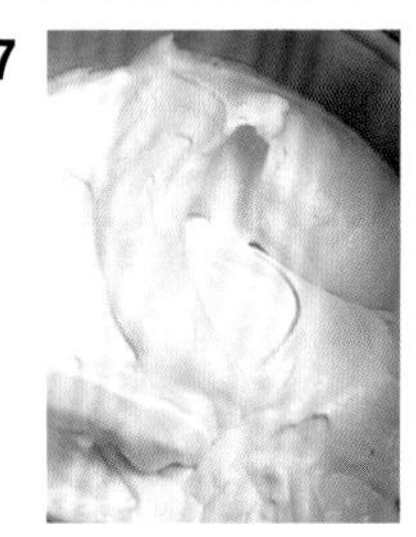
7

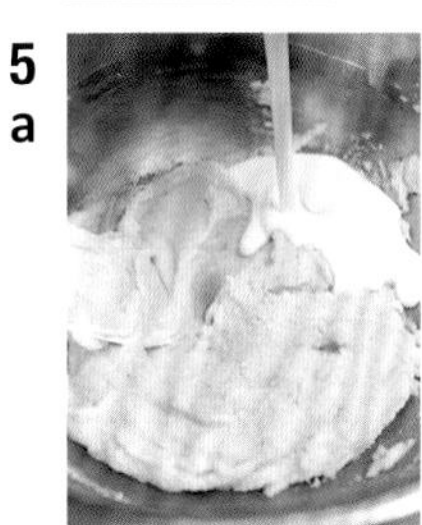
5a

組合

1

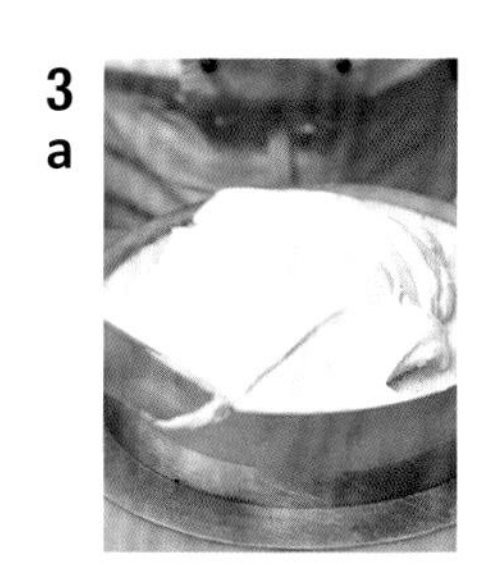
3a

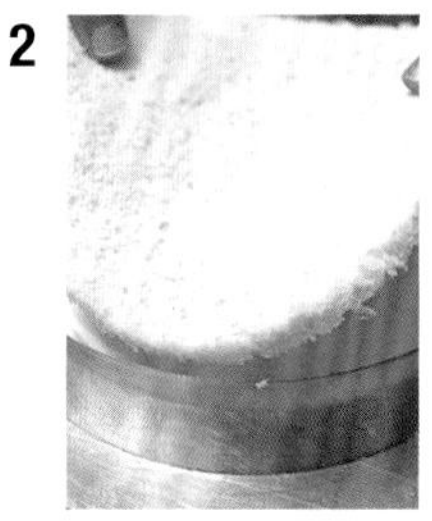
2

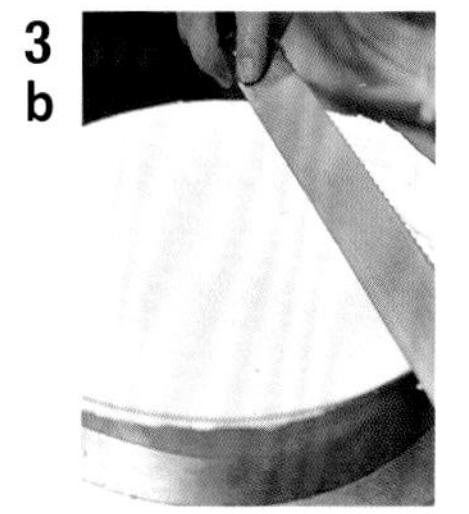
3b

製作杏仁鮮奶油

1 將杏仁膏底放入攪拌盆內，加入杏仁利口酒後混合（**1**）。

2 取另一個攪拌盆裝入鮮奶油、砂糖後，打發至質地變得柔軟，撈起時呈現如緞帶般垂落的狀態。

3 取一部分步驟**2**的鮮奶油，加入步驟**1**中混合（**3**）。

4 另取一部分步驟 **2** 的鮮奶油，加入以 4 倍水還原的明膠中混合（**4**）。

5 將步驟 **4** 倒入步驟 **3** 裡，混合攪拌均勻（**5a**、**5b**）。

6 把步驟 **5** 倒回步驟 **2** 剩下的發泡鮮奶油裡（**6**）。

7 盡量不要破壞鮮奶油的氣泡，以切拌的方式大動作進行混合均勻（**7**）。

組合

1 在準備好的蛋糕主體上，放入 1/2 份量的杏仁鮮奶油。由內向外壓緊抹平，完成平滑的鮮奶油層（**1**）。

2 抹平鮮奶油後，疊上一塊海綿蛋糕（**2**）。

3 將剩餘的鮮奶油塗滿整個表面，並與慕絲圈高度平齊（**3a**）。放入冷凍庫低溫固定（**3b**）。

裝飾

1

2

3

4

裝飾

1　取下模型後，以發泡鮮奶油塗抹於正面及側面（**1**）。
2　側面以波浪形刮板刮出紋路（**2**）。
3　底部邊緣以碎杏仁顆粒點綴（**3**）。
4　配合計算好的切割片數，等距離放上杏仁膏裝飾（**4**）。

Anmerkung

在德國，還有另一種作法，是將杏仁膏底薄塗於整個蛋糕表面，但這對外國人來說，口味過於甜膩，因此本書的外層裝飾配方改以較清爽的杏仁鮮奶油製作。

Nusscremetorte

堅果奶油蛋糕

在蛋糕主體和奶油中都添加榛果風味，
更在蛋糕裡頭藏了榛果果仁糖呢！
是一款從外觀上就能想像出堅果絕妙滋味的美味蛋糕。

尺寸 24cm圓形模型1個

〔蛋糕基底〕

派皮堤格麵團（P.20）——1片

杏桃果醬 Aprikosenkonfitüre——40g

〔榛果麵團〕（合計=784g）

杏仁膏底 Marzipanrohmasse——60g

蛋黃 Eigelb——120g

蛋黃用砂糖 Zucker——60g

現磨萊姆皮 geriebene Zitronenschale——1/4顆

鹽 Salz——2g

蛋白 Eiweiß——160g

蛋白用砂糖 Zucker——150g

低筋麵粉 Weizenmehl——150g

烘烤過的榛果粉

Haselnüsse, geröstet, gerieben——80g

肉桂粉 Zimtpulver——2g

〔香草醬〕（735g）

牛奶 Milch——500g

砂糖 Zucker——125g

蛋黃 Eigelb——60g

小麥澱粉 Weizenpuder——50g

香草籽 Vanilleschote——1/2根

〔克林姆醬〕（a）（合計=1085g）

香草醬（上記） Vanillecreme——735g

奶油 Butter——350g

〔榛果克林姆醬〕（b）（合計=960g）

克林姆醬（a） Buttercreme——800g

烘烤過的榛果粉

Haselnüsse, geröstet, gerieben——80g

榛果抹醬 Haselnusspraline——80g

〔牛奶巧克力醬〕（合計=260g）

克林姆醬（a） Buttercreme——160g

調溫牛奶巧克力

Milchschokoladenkuvertüre——100g

〔榛果果仁糖〕

榛果 Haselnüsse——100g

*去皮後以180℃烘烤10分鐘

砂糖 Zucker——25g

水 Wasser——8g

〔裝飾奶油〕

榛果克林姆醬（從b取出）

Nussbuttercreme——700g

*包含擠花用份量

〔裝飾〕

榛果克林姆醬（b）…於最表面擠出等分的數量

烘烤過的榛果粉…撒在最表面中央

調溫巧克力…擠出成圓形，以固定榛果

烘烤過的16等分杏仁顆粒

製作榛果麵團

1
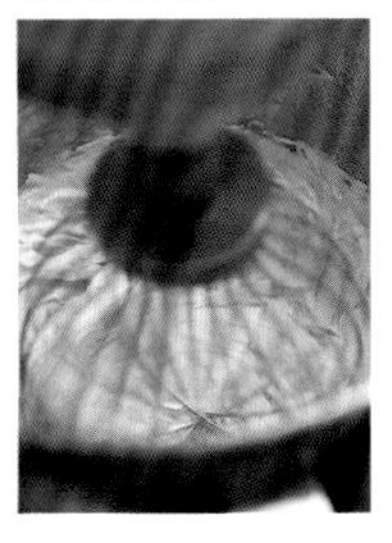

6

3
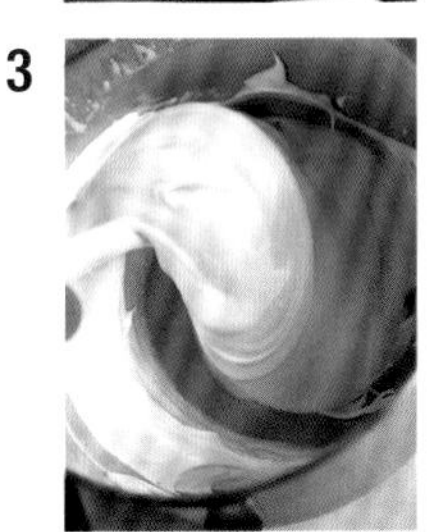

7a

4

7b
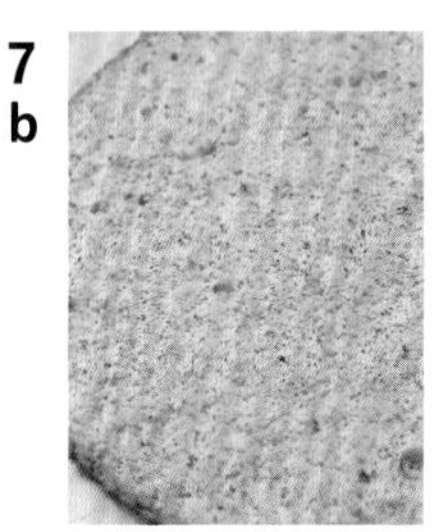

5
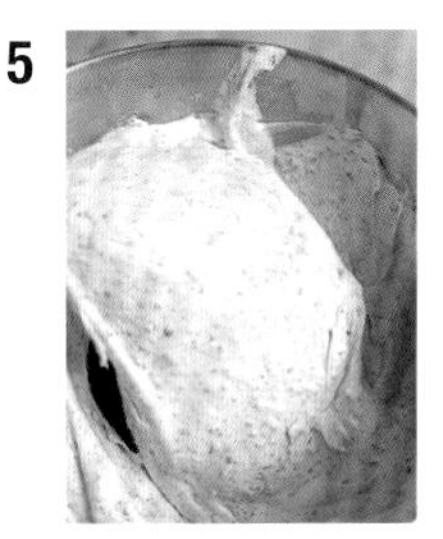

巧克力奶油醬

a
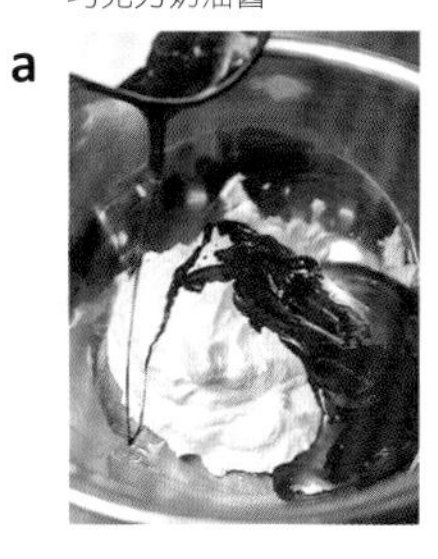

b
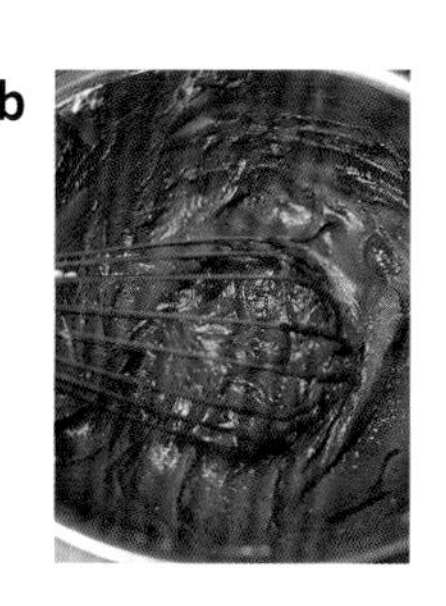

榛果克林姆醬

a
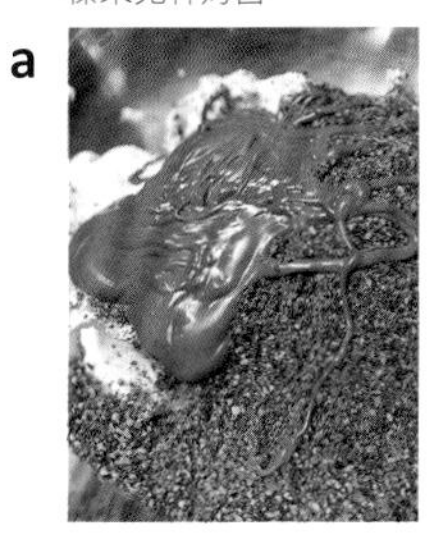

b
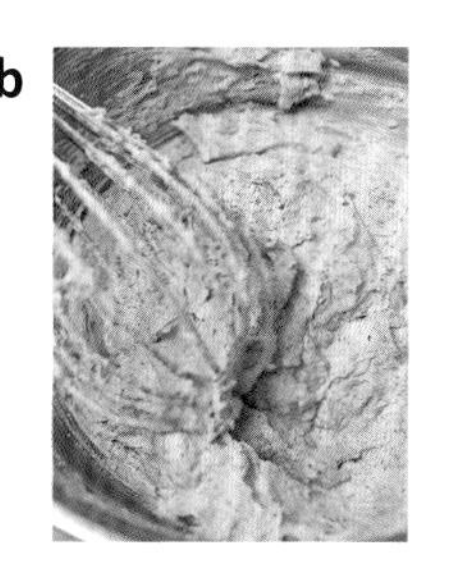

準備

混合低筋麵粉、肉桂粉、榛果粉。

製作榛果麵團

1. 將杏仁膏底、蛋黃、現磨萊姆皮、香草籽、鹽放入攪拌盆中，混合攪拌（**1**）。
2. 取另一個攪拌盆放入蛋白＋砂糖後打發，完成蛋白糖霜。打發至質地緊實、撈起後前端呈現彎曲的尖針狀。
3. 把步驟 **2** 的蛋白糖霜，分次倒入步驟 **1**，每次倒入份量為 1/3，同時攪拌均勻。直至蛋白糖霜全部加入即可（**3**）。
4. 在步驟 **3** 裡慢慢倒入粉類，混合均勻（**4**）。
5. 攪拌至麵團出現光澤、質地軟滑柔順的狀態（**5**）。
6. 倒入模型後，抹平表面。放入烤箱，以 200℃烤 30 分鐘（**6**）。
7. 出爐後，放涼散熱（**7a**）。至完全冷卻後，取下模型，並將海綿蛋糕切成每片厚度 1cm 的蛋糕層，共 3 片（**7b**）。

製作數種奶油醬

香草醬

作法同基本款奶油醬（參考 P.29）。在此的配方比例因考量後續混合的食材風味，經過些許調整。

克林姆醬

先製作香草醬，再加入打散成乳霜狀的奶油，仔細攪拌均勻。

牛奶巧克力醬

把調溫牛奶巧克力加入克林姆醬裡，混合均勻（**a**、**b**）。

榛果克林姆醬

克林姆醬中加入烘烤過的榛果粉和榛果抹醬後，混合均勻（**a**、**b**）。

Anmerkung

Nuss泛指各種堅果。單純提到榛果時，也會使用Nuss這個名詞。在歐洲北部，榛果為大自然繁殖的重要營養來源。對於相當仰賴森林資源的德國人而言，從古自今就是日常生活最重要的食物之一。

製作榛果果仁糖

1
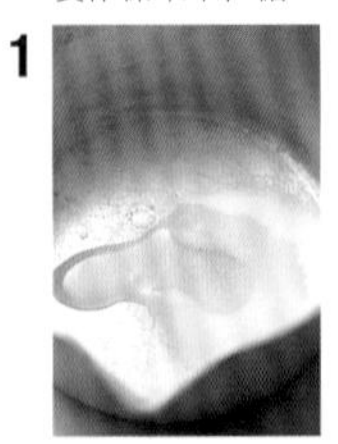
2

3

組合

1

4

6

2
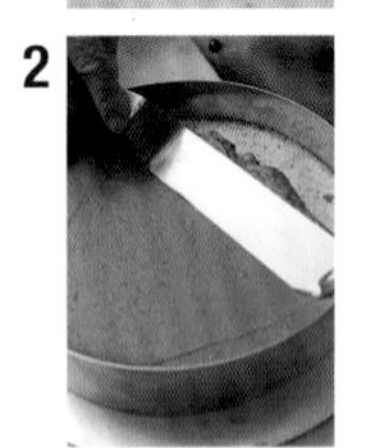
5a
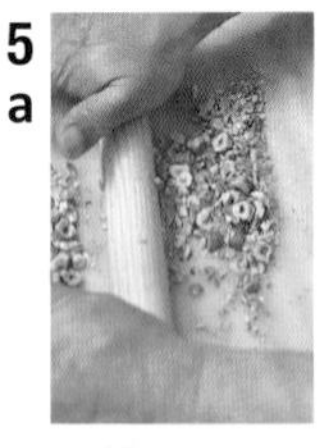
7

3
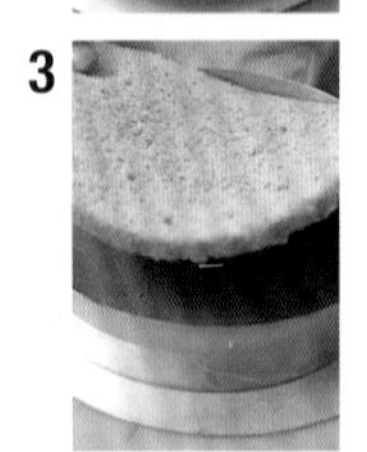
5b

裝飾

1

3

6
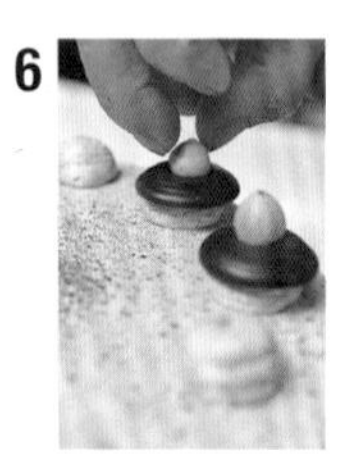
2

5

製作榛果果仁糖

1 將砂糖倒入水中溶解後，加熱至沸騰（**1**）。
2 溫度到達 118℃後（砂糖煮至變成深棕色的焦糖狀），放入烘烤過的榛果混合，使榛果完整沾取焦糖（**2**）。
3 放在烤盤上散熱冷卻（**3**）。

準備組合

製作派皮堤格麵團，並擀成3mm厚，刺出孔洞。放入烤箱，以180℃烤20分鐘，冷卻後以直徑24cm的慕絲圈切出尺寸。切好的派皮堤格基底塗上杏桃果醬。

組合

1 在塗了杏桃果醬的派皮堤格基底上，放上 1 片海綿蛋糕（**1**）。
2 塗上 200g 牛奶巧克力醬，抹平（**2**）。
3 疊上第 2 片海綿蛋糕（**3**）。
4 塗上 200g 榛果克林姆醬，抹平（**4**）。
5 壓碎30g的榛果果仁糖(**5a**)，撒在步驟**5**上(**5b**)。
6 疊上第 3 片海綿蛋糕（**6**）。
7 將榛果克林姆醬塗抹於最上層。放入冰箱冷藏固定（**7**）。

裝飾

1 取下模型後，側面也塗 上榛果克林姆醬（**1**）。
2 以 16 等分杏仁顆粒點綴底部邊緣（**2**）。
3 將榛果克林姆醬填入擠花袋，在蛋糕側面擠出裝飾（**3**）。
4 正上方以 12 等分器壓出紋路後，在每一片蛋糕的圓弧邊也擠上步驟 **3** 的榛果醬。
5 把烘烤過的榛果粉以濾茶器過篩後，撒在正中央，作出向外漸層的效果（**5**）。
6 在調溫巧克力上面，擺放 1 顆榛果，裝飾於步驟 **4** 的圓弧邊榛果醬上方（**6**）。

Holländer Kirschtorte

荷蘭式櫻桃蛋糕

是一款以荷蘭式酥皮堤格麵團作為主體結構的蛋糕。
色彩鮮豔有如翅膀的裝飾，
象徵著荷蘭最著名的風車。

尺寸　24cm圓形模型1個

〔蛋糕基底〕

派皮堤格麵團（P.20）——1片

杏桃果醬　Aprikosenkonfitüre——30g

〔荷蘭式酥皮堤格麵團〕（合計=2670g）

Holländer Blätterteigboden

低筋麵粉　Weizenmehl——500g

高筋麵粉　Weizenmehl——500g

水　Wasser——550g

鹽　Salz——20g

砂糖　Zucker——60g

蛋黃　Eigelb——40g

奶油　Butter——1000g

〔糖霜酥皮堤格麵團〕（合計=270g）

覆盆子果醬　Himbeerkonfitüre——40g

糖霜　Fondant——200g

水　Wasser——20g

櫻桃利口酒　Kirschwasser——10g

〔櫻桃果泥〕

罐頭酸櫻桃　Sauerkirschen——500g

＊把果汁和果實分開（各約250g）

砂糖　Zucker——50g

小麥澱粉　Weizenpuder——30g

肉桂粉　Zimtpulver——2g

〔櫻桃利口酒鮮奶油〕（合計=528g）

鮮奶油　Sahne——500g

砂糖　Zucker——25g

櫻桃利口酒　Kirschwasser——3g

〔裝飾〕

發泡鮮奶油　Schlagsahne——適量

…鮮奶油500g加砂糖25g打發起泡

8等分杏仁顆粒——適量

…以烘烤過的杏仁顆粒，裝飾蛋糕底部邊緣

＊荷蘭式酥皮堤格麵團

混合了奶油塊的簡易酥皮麵團。容易破碎，有著鬆酥的口感。多為裝飾用途。

混合均勻

1

4a

2

4b

3

製作麵團

1　將麵粉撒在工作檯上，中央作出凹槽（此步驟在德國稱為地基，Land 意即土地）（**1**）。

2　將切成 2cm 小塊的奶油放在粉麵周圍，以溶解砂糖和鹽的水，倒入步驟**1**的中央。加入蛋黃（**2**）。

3　從地基的內側開始慢慢揉合麵粉和水（**3**）。

4　將水和麵粉結合後，以刮板將四周的奶油塊向中間靠攏，和麵粉混合（**4a**）。整成一個完整的麵團塊（**4b**）。

摺疊，擀平

1

2

3 a

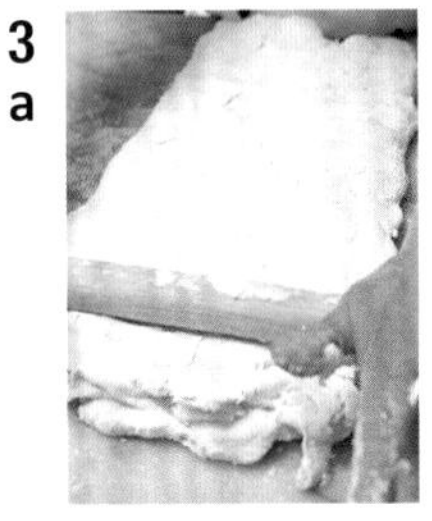

3 b

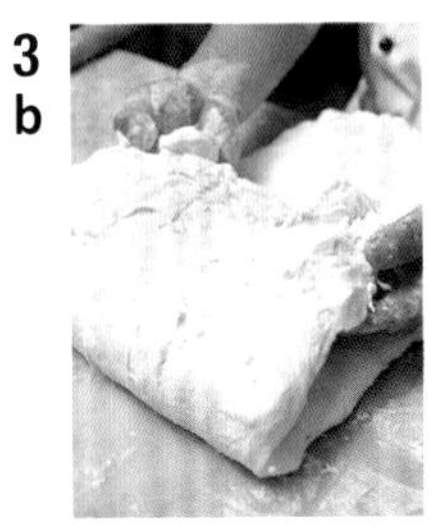

4 a

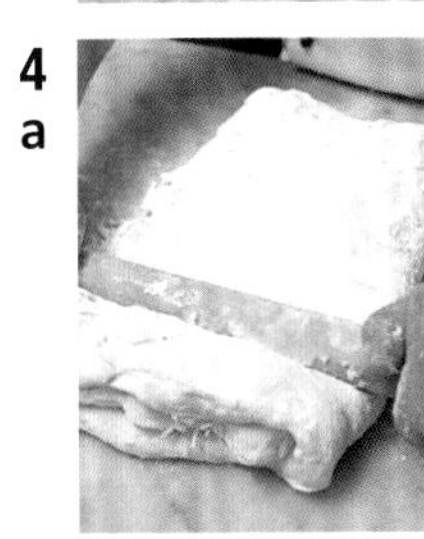

4 b

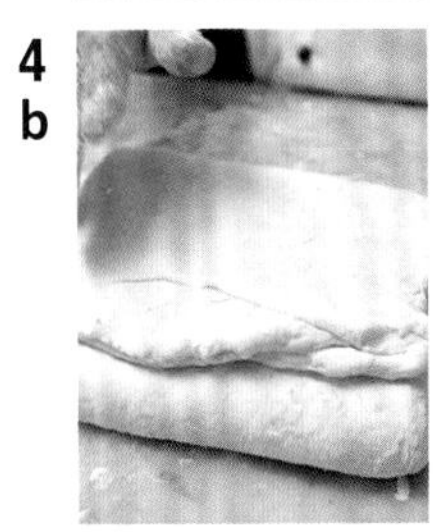

5

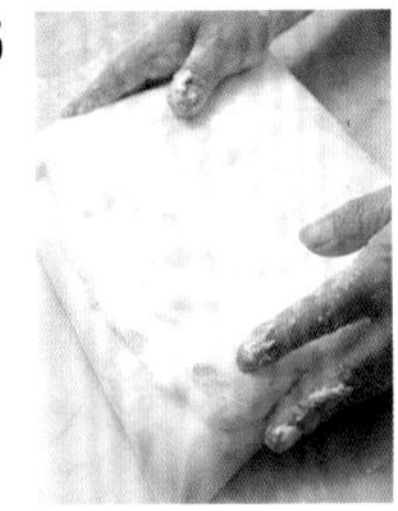

6 a

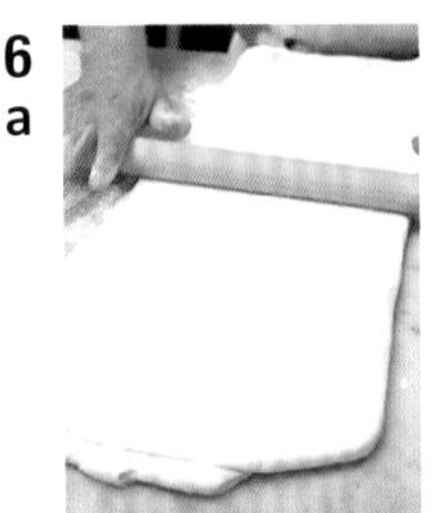

6 b

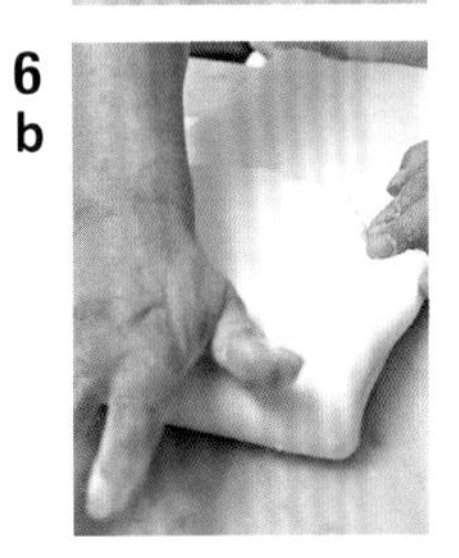

6 c

6 d

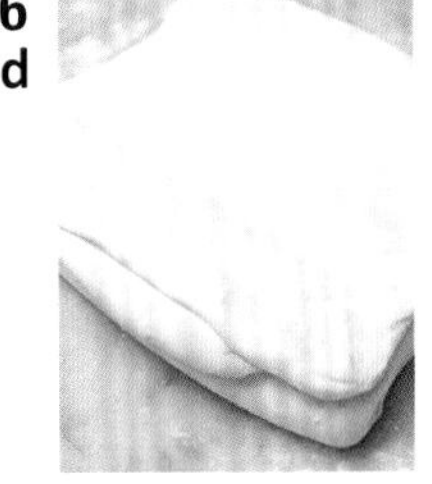

摺疊．擀平

1. 以擀麵棍拍打麵團塊，慢慢擀出均勻厚度（**1**）。
2. 疊三摺（**2**）。
3. 改變麵團方向（轉 90 度），再以擀麵棍拍打後平（**3a**）。疊三摺（**3b**）。
4. 再轉一次 90 度，同樣以擀麵棍拍打後擀平（**4a**）。疊三摺（**4b**）。
5. 放進保鮮袋裡，放入冰箱，冷藏 30 分鐘，讓麵團休息（**5**）。
6. 重複步驟 **1** 至 **4** 的動作（分 3 次疊 3 摺，總共作 3 遍）。每 1 次完成都要休息 30 分鐘（圖中為第 3 遍的動作）（**6a**、**6b**、**6c**、**6d**）。

在烤盤上攤平

a

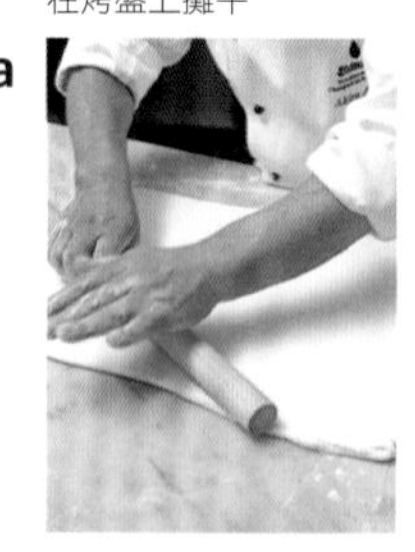

c

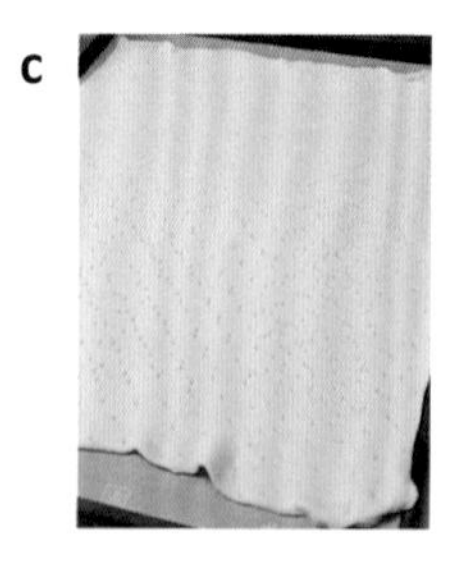

b

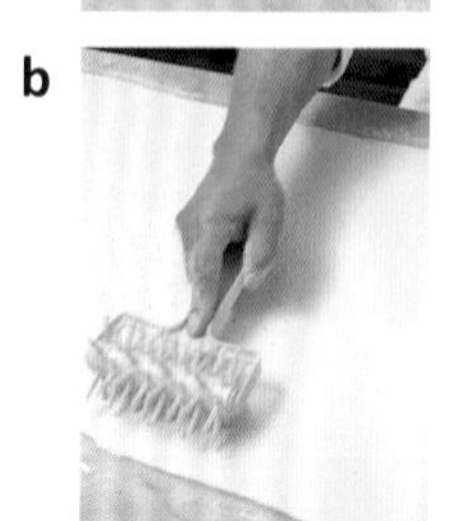

烘烤

a

在烤盤上攤開

將 1/2 份量麵團擀成烤盤面積大小（**a**）。總共 2 片，厚度約 3mm，以派皮戳洞器刺洞（**b**、**c**）。

烘烤

放入烤箱，以 220℃烘烤 20 分鐘，烘烤上色後降溫為 180℃，續烤 40 分鐘（**a**）。

製作櫻桃果泥

1

4

3

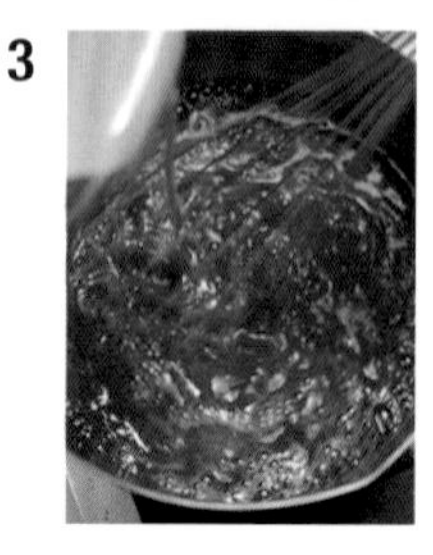

製作櫻桃果泥

1. 將罐裝櫻桃的果汁跟果實分開，果汁放入鍋子裡。加入肉桂粉、砂糖，混合均勻（**1**）。
2. 另取一攪拌盆，放入小麥澱粉，倒入些許步驟 **1** 的果汁，攪拌混合。
3. 步驟 **1** 點火加熱，一邊攪拌，一邊加熱至沸騰。沸騰後加入步驟 **2**（**3**）。再稍微多煮一下後，熄火。
4. 把果實倒入步驟 **3** 裡，攪拌混合（**4**）。使果實跟果汁混合均勻即可。倒入淺盆散熱。

準備組合

1

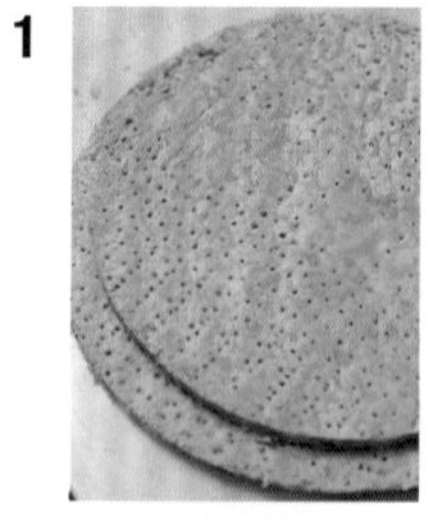

4a

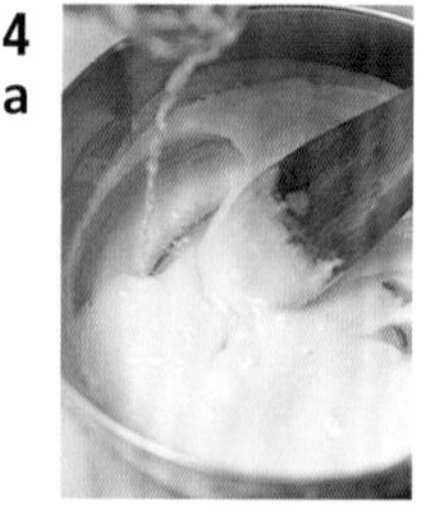

3

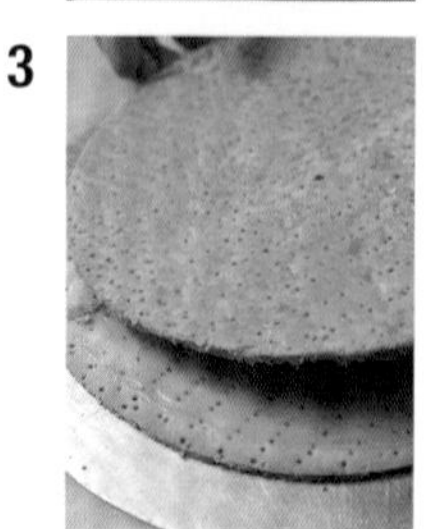

4b

準備組合

1. 待出爐後的酥皮麵團完全冷卻後，以 24cm 慕絲圈壓切出 2 塊酥皮，以 21.5cm 的慕絲圈切出 1 塊酥皮（中間層使用）（**1**）。
2. 以直徑 24cm 的慕絲圈壓切出一塊派皮堤格麵團基底，塗上杏桃果醬。
3. 在步驟 **2** 的派皮堤格基底上，疊放酥皮麵團，再加上慕絲圈，完成蛋糕的基底（**3**）。
4. 另一塊 24cm 的酥皮麵團，為表面的裝飾之用。將水和櫻桃利口酒加入糖霜中，加溫（**4a**）。加熱覆盆子果醬，塗抹在酥皮上。待果醬散熱、表面的薄膜變得緊繃時，刷上溫熱的糖霜，放置凝固（**4b**）。切成 12 等分。

製作櫻桃和口酒鮮奶油

鮮奶油裡加入砂糖、櫻桃利口酒，打發起泡至撈起後前端呈現彎曲的尖針狀。一個蛋糕使用 160g，裝入擠花袋中備用。

組合

1　將散熱後的櫻桃果泥裝入擠花袋裡，在蛋糕基底上擠出兩個圓圈。

2　以櫻桃利口酒鮮奶油埋滿步驟 **1** 果泥之外的所有空隙。

3　重疊上 21.5cm 的酥皮，輕輕按壓。

4　將剩下的鮮奶油塗 於表面上（**4a**），直至跟慕絲圈高度相同，整平表面後（**4b**）。放入冷凍庫冷卻固定。

裝飾

1　待蛋糕冷卻固定後，取下模型，將發泡鮮奶油塗抹於正面及側面（**1a**）。抹平表面。（**1b**）。

2　在底部邊緣以 8 等分杏仁顆粒作裝飾（**2**）。

3　正面按壓出 12 等分記號。以發泡鮮奶油在每一等分的正面擠出彈簧圖案，總共 12 個（**3**）。

4　將裝飾在蛋糕正面用的酥皮，輕輕放在步驟 **3** 的鮮奶油上（**4**）。

組合

1

2

3

4a

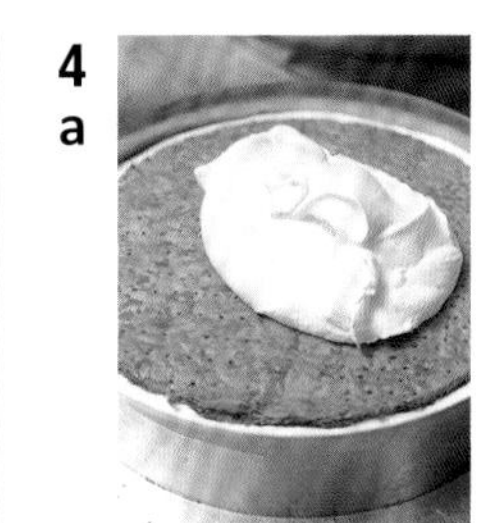

4b

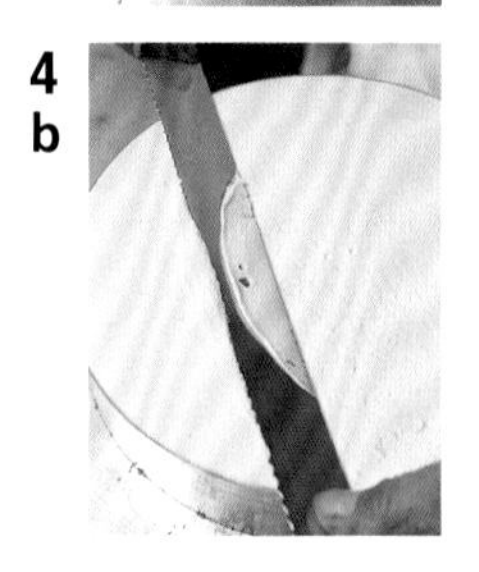

裝飾

1

2

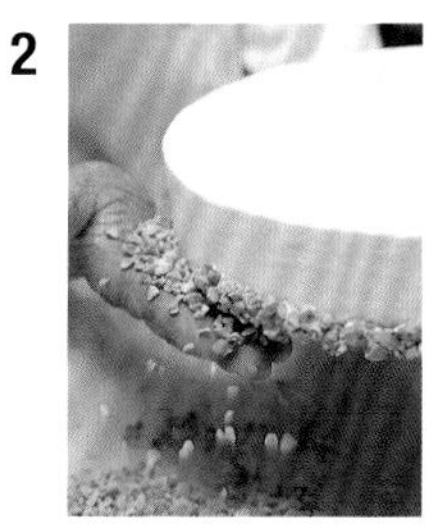

3

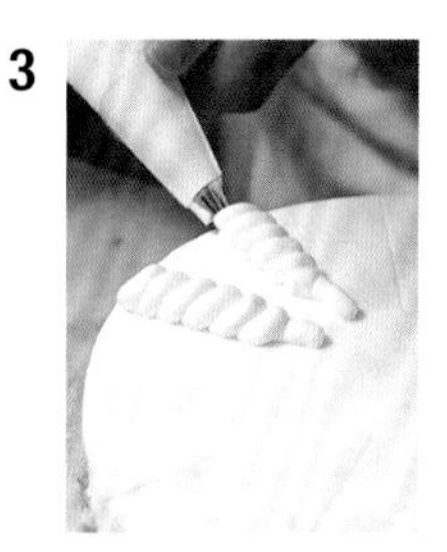

4

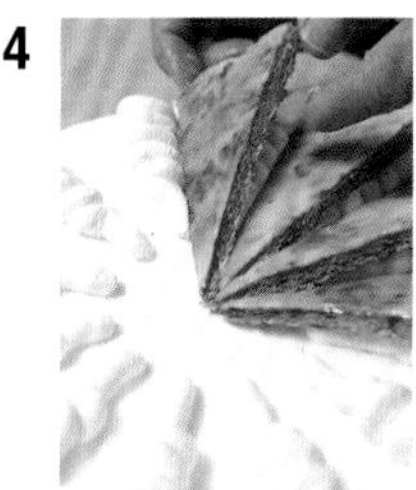

Flockensahnetorte

雪花奶油蛋糕

以壓平烘烤的泡芙麵團製作這一款德國北部特有的蛋糕。
蛋糕切面的不規則狀相當有意思。
正面撒上滿滿的奶酥，裝飾出Flocken（雪花）的意境。

尺寸 24cm圓形模型1個

〔蛋糕基底〕
派皮堤格麵團（P.20）—— 1片
覆盆子果醬 Himbeerkonfitüre —— 30g

製作麵團

〔泡芙麵團〕（合計=741g 1片170g3片）
牛奶 Milch —— 100g
水 Wasser —— 100g
奶油 Butter —— 60g
砂糖 Zucker —— 4g
鹽 Salz —— 2g
現磨萊姆皮 geriebene Zitronenschale —— 1/4顆
低筋麵粉 Weizenmehl —— 100g
蛋 Vollei —— 155g
奶酥 Streusel —— 220g
*撒在正面用的麵團上烘烤而成。

〔奶油醬〕（合計=1255g）
發泡鮮奶油 Schlagsahne —— 1000g
*加入50g砂糖後打發起泡
香草醬（P.29）—— 250g
蘭姆酒 Rum —— 5g

〔裝飾〕
烘烤過的杏仁片
Mandeln, gehobelt, geröstet —— 40g

*泡芙麵團
蛋糕增添輕爽口感時使用。出爐後表面呈現不規則扭曲，加上鮮奶油變成夾心。外形非常特別。

製作麵團

1 在鍋裡放入水、牛奶、奶油、砂糖、鹽、現磨萊姆皮，混合後加熱（**1**）。
2 煮至沸騰後熄火，加入低筋麵粉，繼續加熱。一邊加熱，一邊攪拌均勻（**2**）。
3 請持續攪拌，以避免鍋底焦掉。攪拌至麵團出現光澤即可（**3**）。
4 麵團移到攪拌盆裡，改以攪拌機低速攪拌。慢慢倒入蛋（**4**）。
5 持續攪拌至麵團出現亮度且光滑有彈性即可（**5**）。
6 將直徑 24cm 的慕絲圈放在鋪好烘焙紙的烤盤上，再放入步驟**5**麵團(每片 170g)，抹平(**6a**)。用於蛋糕主體的泡芙麵團維持不變；用於正上方的泡芙麵團再撒上 220g 的奶酥後，進行烘烤（**6b**）。
7 放入烤箱，以 180℃下火烤 10 分鐘，換成上火烤 10 分鐘（**7a**）。用於正上方的麵團上火多烤 5 分鐘（**7b**）。

製作奶油醬

1
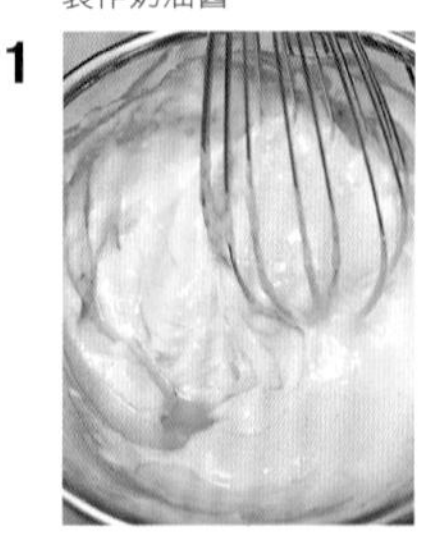

2
b
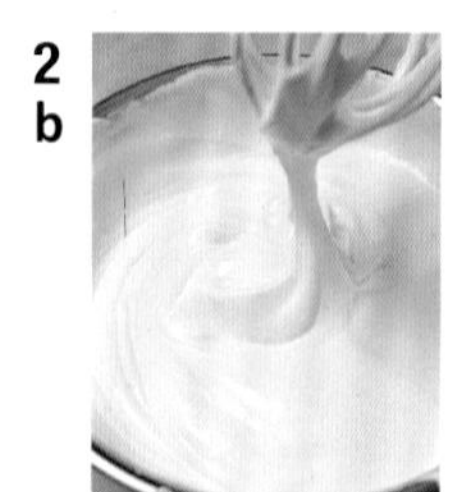

2
a

組合

1
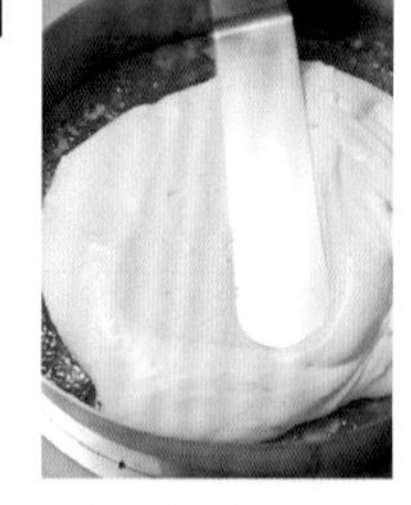

4

2
a
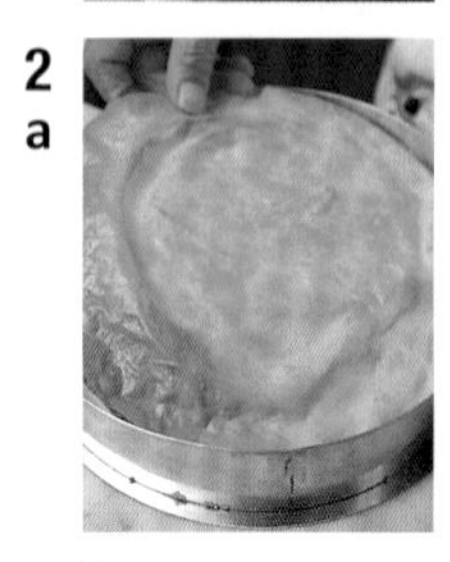

5
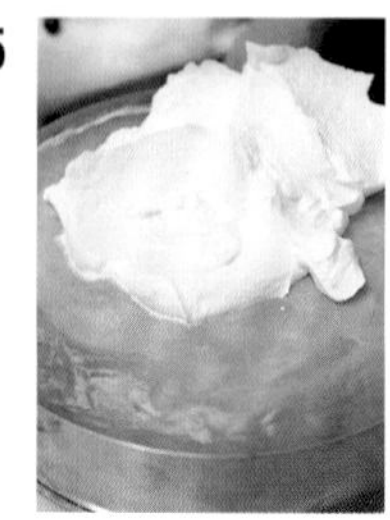

2
b
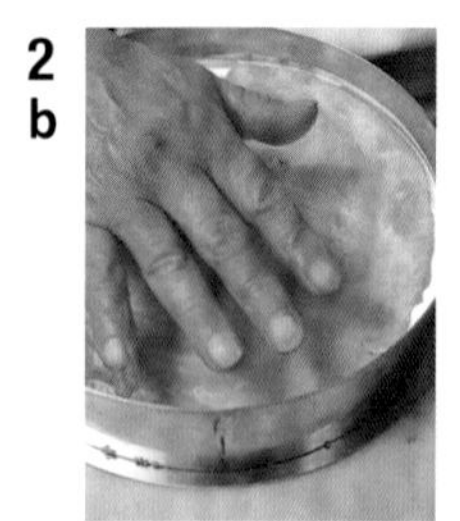

6
a

3

6
b
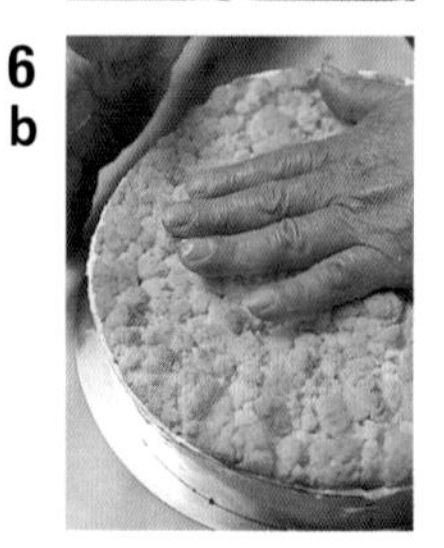

製作奶油醬

1 準備香草醬。加入蘭姆酒，增強風味（**1**）。

2 鮮奶油加了砂糖後，打發成發泡鮮奶油，以250g和步驟**1**混合（**2a**）。攪拌至完全融合，質地滑順即可（**2b**）。

＊ 剩下的發泡鮮奶油，使用於蛋糕主體裡的第2、3層。

準備組合

● 以直徑24cm的慕絲圈壓切派皮堤格基底後，塗上覆盆子果醬。

● 烤好的泡芙麵團準備3片。中間層用的2片，最上層加了奶酥的1片。

組合

1 在慕絲圈裡的派皮堤格基底上，塗滿300g的奶油醬，抹平表面（**1**）。

2 放上第1片泡芙麵團（**2a**）。由於泡芙麵團表面凹凸不平，請以手稍微按壓，擠出多餘空氣，使麵團和奶油醬結合得緊密（**2b**）。

3 加上200g的發泡鮮奶油，塗抹均勻，整平表面（**3**）。

4 放上第2片泡芙麵團，一樣壓緊，擠出空氣（**4**）。

5 再加上200g的發泡鮮奶油，塗抹均勻，整平表面（**5**）。

6 放上最上層用的泡芙麵團（**6a**）。以手掌下壓，確實和下面的鮮奶油緊密結合（**6b**）。放入冷凍庫低溫固定。

裝飾

1 冷卻固定後的蛋糕，取下模型，側面薄塗上發泡鮮奶油（**1**）。
2 沾上烘烤過的杏仁片，覆滿整個側面（**2**）。

Anmerkung

泡芙麵團是一款從16世紀的歐洲開始流傳至今、歷史悠久的麵團。據說一開始的泡芙麵團不是烘烤而成，而是以油炸製作（同P.238花式甜甜圈作法），並將麵團擠出成圓形烘烤成為泡芙。但像雪花奶油蛋糕這樣將泡芙麵團攤平後烘烤的作法，從何而來便不得而知了。

Herrentorte

男仕巧克力蛋糕

是一款專供男仕享用為名的蛋糕。
在奶油醬裡加入了大量白酒，搭配數片蛋糕薄層，有著成熟的巧克力風味。
蛋糕主體的配方清爽，而奶油醬口感馥郁，取得味覺上的平衡。

尺寸 24cm圓形模型1個

〔蛋糕基底〕

派皮堤格麵團（P.20）—— 1片

杏桃果醬 Aprikosenkonfitüre —— 30g

〔男仕蛋糕麵團〕（合計=1212g）

奶油 Butter —— 250g

香草籽 Vanilleschote —— 1/2根

現磨萊姆皮 geriebene Zitronenschale —— 1/2顆

小麥澱粉 Weizenpuder —— 140g

蛋黃 Eigelb —— 190g

蛋白 Eiweiß —— 250g

砂糖 Zucker —— 240g

鹽 Salz —— 2g

低筋麵粉 Weizenmehl —— 140g

〔白酒奶油醬〕（合計=1761g）

白葡萄酒 Weißwein —— 1020g

現磨萊姆皮 geriebene Zitronenschale —— 1/2顆

砂糖 Zucker —— 255g

鹽 Salz —— 2g

蛋黃 Eigelb —— 180g

小麥澱粉 Weizenpuder —— 90g

杏仁膏底 Marzipanrohmasse —— 210g

〔甘納許〕

調溫巧克力 Kuvertüre —— 500g

牛奶 Milch —— 250g

＊1份約200g。

〔裝飾〕

牛奶巧克力…搭配細花嘴擠出H形文字

烘烤過的16等分杏仁顆粒

＊男仕蛋糕麵團

男仕巧克力蛋糕使用的是輕盈的麵團。

製作麵團

1

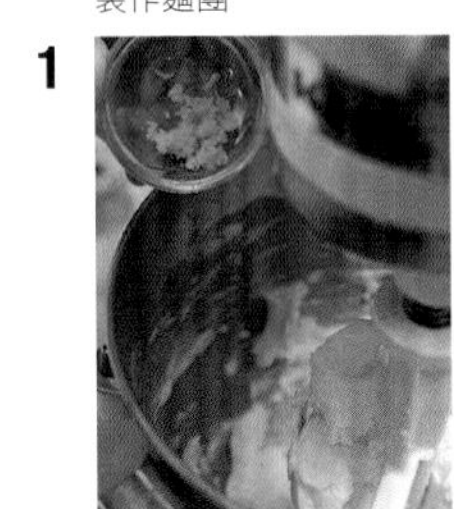

3 b

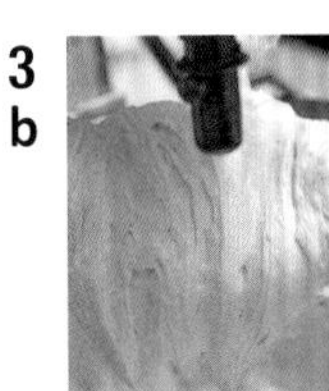

2

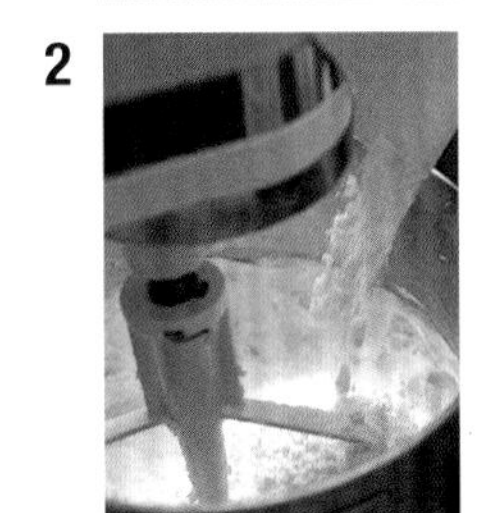

4 a

3 a

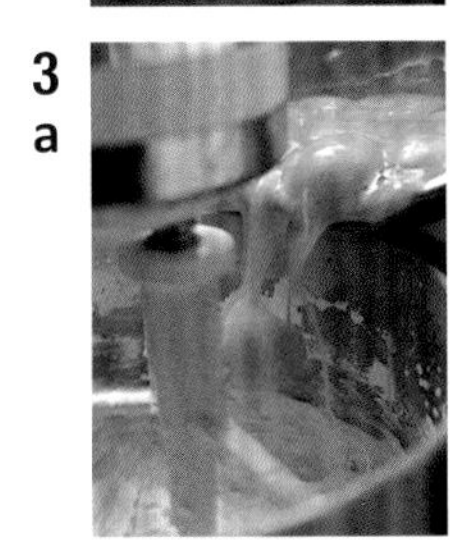

4 b

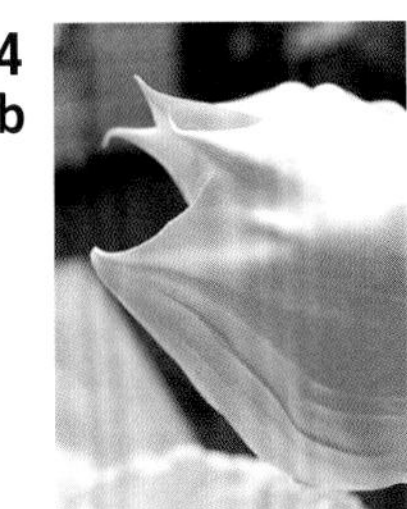

準備

直徑24cm的圓形紙模。

製作麵團

1. 攪拌盆裡放入奶油、現磨萊姆皮、香草籽，進行攪拌（**1**）。
2. 奶油攪拌成乳霜狀後，加入小麥澱粉（**2**）。
3. 輕輕混合小麥澱粉，並慢慢倒入蛋黃後，調整改以中速，持續攪拌（**3a**）。直至麵團呈現乳化狀（**3b**）。
4. 另取一攪拌盆，放入蛋白、鹽、全量砂糖，進行打發。蛋白膨脹後從高轉速降為中轉速，使泡沫的質地更為緊實（**4a**）。打發成扎實且立體的蛋白糖霜（**4b**）。

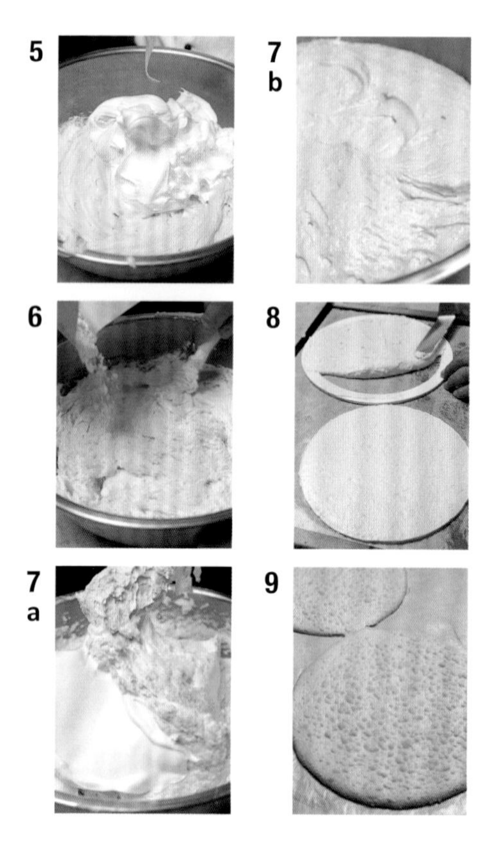

5 將 1/3 量的步驟 **4** 的蛋白糖霜加入步驟 **3** 的麵團中，混合均勻（犧牲蛋白糖霜）（**5**）。

6 以刮杓拌勻步驟 **5** 的同時，慢慢加入低筋麵粉。從攪拌盆底部向上翻舀，重複此動作直至粉末完全消失（**6**）。

7 倒入剩下的蛋白糖霜，為了避免破壞氣泡，同樣以刮杓從底部向上翻舀的方式混合均勻（**7a**）。混合至整體呈現柔軟滑順的質感即可（**7b**）。

8 在鋪好烘焙紙的烤盤上，放上直徑 24cm 的紙型，再放上步驟 **7** 的麵團，塗抹成圓形。以相同方法製作 5 片（**8**）。

9 放入烤箱，以 200℃下火烤 8 分鐘，再加上火一起烤 8 分鐘（**9**）。

製作白酒奶油醬

1

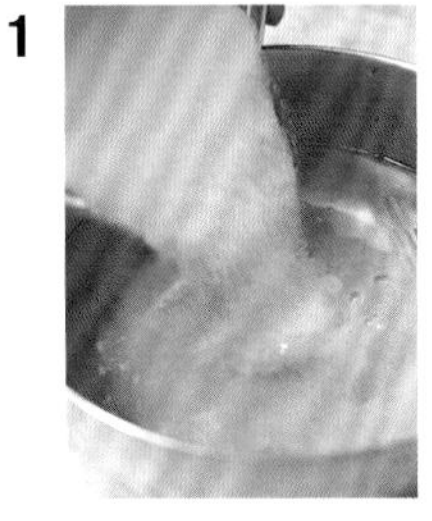

2

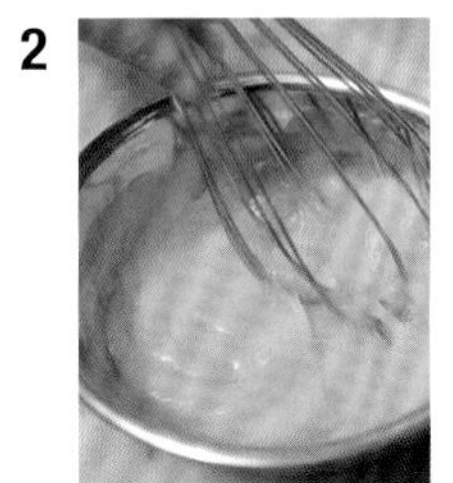

3
a

3
b

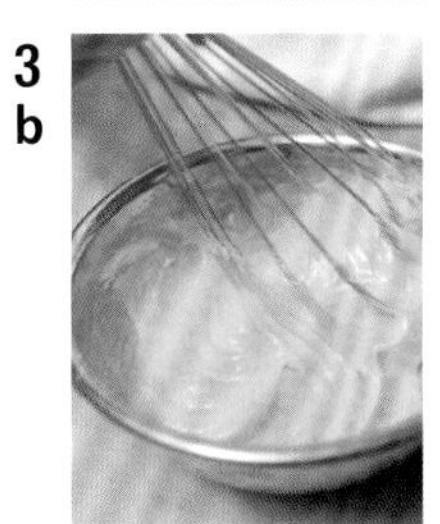

4

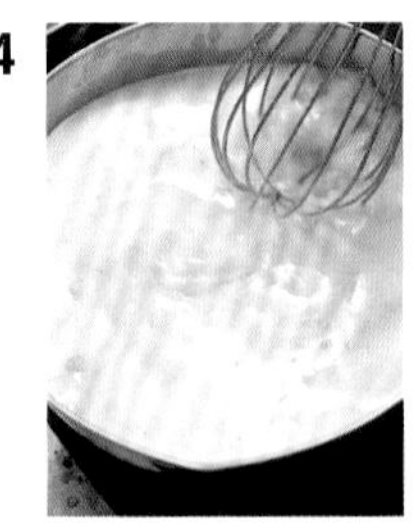

6
a

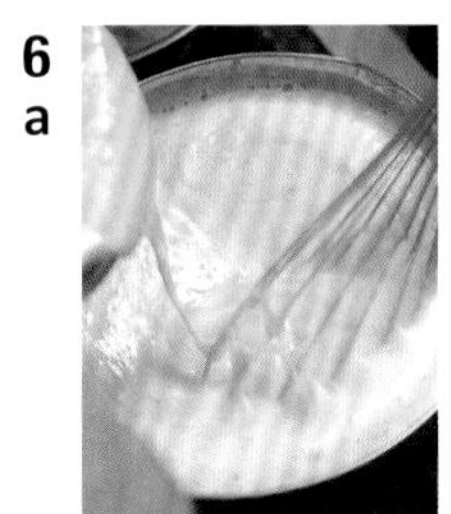

6
b

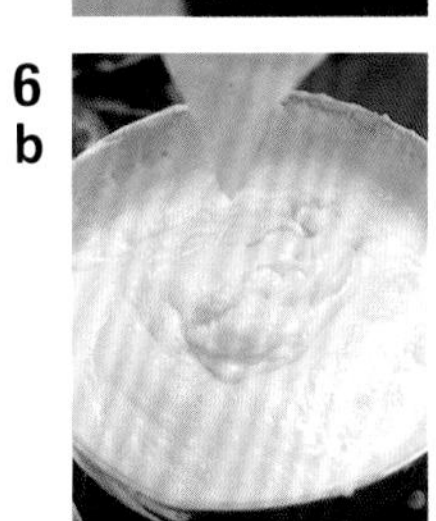

製作白酒奶油醬

1 鍋裡倒白酒，加入檸檬汁混合。倒入鹽、現磨萊姆皮、2/3 量的砂糖（**1**）。

2 攪拌盆裡放入蛋黃，再倒入剩下 1/3 份量的砂糖，攪拌至砂糖溶解（**2**）。

3 在步驟 **2** 裡加入小麥澱粉（**3a**）。仔細攪拌均勻（**3b**）。

4 步驟 **1** 以火加熱，同時以打蛋器攪拌，煮至沸騰後加入杏仁膏底。仔細攪拌至無結塊（**4**）。

5 再次煮至沸騰後，取少量加入步驟**3**中，混合均勻。

6 將步驟 **5** 倒入步驟 **4** 裡，攪拌均勻直至整體光滑柔順（**6a**）。攪拌完成的樣子（**6b**）。無須散熱，立刻進行組合。

組合

1

3

2 a

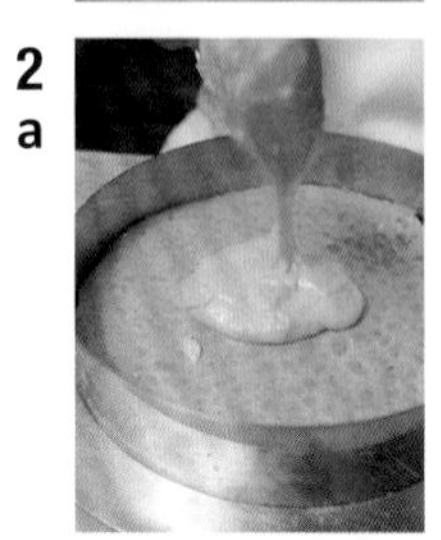

4 a

2 b

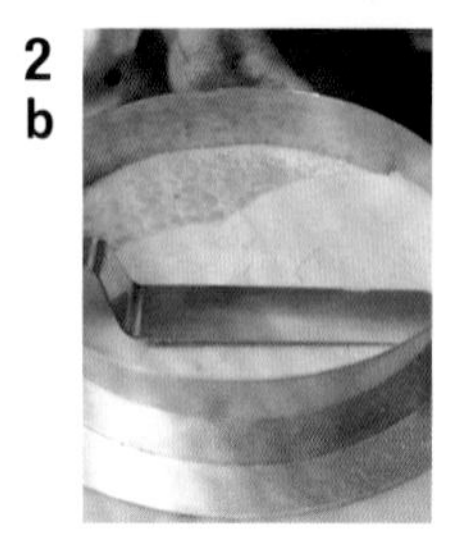

4 b

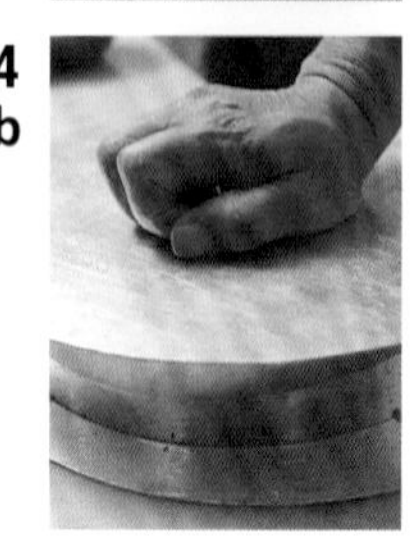

裝飾

1 a

2

1 b

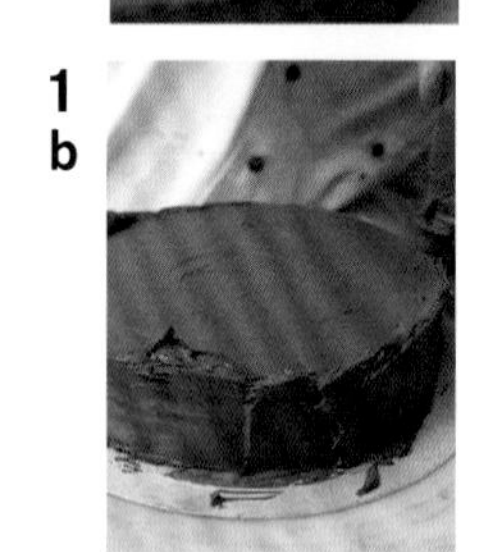

3

組合

1　在直徑 24cm 的派皮堤格基底上，塗滿杏桃果醬。裝上慕絲圈，上面放上第 1 片男仕麵團。烘烤面朝上（**1**）。

2　在步驟 **1** 上塗抹溫熱的白酒奶油醬。1 片塗約 180g（**2a**、**2b**）。

3　再疊上一片男仕麵團。重複步驟 **2**、**3**，堆疊出高度（**3**）。

4　最後第 5 片的男仕麵團，烘烤面朝下（**4a**）。上方以重物加壓，將蛋糕調整成和慕絲圈同高（**4b**）。

製作甘納許

將沸騰的牛奶倒入調溫巧克力裡，仔細攪拌均勻，待巧克力全部融化後放涼。

裝飾

1　小心緩慢地移除模型。以攪拌器打發冷卻後的甘納許。塗抹於蛋糕整個表層（**1a**、**1b**）。

2　以隔水加熱的方式融化甘納許後，淋在蛋糕上，整平表面（**2**）。

3　在甘納許尚未完全凝固前，以 16 等分杏仁顆粒點綴在底部邊緣（**3**）。

4　按壓 12 等分紋路，在每一區塊上方以牛奶巧克力擠出 H 作為裝飾。

Johannisbeerbaisertorte

紅醋栗蛋糕

將紅醋栗果實放入蛋白糖霜後混合烘烤而成。
除了表面呈現好看焦糖色之外，蛋糕有著不可思議的膨鬆軟綿口感。
酸酸甜甜，略帶苦味的果實，在口中輕盈地舞動著。

尺寸 24cm圓形模型1個

〔蛋糕基底〕
派皮堤格麵團（P.20）——1片
調溫巧克力——適量
維也納麥森麵團（海綿蛋糕）（P.14）——1片

〔蛋白糖霜基底〕（合計＝1008g）
砂糖 Zucker——160g
蛋白 Eiweiß——190g
明膠粉 Gelatine——8g ＊以4倍的水還原
君度橙酒 Cointreau——25g
新鮮紅醋栗果實 Johannisbeeren——625g

〔裝飾〕
烘烤過的杏仁片——適量

準備

a

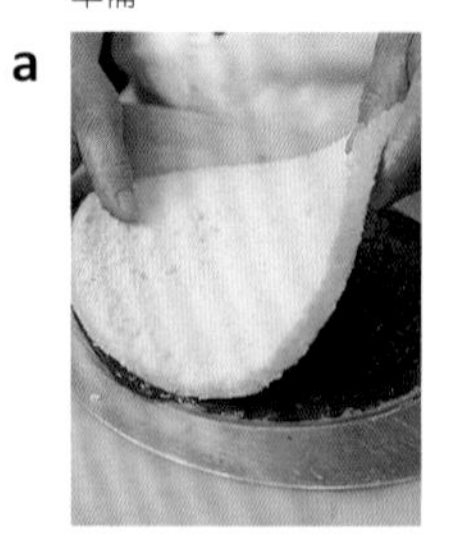

b

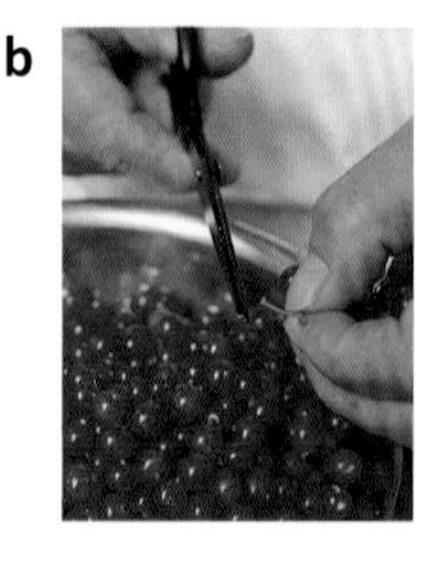

製作蛋白糖霜基底

3

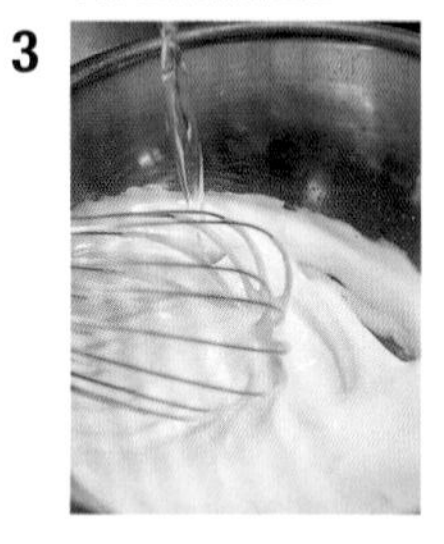

5

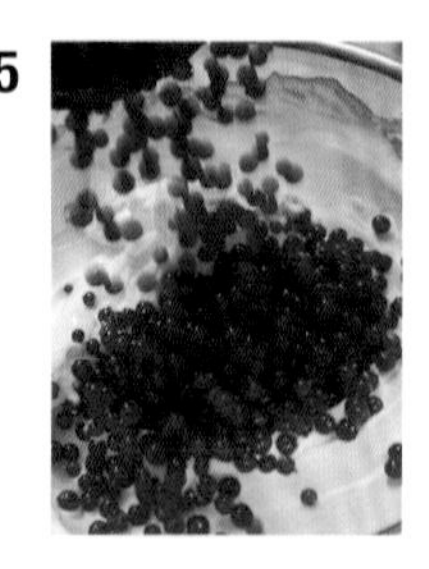

倒入模型

1

2

裝飾

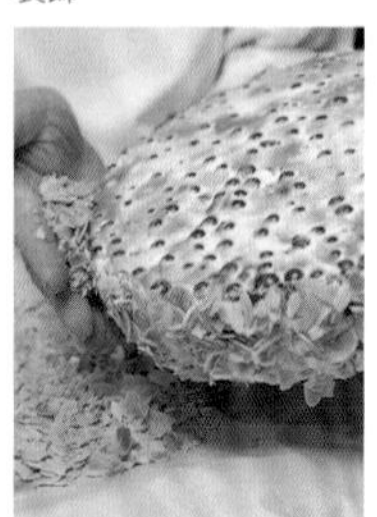

準備

- 派皮堤格麵團擀成5mm厚，刺出孔洞，放入烤箱，以180℃烤20分鐘。出爐後，以直徑24cm的慕絲圈切好尺寸，塗上融化的調溫巧克力。放上慕絲圈，疊上同樣大小的1cm厚的海綿蛋糕，完成蛋糕基底（**a**）。
- 紅醋栗去梗，製成顆粒狀（**b**）。

製作蛋白糖霜基底

1 攪拌盆裡放入蛋白後，再倒入全部份量砂糖，進行打發。打發成質地緊緻扎實的蛋白糖霜即可。

2 另取一調理盆，放入明膠粉後，倒入 4 倍的水分還原。

3 將打發好的蛋白糖霜，少量加入步驟 **2** 中混合，再倒入君度橙酒（**3**）。

4 把步驟 **3** 倒回剩下的蛋白糖霜裡，混合均勻。取出少量放在另一個小調理盆裡備用（最後裝飾用）。

5 將紅醋栗倒進蛋白糖霜裡，混合均勻。完成蛋糕主體（**5**）。

倒入模型

1 將完成的蛋白糖霜基底倒入已準備好的蛋糕基底，填滿整個模型，並與模型同高（**1**）。

2 整平表面（**2**）。

烘烤

放入烤箱，以250℃烘烤2至3分鐘，表面烤出焦糖色即完成。

裝飾

把之前預留下來的蛋白糖霜塗抹於蛋糕側面，沾取杏仁片作裝飾。

Baisertorte mit Himbeersahnecreme

蛋白糖霜覆盆子奶油蛋糕

這是一款在打發後的蛋白裡加入糖粉，
以低溫慢慢地烘烤成形的蛋糕。
表面也撒上糖粉，增添風味。
品嚐一口Q彈的口感，便令人難以忘懷。

尺寸 24cm1個

〔蛋糕基底〕
派皮堤格麵團（P.20）—— 1片
覆盆子果醬 Himbeerkonfitüre —— 30g

〔蛋白糖霜基底〕（合計=413g）
蛋白 Eiweiß —— 165g
砂糖 Zucker —— 165g
粉糖 Puderzucker —— 83g

〔覆盆子鮮奶油〕（合計=785g）
新鮮覆盆子 Himbeeren —— 230g
覆盆子利口酒 Himbeergeist —— 10g
鮮奶油 Sahne —— 500g
砂糖 Zucker —— 25g

〔裝飾〕
新鮮覆盆子 Himbeeren —— 20g

製作蛋白糖霜基底

2

5a

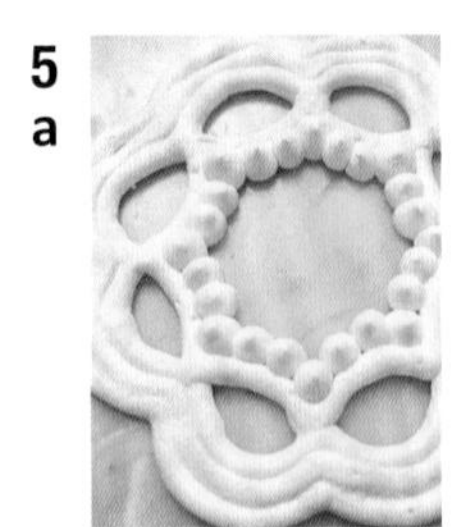

3a

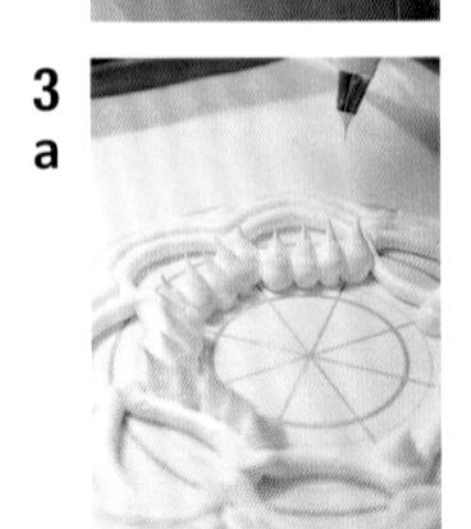

5b

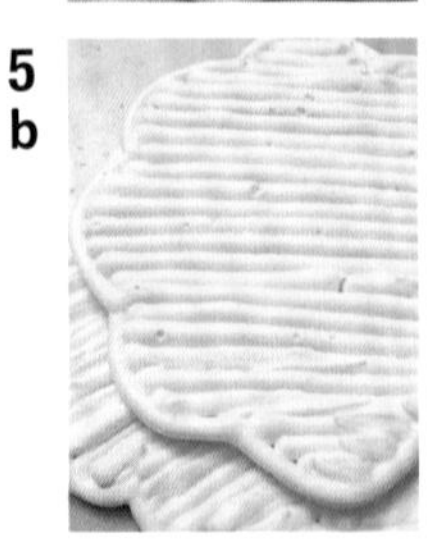

3b

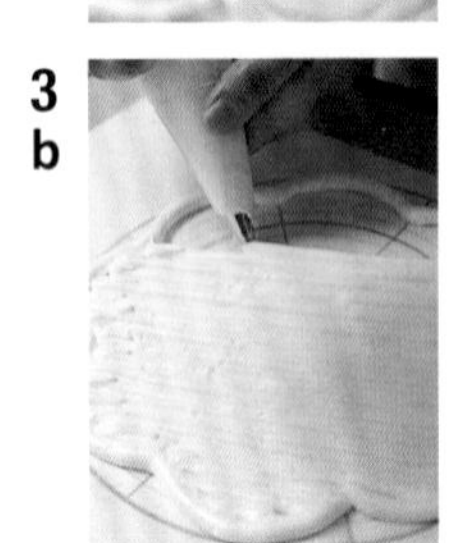

製作覆盆子鮮奶油

1

2

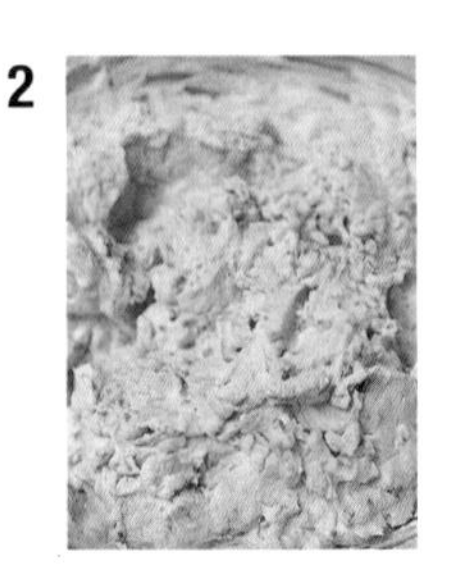

組合

1

4

2

5

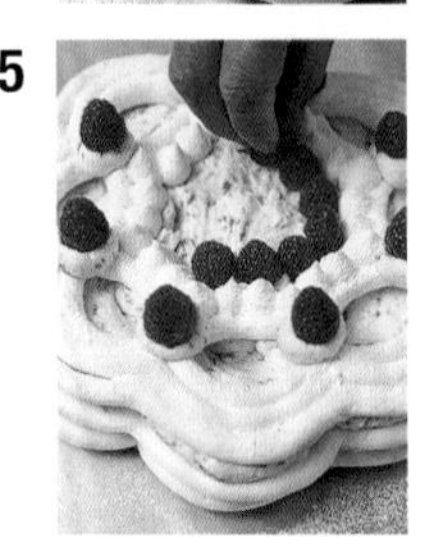

製作蛋白糖霜基底

1 攪拌盆裡放入蛋白，稍微打散，再加入完整份量的砂糖，攪拌打發起泡。

2 在完全打發的蛋白糖霜裡，加入糖粉，混合均匀。製作成富光澤感、質地偏硬的蛋白糖霜基底（**2**）。

3 把蛋白糖霜裝入附有 7 號圓形花嘴的擠花袋裡，搭配紙型擠出裝飾表層用的蕾絲花紋（**3a**）。底層跟中間層為實心花朵圖形（**3b**）。

4 在表層用的蛋白糖霜上，撒上糖粉。撒了糖粉的口感較為柔軟不黏口。如果不撒糖粉，烘烤過後口感則較為脆硬乾燥。

5 放入烤箱，以 105℃至 110℃烘烤 3 小時，緩慢烘烤而成（**5a**、**5b**）。

準備組合

使用比蛋白糖霜直徑再小一點的慕絲圈，切出派皮堤格基底，然後塗上覆盆子果醬。

製作覆盆子鮮奶油

1 攪拌盆裡放入新鮮覆盆子，加入覆盆子利口酒，搗碎覆盆子。加入砂糖和少量發泡鮮奶油，攪拌均勻（**1**）。

2 果實搗碎後，再加入剩下的鮮奶油攪拌均勻，再裝入擠花袋裡（**2**）。

組合

1 在派皮堤格基底上，疊上一片底層用的蛋白糖霜（**1**）。

2 在接近花朵形狀邊緣的內側，擠上覆盆子鮮奶油（**2**）。

3 疊上第 2 片中間層用的蛋白糖霜，和步驟 **2** 同樣擠上覆盆子鮮奶油。

4 放上最上層用的蛋白糖霜，撒上糖粉，在選定的位置上擠上覆盆子鮮奶油（**4**）。

5 放上新鮮覆盆子作裝飾。中央的空心圓位置也可放上覆盆子（**5**）。

Fürst-Pückler-Sahnetorte

佩克拉伯爵鮮奶油蛋糕

此款蛋糕的靈感來自於為了佩克拉侯爵所設計的三色冰淇淋。
在可愛的巧克力圓頂底下，
藏了香草、覆盆子、巧克力三種夾心。

尺寸　24cm1個
〔蛋糕基底〕
派皮堤格麵團（P.20）——1片
維也納麥森麵團（海綿蛋糕）（P.14）——3片
＊厚度1cm
維也納巧克力麥森麵團（巧克力海綿蛋糕）
（P.16）——1片
＊厚度1cm

〔發泡鮮奶油（a）〕
鮮奶油　Sahne——600g
砂糖　Zucker——30g

〔巧克力鮮奶油〕（合計=200g）
發泡鮮奶油（來自a）Schlagsahne——140g
甘納許　Ganache——60g
＊調溫巧克力以1/2份量的煮沸牛奶溶化後使用

〔香草鮮奶油〕（合計=200g）
發泡鮮奶油（來自a）Schlagsahne——140g
香草醬（P.29）——60g

〔覆盆子鮮奶油〕（合計=175g）
發泡鮮奶油（來自a）Schlagsahne——140g
覆盆子果醬　Himbeerkonfitüre——30g
覆盆子利口酒　Himbeergeist——5g

發泡鮮奶油（來自a）Schlagsahne——45g
杏仁膏底　Marzipanrohmasse——500g

〔裝飾巧克力〕
調溫巧克力　Kuvertüre——450g

〔裝飾奶油〕
發泡鮮奶油（來自a）Schlagsahne
…擠出所需要的蛋糕片數份量（共12處）
新鮮覆盆子
…裝飾在擠出的鮮奶油上（12顆）
烘烤過的杏仁片——適量

準備

a

準備
派皮堤格麵團以24cm直徑的慕絲圈切出尺寸後，塗抹上覆盆子果醬。放上同直徑大小的1cm厚巧克力海綿蛋糕，便完成了蛋糕基底（**a**）。

準備發泡鮮奶油
鮮奶油加入砂糖後打發起泡。

巧克力鮮奶油
將發泡鮮奶油加入隔水加熱融化後調溫巧克力當中，混合均勻。

覆盆子鮮奶油
混合覆盆子果醬、發泡鮮奶油、覆盆子利口酒。

香草鮮奶油
混合香草醬和發泡鮮奶油。

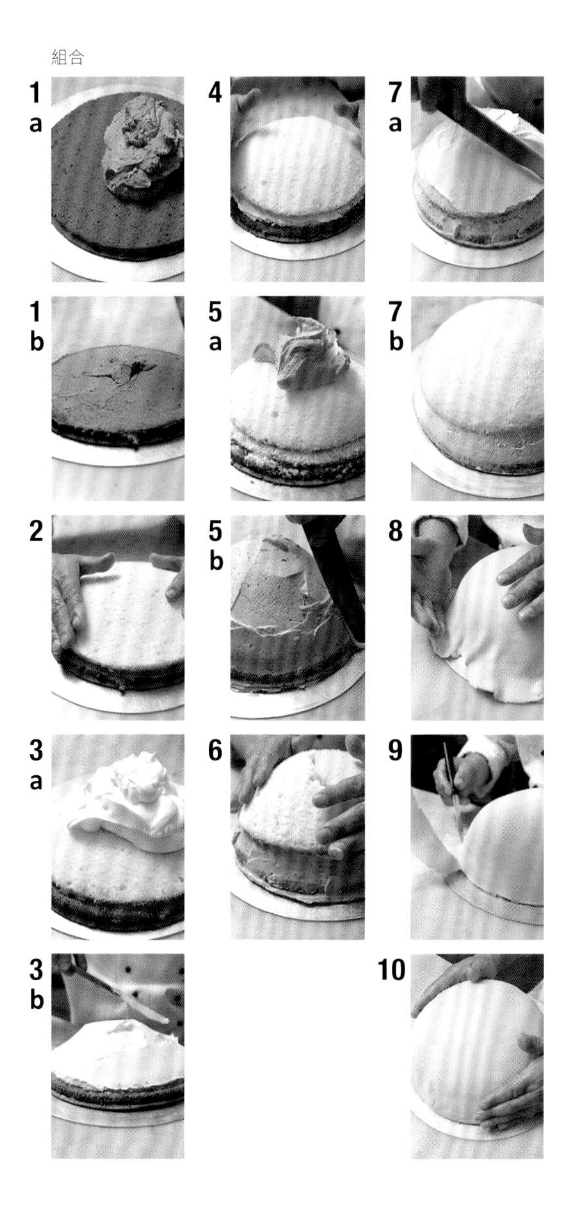

組合

1 在準備好的蛋糕基底上，塗滿巧克力鮮奶油（**1a**）。中央稍微略高隆起（**1b**）。
2 放上一片原味的海綿蛋糕（**2**）。
3 將香草醬塗抹於步驟 **2** 上方，使中央凸起（**3a**、**3b**）。
4 疊上第 2 片原味海綿蛋糕。由於中央較高，請確實按壓邊緣，以避免邊緣分離（**4**）。
5 將覆盆子鮮奶油塗抹整個蛋糕，中央明顯高高隆起（**5a**、**5b**）。
6 放上第 3 片原味海綿蛋糕。邊緣確實壓緊（**6**）。
7 以發泡鮮奶油薄塗於整個蛋糕表面（**7a**、**7b**）。
8 把杏仁膏底擀成厚度 2mm、直徑 30cm 的大圓。一邊擀麵，一邊撒上糖粉，避免沾黏工作檯或擀麵棍上。將擀薄的杏仁膏底完整覆蓋住整個蛋糕（**8**）。
9 以刀子切去邊緣多餘的杏仁膏底（**9**）。
10 以雙手壓緊邊緣，確實密合，完成漂亮的圓頂形狀（**10**）。

裝飾

1　將以隔水加熱融化的調溫巧克力，直接淋在蛋糕上（**1a**）。以石蠟紙在巧克力上移動，進行調溫的動作，同時也讓巧克力塗抹得更均勻（**1b**）。這個動作可讓巧克力產生一層具有光澤感的薄膜。如果淋上的是經過降溫的巧克力，表面的膜會太厚。直接在圓頂上進行調溫的難度較高。

2　在底部邊緣以 16 等分杏仁點綴（**2**）。

3　趁巧克力還沒變硬前，壓上 12 等分記號。

4　在等分好的蛋糕上，擠上 12 朵發泡鮮奶油花，再放上 12 顆覆盆子（**4**）。

1a

1b

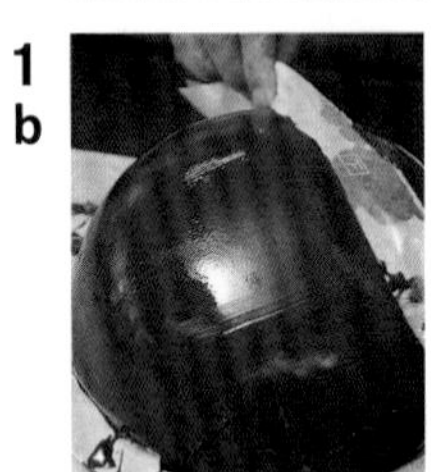

2

4

Anmerkung

19世紀的貴族——Hermann von Pückler-Muskau侯爵是一位優秀的景觀設計師，並以設計穆斯考爾公園（Muskauer Park）而聞名。他是個充滿冒險精神的人，所以針對他的喜好所設計出來的冰淇淋，包含了香草、草莓、巧克力三種口味。此款蛋糕維持了創新精神，變化成三色的侯爵蛋糕。莓果部分使用草莓或覆盆子皆可。

Heidelbeer-Sahneschnitte

藍莓鮮奶油小蛋糕

作成長方形再切成小塊，
是這一款在宴會時方便取用的小巧蛋糕。
除了藍莓口味之外，可隨季節變換水果製作喔！

尺寸　35×8×4.5cm 模型1個
　每塊切成4cm寬，共可切成8片

〔小蛋糕基底〕
派皮堤格麵團（P.20）——1片
調溫巧克力——適量

〔榛果酥餅麵團〕（合計=501g）
蛋　Vollei——200g
砂糖　Zucker——95g
低筋麵粉　Weizenmehl——80g
烘烤過的榛果粉
　Haselnüsse, geröstet, gerieben——55g
肉桂粉　Zimtpulver——1g
融化後的奶油　Butter, flüssig——70g

〔藍莓鮮奶油〕（合計=455g）
蛋黃　Eigelb——40g
砂糖　Zucker——45g
牛奶　Milch——25g
香草籽　Vanilleschote——1/4根
鹽　Salz——1g
鮮奶油　Sahne——230g
明膠粉　Gelatine——4g　＊以4倍的水還原
藍莓果泥　Heidelbeerkompott——110g

新鮮藍莓　Heidelbeern——240g

〔果凍凝膠〕
洋菜　Agar-Agar——5g
砂糖　Zucker——30g
水　Wasser——75g
白葡萄酒　Weißwein——25g

〔裝飾〕
發泡鮮奶油（無糖）——適量
烘烤過的杏仁片——適量

準備

a

製作榛果酥餅麵團

2

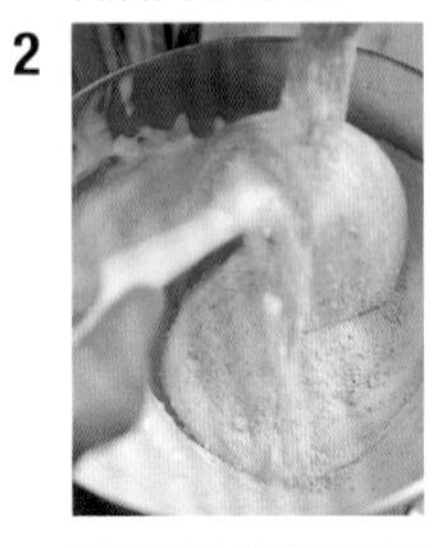

5

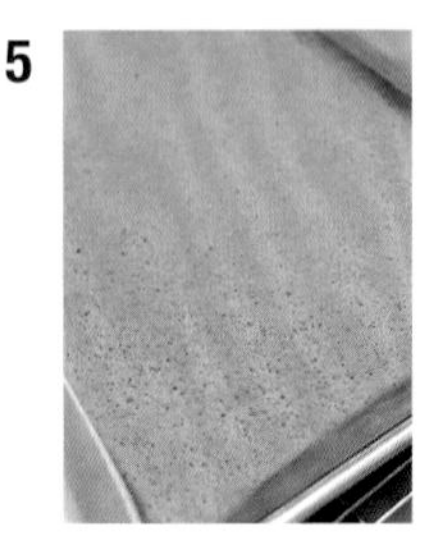

4

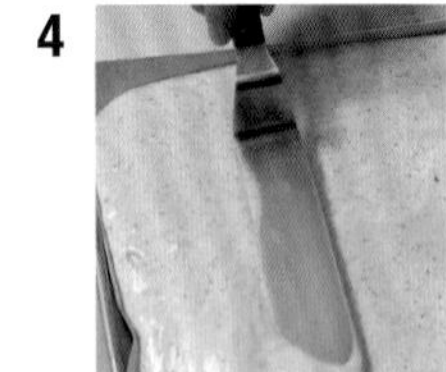

準備組合

a

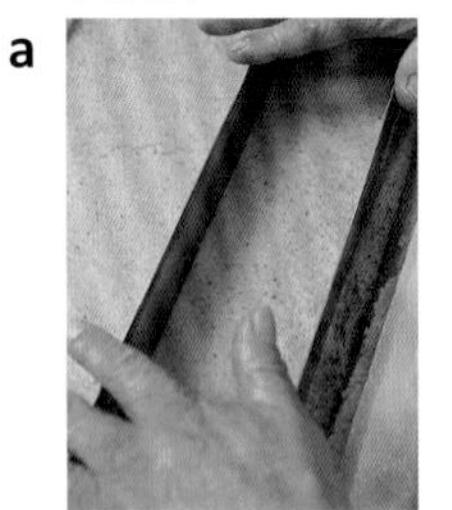

b

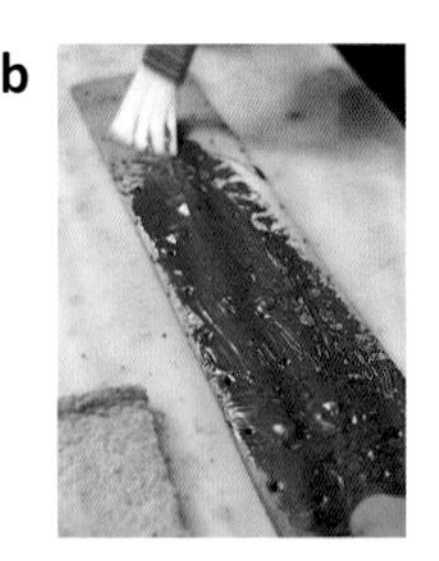

準備

- 擀平派皮堤格麵團後，以派皮戳洞器刺洞，再切出模型需要的尺寸。放入烤箱，以 180℃烤 20 分鐘（**a**）。
- 低筋麵粉、榛果粉、肉桂粉混合備用。

製作榛果酥餅麵團

1. 將蛋和砂糖放入攪拌盆，以中高轉速攪拌，打發至顏色變白，質地黏稠，以刮杓撈起後如同緞帶般垂落的呈度即可。
2. 在步驟 **1** 裡慢慢倒入粉類，混合均勻（**2**）。
3. 把融化奶油以刮杓銜接的方式倒入，均勻混合至麵團質地變得柔軟滑順。
4. 將麵團倒入鋪好烘焙紙的烤盤內，抹平表面（**4**）。
5. 放入烤箱，以 180℃烤 20 分鐘，烤出表面均勻好看的顏色即完成（**5**）。

準備組合

- 將冷卻後的榛果酥餅麵團切出兩塊模型的大小（**a**）。
- 在派皮堤格基底上，刷上融化的調溫巧克力（**b**）。上面疊上一片榛果酥餅，便完成了小蛋糕的模型基底。

藍莓鮮奶油

8

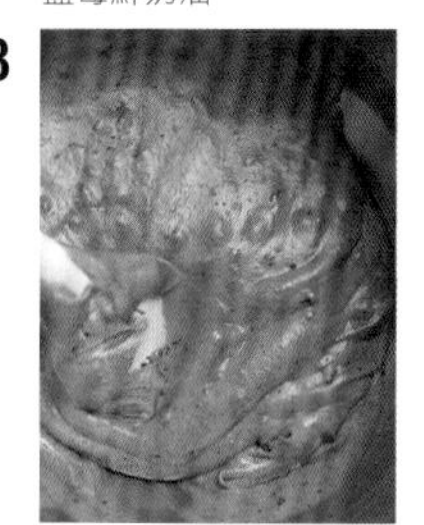

組合

1

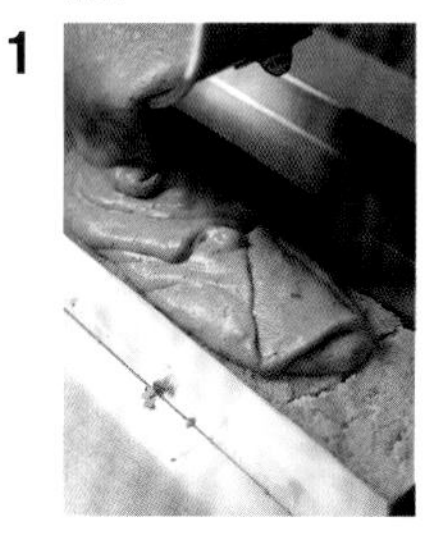

4

2 5

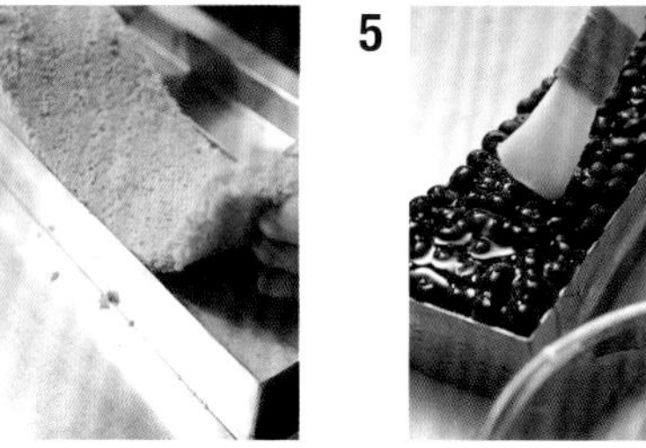

3

製作藍莓鮮奶油

1 蛋黃中加入 1/2 量砂糖，攪拌均勻。
2 步驟 **1** 裡加入鹽、香草籽，攪拌均勻。
3 步驟 **2** 裡加入溫熱的牛奶、剩餘的 1/2 量砂糖，混合後以火加熱。
4 加熱至質地變得黏稠後，熄火。倒入攪拌盆裡，盆底接觸冰塊，降溫冷卻。
5 另取一個攪拌盆放入鮮奶油，打發起泡(不加糖)後，加入以 4 倍水還原的明膠。
6 在步驟 **4** 中加入少量步驟 **5** 的發泡鮮奶油，混合均勻。
7 將步驟 **6** 倒回步驟 **5**，輕輕混合。
8 藍莓果泥加入步驟 **7** 裡，混合均勻（**8**）。

組合

1 將把藍莓鮮奶油倒入小蛋糕基底上（**1**）。
2 鮮奶油高度留 5mm 不要填滿。疊上第 2 片榛果酥餅（**2**）。
3 在步驟 **2** 上再填一層藍莓鮮奶油，高度比模型略低一點點，抹平表面（**3**）。放入冰箱冷藏固定。
4 蛋糕表面鋪滿新鮮藍莓（**4**）。
5 水加白酒煮至沸騰後，加入洋菜，煮至溶化。散熱後刷在步驟 **4** 的藍莓表面上（**5**）。
6 放入冰箱冷藏固定。

裝飾

洋菜凝固後即可取下模型。在底部邊緣擠上一圈細緻的發泡鮮奶油，抹平。將杏仁片放在鮮奶油上，作為裝飾。

Schokoladen-Sahneschnitte

巧克力鮮奶油小蛋糕

為巧克力蛋糕的小巧版。
可可粉&巧克力的甜苦味相互呼應，
再添加杏仁和榛果，融合成更深邃的好滋味。

尺寸 35×8×4.5cm模型1個
每塊切成4cm寬，共可切成8片

〔小蛋糕基底〕
派皮堤格麵團（P.20）——1片
覆盆子果醬——30g

〔杏仁可可麵團〕（合計=402g）
杏仁膏底 Marzipanrohmasse——50g
鹽 Salz——1g
水 Wasser——20g
蛋黃 Eigelb——50g
蛋白 Eiweiß——100g
砂糖 Zucker——80g
低筋麵粉 Weizenmehl——30g
肉桂粉 Zimtpulver——1g
可可粉 Kakaopulver——30g
烘烤過的榛果粉
Haselnüsse, geröstet, gerieben——40g

〔巧克力鮮奶油〕
鮮奶油 Sahne——400g
粉糖 Puderzucker——30g
鹽 Salz——1g
修道院酒 Chartreuse——6g
溶化的調溫巧克力 Kuvertüre, flüssig——60g
調溫巧克力碎片 Kuvertüre, gehackt——50g

〔裝飾〕
調溫巧克力碎片——適量
可可粉——適量

製作杏仁可可麵團

5

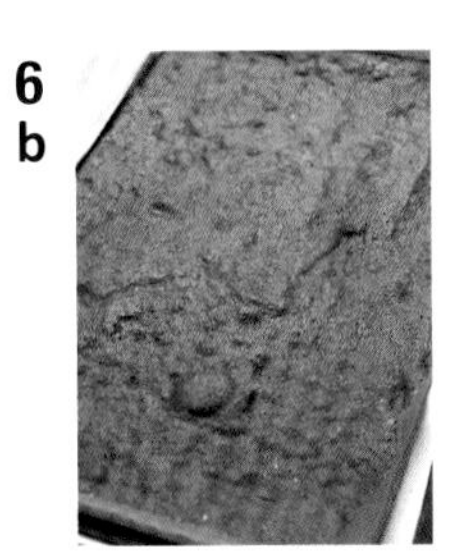

6b

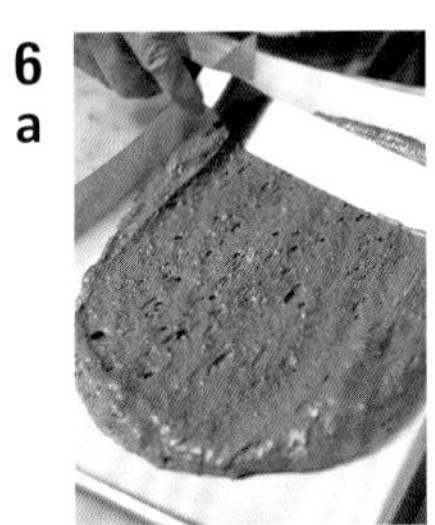

6a

準備組合

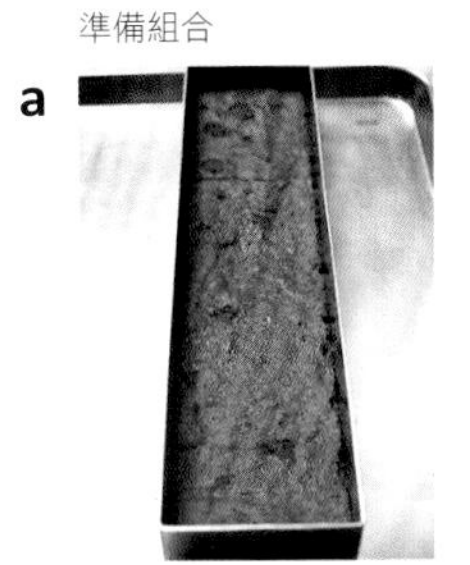

a

製作巧克力鮮奶油

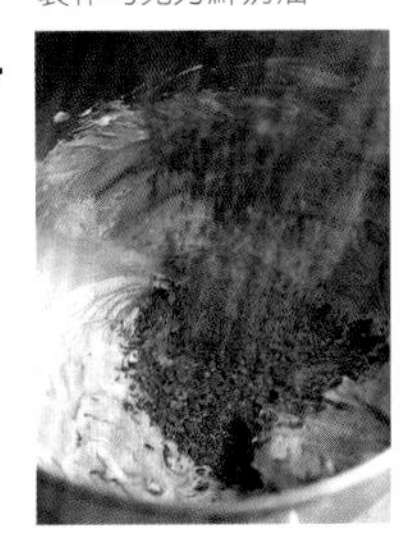

4

準備

- 擀平派皮堤格麵團，以派皮戳洞器刺洞，再切出模型需要的尺寸。放入烤箱，以180℃烤20分鐘（a）。
- 低筋麵粉、可可粉、榛果粉、肉桂粉混合備用。

製作杏仁可可麵團

1. 將杏仁膏底、鹽、水放入攪拌盆，輕柔地混合。
2. 慢慢加入蛋黃，同時打發至顏色變白，質地柔滑的狀態。
3. 另取一攪拌盆，放入蛋白、砂糖，完整打發成緊實的蛋白糖霜。
4. 在步驟 **2** 中加入 1/3 量的步驟 **3** 蛋白糖霜，攪拌均勻。蛋白糖霜完全消失前，慢慢倒入粉類，同時攪拌均勻。
5. 將步驟 **4** 倒回剩餘的蛋白糖霜中，盡量不要破壞糖霜的氣泡，以切拌的方式混合均勻（**5**）。
6. 將麵團倒入鋪好烘焙紙的烤盤上，均勻抹平（**6a**）。放入烤箱，以 180℃烤 20 分鐘（**6b**）。

準備組合

- 在派皮堤格基底上塗抹覆盆子果醬。
- 待杏仁可可麵團出爐冷卻後，以模型切出 2 片。一片疊在塗了果醬的派皮堤格基底上，即完成了小蛋糕的模型基底（**a**）。

製作巧克力鮮奶油

1. 攪拌盆裡放入鮮奶油、糖粉、鹽、修道院酒，混合後徹底打發起泡。
2. 倒入些許隔水加熱融化後的調溫巧克力，和步驟 **1** 混合。仔細攪拌均勻，直至完全乳化。
3. 將步驟 **2** 倒回步驟 **1**，混合均勻。
4. 將調溫巧克力碎片倒入步驟 **3**（**4**）。

組合

1

3

2

裝飾

3

4
b

4
a

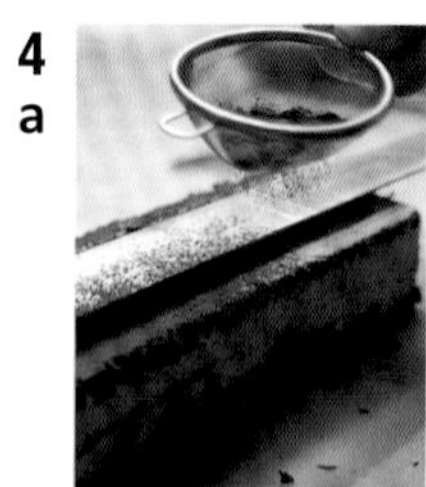

組合

1　把巧克力鮮奶油倒入準備好的小蛋糕基底中（**1**）。鮮奶油高度留5mm不要填滿，但鮮奶油塗抹延伸至模型邊緣，四周高、中央低（用來包覆後面的杏仁可可麵團）（**1**）。

2　疊上第2片杏仁可可麵團，確實密合（**2**）。

3　在步驟**2**上再填一層巧克力鮮奶油，填滿整個模型，抹平表面（**3**）。放入冷凍庫冷藏固定。

裝飾

1　取下模型，在底部邊緣擠上細細一圈巧克力鮮奶油，抹平。

2　以調溫巧克力碎片沾附於鮮油上，作為點綴。

3　從長邊向內1cm處，撒上調溫巧克力碎片，作正上方的裝飾（**3**）。

4　和步驟**3**相反，將中央有巧克力碎片處檔住，在長邊的1cm區域撒上過篩的可可粉（**4a**）。這個作法能在表面形成兩種不同的視覺效果，屬於立體裝飾法（**4b**）。

Quarak-Sahneschnitte

Quark乳酪鮮奶油小蛋糕

為起司蛋糕的小巧版。
尺寸嬌小，口感酥爽，
在入口的瞬間就能明顯感受到外形和口感的差異。

尺寸　35×8×4.5cm模型1個
　每塊切成4cm寬，共可切成8片

〔小蛋糕基底〕
派皮堤格麵團（P.20）——1片
杏桃果醬——30g
浸包蘭姆酒的白葡萄乾——15g

〔核桃酥餅麵團〕（合計=461g）
蛋　Vollei——150g
砂糖　Zucker——90g
現磨萊姆皮　geriebene Zitronenschale——1/4顆
鹽　Salz——1g
核桃粉　Walnüsse, gerieben——35g
低筋麵粉　Weizenmehl——80g
融化奶油　Butter, flüssig——45g

〔Quark乳酪醬〕（合計=410g）
蛋黃　Eigelb——25g
牛奶　Milch——30g
砂糖　Zucker——50g
鹽　Salz——1g
現磨萊姆皮　geriebene Zitronenschale——1/4顆
明膠粉　Gelatine——2g
＊以4倍的水還原
蘭姆酒　Rum——2g
Quark乳酪——150g
鮮奶油　Sahne——150g

〔裝飾〕
發泡鮮奶油（無糖）——適量
烘烤過的16等分杏仁顆粒——適量
微烤過的開心果——適量

準備

- 擀平派皮堤格麵團，以派皮戳洞器刺洞，再切出模型需要的尺寸。放入烤箱，以180℃烤20分鐘。
- 低筋麵粉、核桃粉，混合備用。
- 葡萄乾浸泡蘭姆酒一晚。

製作核桃酥餅麵團

1 將蛋、砂糖放入攪拌盆，以中高轉速打發至顏色變白，質地黏稠，以刮杓撈起會呈現緞帶般落下的狀態即可。
2 步驟 **1** 裡慢慢加入粉類，混合均勻（**2**）。
3 融化奶油以刮杓銜接的方式加入，攪拌混合至麵團質地變得柔滑。
4 把麵團倒入鋪好烘焙紙的烤盤上，抹平表面(**4**)。
5 放入烤箱，以 180℃烤 20 分鐘（**5**）。

準備組合

- 出爐冷卻後的核桃酥餅，以模型壓切出 2 塊（**1**）。
- 將杏桃果醬塗 派皮堤格基底上，疊上一片核桃酥餅，再加上模型，然後撒上蘭姆酒漬葡萄乾，即完成了小蛋糕的基底（**2**）。

製作核桃酥餅麵團

2

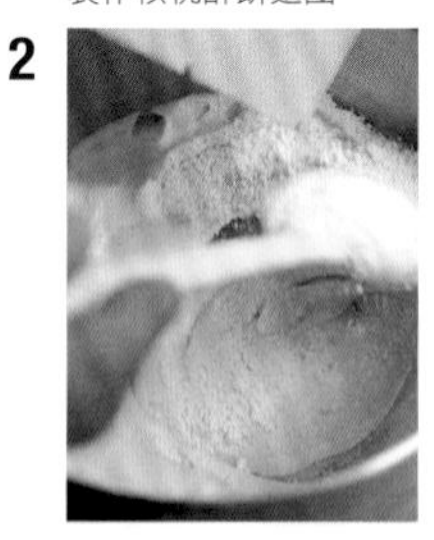

5

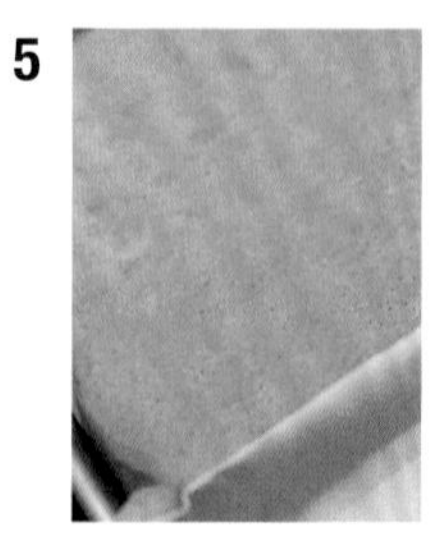

4

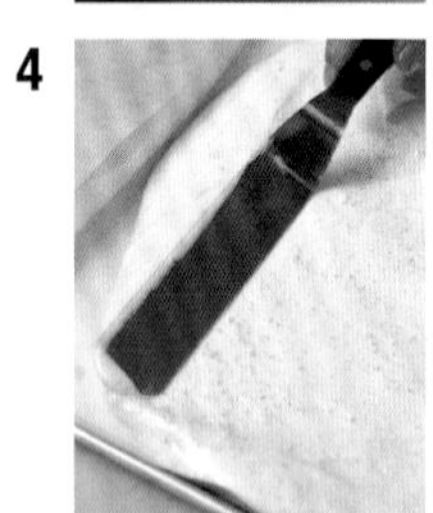

準備組合

1

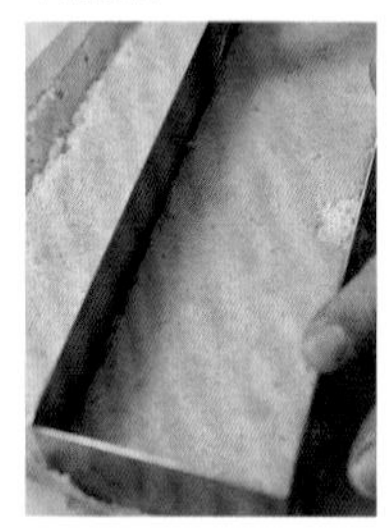

2

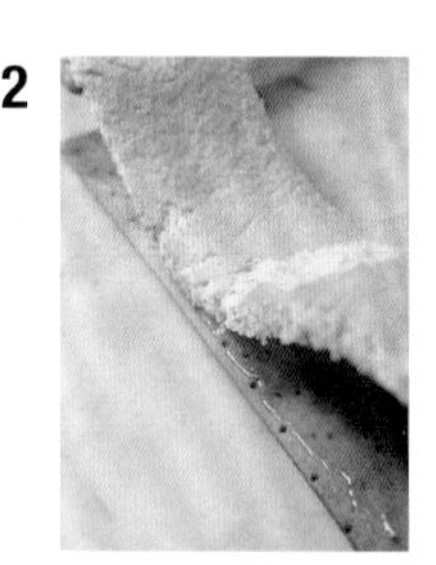

製作Qaurk乳酪醬

6

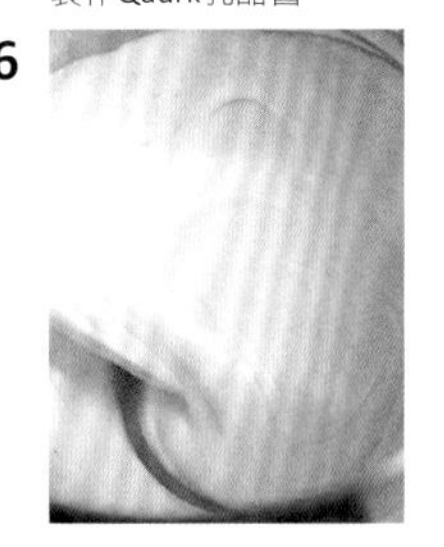

組合

1

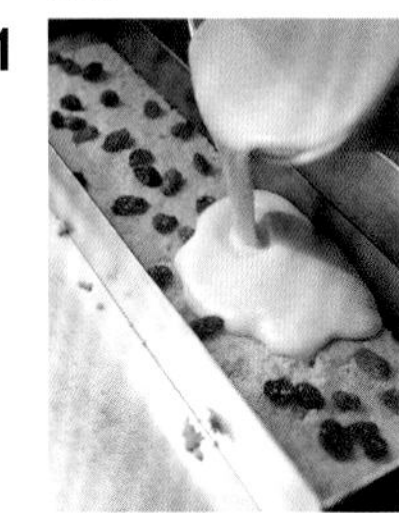

3
a

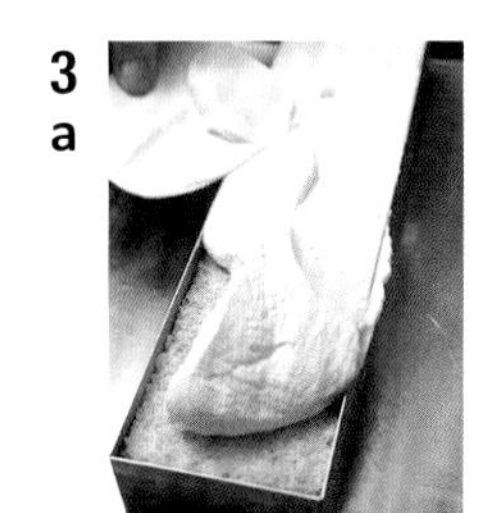

2

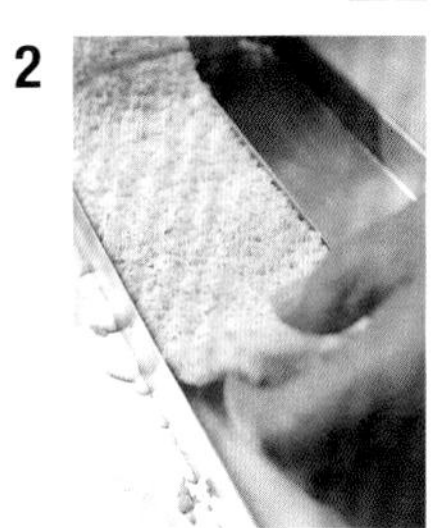

3
b

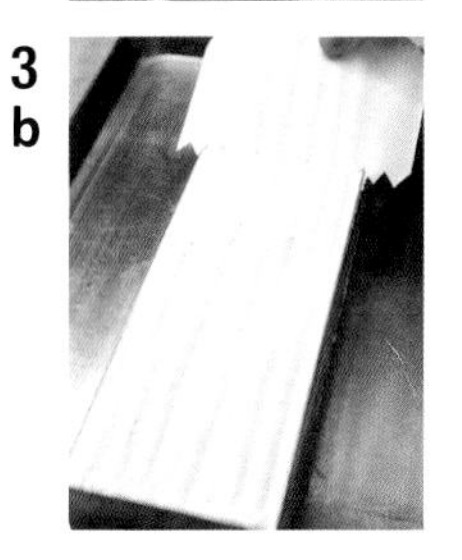

裝飾

4

製作Quark乳酪醬

1 將蛋黃在攪拌盆中打散，加入砂糖，混合均匀。再加入鹽、牛奶、現磨萊姆皮，倒入鍋子裡。

2 加熱步驟 **1**。待溫度升高至 83℃至 85℃，質地變黏稠後，即可熄火。倒入攪拌盆中，底部接觸冰塊，降溫散熱。

3 在鮮奶油中加入以 4 倍水分還原後的明膠後，打發起泡（不加糖）。

4 在步驟 **2** 裡加入少量的步驟 **3** 發泡鮮奶油，混合均匀。

5 把步驟 **4** 倒回剩下的鮮奶油（步驟 **3**）中。輕輕拌匀。

6 步驟 **5** 中加入 Quark 乳酪，攪拌均匀（**6**）。

組合

1 在準備好的小蛋糕基底裡，倒入Quark乳酪醬（**1**）。

2 乳酪醬留 5mm 高度，不要填滿模型，然後放上第2片核桃酥餅。放入冷凍庫裡，冷藏固定（**2**）。

3 將鮮奶油稍微打發後，塗抹在已經固定的步驟 **2** 上，填滿整個模型（**3a**）。表面以波浪形刮板刮出凹凸圖案（**3b**）。再次放入冷凍庫。

裝飾

1 取下模型。可以瓦斯槍加熱模型，較方便取出。

2 側面薄薄地塗上發泡鮮奶油。

3 底部邊緣放上16等分杏仁顆粒，作為裝飾（**4**）。

Café König
Lichtentaler Str.12 76530 Baden-Baden

Gmeiner先生是鮮奶油蛋糕及巧克力點心的專家。每年冬天都會為了準備聖節禮品的巧克力，投入大量心血。

舉世聞名的觀光聖地——巴登巴登
融合現代歐洲的灑脫＆德意志風格

位於德國黑森林Schwarzwald的北部有一個名叫巴登巴登Baden-Baden的觀光城市，以擁有許多溫泉而聞名全歐洲。從古至今，都相當受到遊客們的喜愛。位置距離法國不遠，近年來更出現了俄羅斯觀光客人潮。其中位於市中心的「Café König」於2003年轉讓給現任經營者－Volker Gmeiner時。原本是一家只有老爺爺、老奶奶才會造訪的小店。如今卻搖身一變，成了男女老少都很喜愛的時髦咖啡館兼糕餅店。曾經在維也納及倫敦進修過的年輕老闆，為了作出符合時代感的甜點，將整個店鋪都變年輕了。

「我們的風格曾經一度走向法式。因為巴登巴登有許多外國來的遊客。」Gmeiner先生接著說道：「不過考慮到本地的常客，我們立刻拉回店鋪的原點。專心一致地製作獨具魅力的德式甜點。」

雖然法式甜點充滿了吸引力，但德國糕點的現代感和法式的氛圍並不相同。「德國的蛋糕有四個基本要素：酸味、苦味、砂糖的甜味、鹽的鹹味。蛋糕的質地也很重要，就像指揮家一般，將這些味道完美地融合在一起，正是德國甜點的魅力所在。而德國甜點中，入口即化的鮮奶油、新鮮水果的水分，都希望能夠分毫不差地呈現給每位品嚐的客人。德式鮮奶油真的很清爽，甚至連法國人都讚不絕口，就像是吃到空氣一樣輕盈。」一邊這麼說著，Gmeiner先生也笑了起來。

Gmeiner先生居住在距離巴登巴登約一小時車程的奧芬堡Offenburg。他同時也繼承了老家傳承下來的糕餅店。1980年代，奧芬堡總共有六家咖啡廳兼糕點店，如今只剩下Gmeiner先生家的老店。即便如此，他仍舊積極投身於開發巧克力相關的新商品、開展新店鋪等工作。生活雖然忙碌，但沒有忘記持續不斷地探索新的味道。從不同產地來的數十種配方，試了又試，終於推出的招牌黑森林櫻桃蛋糕。從老一輩的作法——將櫻桃果實直接排列於蛋糕上，慢慢變成以果凍和櫻桃結合，最後演變成和巧克力慕絲搭配的組合。他也將自己獨創的西班牙香草蛋糕重新翻案。改以更鮮明的綠色巧克力來作點綴裝飾。「雖然不是非用綠色不可，但我太太說，店裡櫥窗都是棕色和紅色，來點綠色也不錯。」Gmeiner先生笑著說出了這個小祕密。他並不熱衷於專研高級或複雜困難的點心裝飾，反而認為製作容易被客人理解接受，又帶有手工溫度的作法才是最重要的。採納了來自夫人的建議，作成綠色巧克力的西班牙香草蛋糕，成了Café König最受歡迎的一道甜品。同時擁有歐洲的灑脫氣息和手工親製的溫暖氛圍，就是德式糕點讓人愛不釋口的原因。

Sacher
CAFE KÖNIG
BADEN-BADEN
CONFISERIE

【Café König】

Schwarzwälder Kirschtorte

黑森林櫻桃蛋糕／西班牙香草蛋糕

如同地名——黑森林，
以Schwarzwald蒼鬱且廣濶的森林裡，
所摘取的櫻桃所作成的蛋糕，
正是聞名遐邇、
最具代表性的德國糕點之一。
而Café König店內的黑森林蛋糕，
有著令人驚喜的現代風味。
櫻桃內餡柔軟有彈性，
奢華地使用了兩種調溫巧克力，
再加上巧克力慕絲。
吃上一口，
輕盈的口感在口中溫和地擴散開來，
又令人再次體會到
德式甜點的精髓所在。

尺寸 26cm蛋糕模型

〔維也納巧克力麥森麵團〕（巧克力海綿蛋糕）
12個份（合計＝10680g）

蛋 Vollei——3750g
蛋黃 Eigelb——550g
砂糖 Zucker——3000g
鹽 Salz——適量
現磨萊姆皮 geriebene Zitronenschale——適量
香草籽 Vanilleschote——適量
麵粉 Weizenmehl——2000g
小麥澱粉 Weizenpuder——500g
可可粉 Kakaopulver——280g
奶油 Butter——600g

〔維也納麥森麵團〕（原味海綿蛋糕）
12個份（合計＝10750g）

蛋 Vollei——4000g
砂糖 Zucker——3000g
鹽 Salz——適量
現磨萊姆皮 geriebene Zitronenschale——適量
香草籽 Vanilleschote——適量
麵粉 Weizenmehl——2500g
小麥澱粉 Weizenpuder——500g
奶油 Butter——750g

〔內餡〕1個份

酸櫻桃（果實） Sauerkirschen——350g
酸櫻桃果汁 Kirschsaft——225g
卡士達粉 Cremepulver——35g
砂糖 Zucker——90g
萊姆汁 Zitronensaft——10g
肉桂粉 Zimtpulver——10g

〔巧克力慕絲的材料〕1個份

砂糖 Zucker——45g
水 Wasser——17g
蛋黃 Eigelb——40g
蛋 Vollei——30g
孟加里調溫巧克力 Manjari-Kuvertüre——80g
阿拉瓜尼調溫巧克力 Araguani-Kuvertüre——55g
鮮奶油 Sahne——160g

〔櫻桃利口酒風味鮮奶油的材料〕1個份
明膠粉 Pulvergelatine —— 20g
砂糖 Zucker —— 35g
水 Wasser —— 45g
櫻桃利口酒 Kirschwasser —— 65g
鮮奶油 Sahne —— 1000g

〔糖漿A〕1個份
櫻桃利口酒 Kirschwasser —— 40g
糖漿（砂糖＋水同比例） Lauterzucker —— 40g

〔糖漿B〕1個份
浸泡過櫻桃果實的櫻桃利口酒＊
Kirschsaft-Kirschwasser —— 40g
糖漿（砂糖＋水同比例） Lauterzucker —— 40g
＊以櫻桃利口酒浸泡櫻桃果實，果實的紅色色素會滲出，染紅利口酒。

〔裝飾〕1個份
派皮堤格麵團（直徑24cm厚5mm） —— 1片
覆盆子果醬 —— 適量
調溫巧克力碎片 —— 適量
補翻譯 —— 7粒
裝飾用的巧克力片 —— 7片

製作蛋糕主體

1
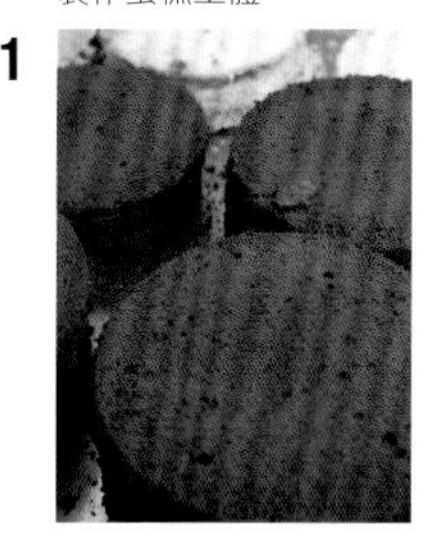

製作巧克力慕絲

2
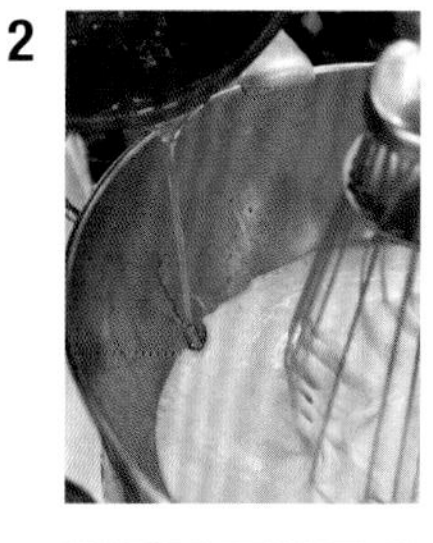

4

3
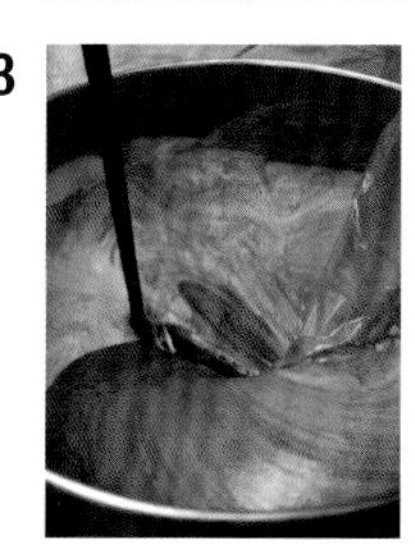

5
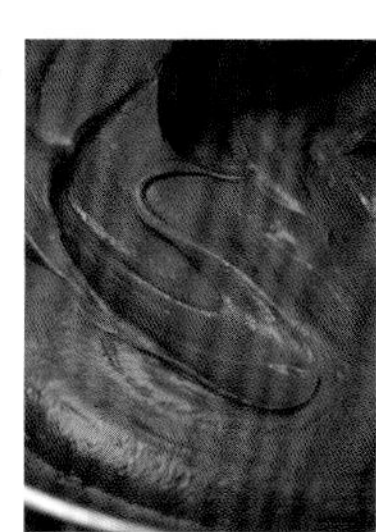

製作蛋糕主體

1 以基本的維也納麥森麵團的作法，作出原味及巧克力 2 種口味的海綿蛋糕（**1**）。
2 倒入直徑 24cm 的模型中，將準備好的麵團放入烤箱烘烤。
3 巧克力海綿蛋糕切成 1cm 和 5mm，2 種不同厚度蛋糕層。1cm 厚用於基底，5mm 厚用於上層。
4 原味海綿蛋糕則切成 5mm 厚用於中間層。

製作巧克力慕絲

1 砂糖和水混合後加熱，同時打發蛋黃。當糖漿加熱至 95℃後熄火，然後利用餘熱把溫度帶升 96℃。
2 利用 Pâte à bombe（餡炸彈麵糊）的技巧，在蛋黃打發的同時，把步驟 **1** 的糖漿以細線狀慢慢倒入，混合均勻（**2**）。
3 當蛋黃被打發後，再慢慢加入已溶化的調溫巧克力，同時繼續攪拌混合（**3**）。
＊混合巧克力和水分需要一定的時間，所以不要心急，確實地攪拌。蛋黃和巧克力的溫度達到一致是重要的步驟。
4 在步驟 **3** 裡加入打發後的鮮奶油（**4**）。
5 盡量不要破壞泡沫，讓慕絲質地能夠更為膨鬆，請改以手動方式混合。藉由手動混合也能知道溫度和狀態，便於調整（**5**）。

製作內餡

以少量的櫻桃果汁溶解卡士達粉。剩下的果汁和砂糖、萊姆汁、肉桂粉混合後加熱。沸騰後加入之前和卡士達粉混合後的果汁，再加熱1至2分鐘，同時攪拌均勻。熄火後，小心地把果實加入，仔細混勻。

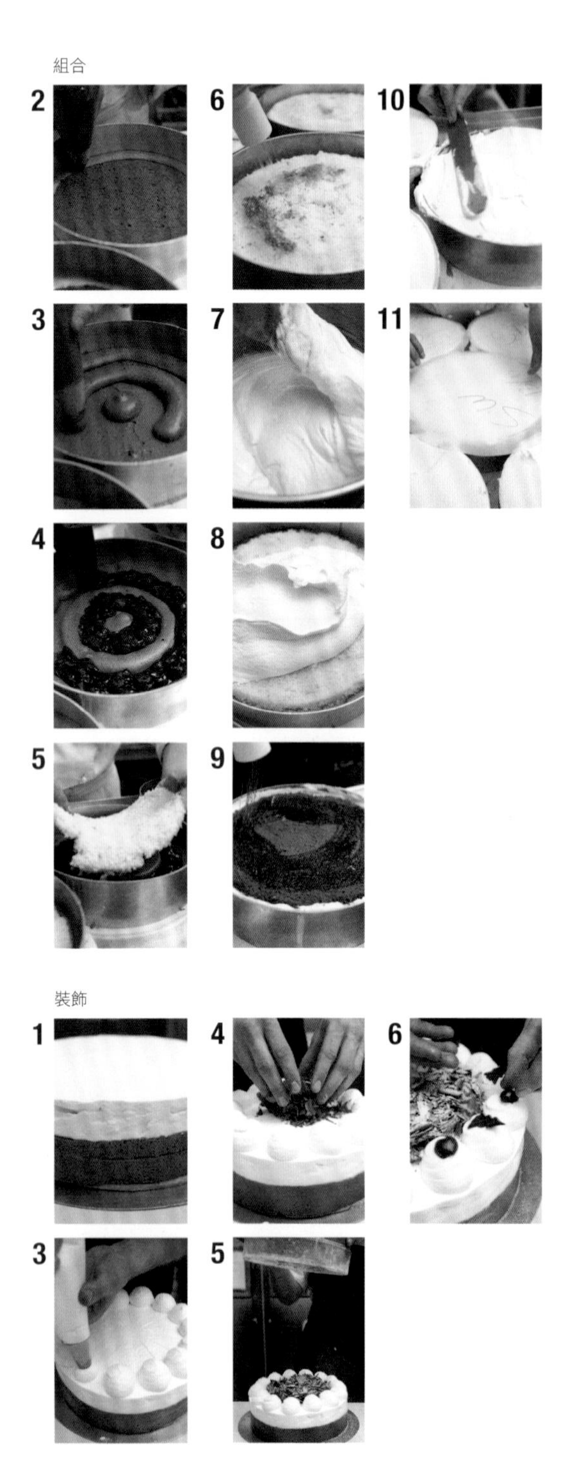

組合

1 在模型內側貼上保鮮膜，底部鋪上 1cm 的巧克力海綿蛋糕。
2 將巧克力慕絲裝入擠花袋，擠在模型和海綿蛋糕中間，再擠在蛋糕的正上方，抹平表面（**2**）。
3 再以慕絲擠出兩個圓圈（**3**）。
4 在巧克力慕絲中間，擠上內餡（**4**）。
5 疊上一層原味海綿蛋糕（**5**）。
6 淋上糖漿 A（**6**）。
7 製作櫻桃利口酒口味的鮮奶油。將水煮至沸騰，加入櫻桃利口酒和明膠粉，繼續加熱。加入發泡鮮奶油拌勻後，再倒回剩下的鮮奶油裡混合均勻（**7**）。
8 將步驟**7**的鮮奶油倒在步驟**6**上方，抹平表面（**8**）。
9 重疊上層用的 5mm 巧克力海綿蛋糕，再淋上糖漿 B（**9**）。
10 將步驟 **7** 的鮮奶油倒在步驟 **9** 的上方，抹平表面（**10**）。
11 蓋上烘焙紙，放入冷凍庫固定（**11**）。

裝飾

1 在直徑 24cm 的派皮堤格麵團上，塗上覆盆子果醬，放上冷凍過後的蛋糕（**1**）。
＊由於使用了保鮮膜，可以清楚地看到上下兩層的分別。
2 蓋上烘焙紙會使表面凹凸不平，請以溫熱過的刮杓把表面整齊地抹平，再按壓上 14 等分記號。
3 將櫻桃利口酒風味的鮮奶油放入裝有圓形花嘴的擠花袋內擠出（**3**）。
4 在中間擺上調溫巧克力碎片（**4**）。
5 從高處撒下糖粉，製造出雪花的景象（**5**）。
6 以樹木造型的巧克力片和對半切開的櫻桃作裝飾（**6**）。

【Café König】

Spanischer Vanille Torte

西班牙香草蛋糕

一般的西班牙香草蛋糕需要經過烘烤而成。
以鮮奶油蛋糕的作法重新詮釋，則是Gmeiner先生的創新作法。
利用調溫巧克力的特性，在麵團裡加入了巧克力，口感在濃郁中帶有微酸。

尺寸 26cm蛋糕模型

〔西班牙麵團〕11個份，可切成44片（合計＝7150g）

蛋白 Eiweiß——2160g
砂糖 Zucker——1500g
鹽 Salz——適量
蛋黃 Eigelb——1440g
香草籽 Vanilleschote——20g
香草香精 Vanille, flüssig——30g
麵粉 Weizenmehl——1000g
瓜納拉調溫巧克力 Guanaya-Kuvertüre——500g
杏仁粉 Mandeln, gerieben——500g

〔西班牙香草醬〕10個份（合計＝12150g）

鹽 Salz——適量
牛奶 Milch——5600g
砂糖 Zucker——2500g
卡士達粉Cremepulver——750g
蛋黃 Eigelb——800g
香草籽 Vanilleschote——10根
奶油 Butter——1250g
奶油（第2次） Butter——1250g

〔裝飾〕1個份

原味海綿蛋糕（直徑24cm厚度5mm）
Boden——1片
覆盆子果醬 Himbeerkonfitüre——適量
克林姆醬 Buttercreme——適量
調溫巧克力（削成薄片）——適量
杏仁膏底（調成綠色）——適量
裝飾用巧克力——適量

製作麵團

2

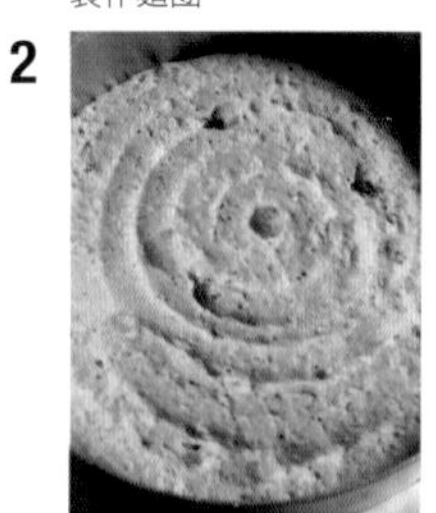

製作西班牙麵團

1　加入巧克力後，以分蛋法進行。在蛋白裡加入半量的砂糖＋鹽，打發成蛋白糖霜。蛋黃加入一半量的砂糖＋香草籽，打發起泡再混勻後者。

2　加入麵粉、杏仁粉、削成薄片的調溫巧克力，攪拌成麵團後，配合蛋糕的直徑大小，烤成薄層（**2**）。

＊為了保持口感清爽，不添加奶油。

＊以不含巧克力的原味海綿蛋糕作為蛋糕的基底。

製作香草醬

1

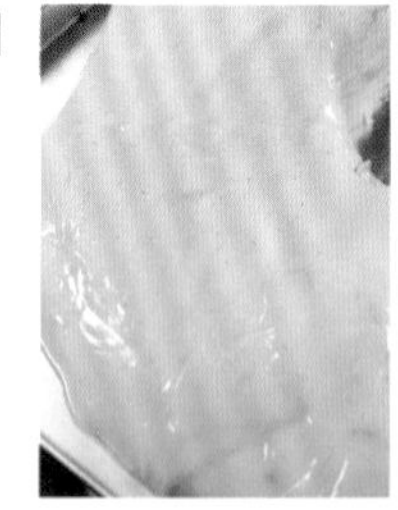

2b

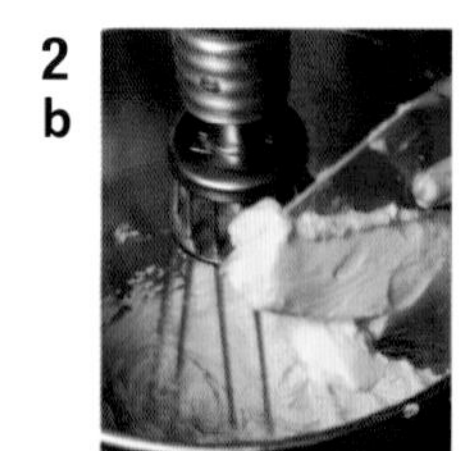

2a

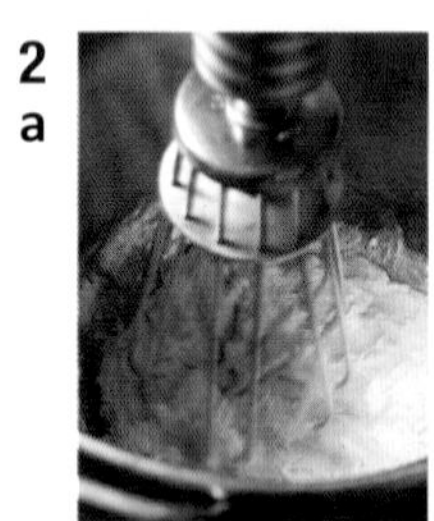

3

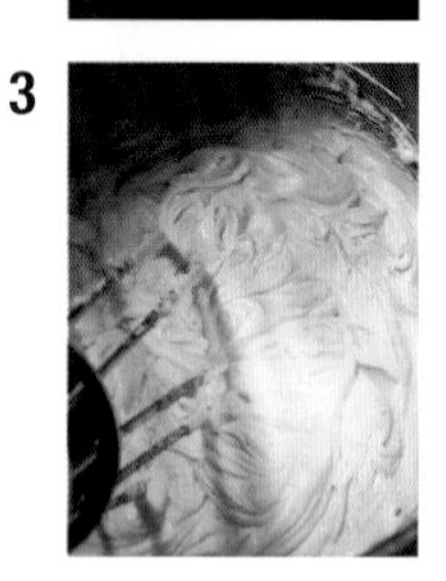

製作香草醬

1　製作西班牙香草醬。將蛋黃和砂糖混合攪拌均勻，加入鹽、香草籽，再倒入溫熱的牛奶，進行加熱。倒入卡士達醬的粉末，增加黏性（**1**）。

2　將奶油以電動攪拌器拌開，持續打散至奶油變成白色的乳霜狀（**2a**）。加入香草醬混合均勻，放進冰箱冷藏固定（**2b**）。

3　將冰涼的步驟 **2** 的香草醬放入攪拌盆裡打散拌開，待質地恢復柔軟後，加入第 2 次的奶油，攪拌混合均勻，直至整體變得豐厚柔軟且沒有結塊即可（**3**）。

組合

1

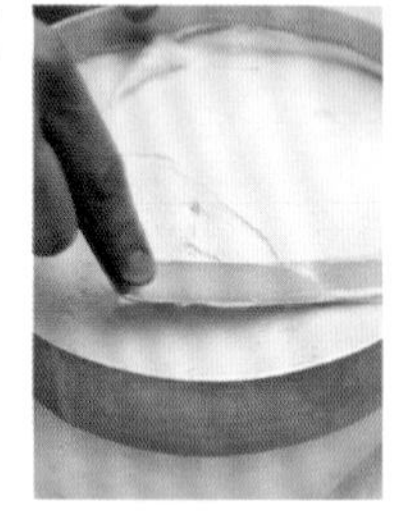

3

2

4

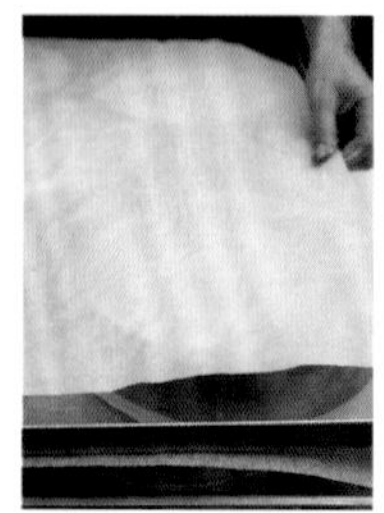

組合

1　在圓形烘焙紙上放上慕絲圈，放入 1 片西班牙麵團。塗上香草醬，以蛋糕抹刀抹平表面（**1**）。

2　加上第2片西班牙麵團。重複步驟至疊完4層（**2**）。

3　放上第 4 片西班牙麵團時，總高度會超過模型，請以手下壓，使蛋糕和慕絲圈同高（**3**）

4　蓋上烘焙紙，加上鐵板等重物，使麵團和香草醬確實緊密結合。放入冷凍庫固定（**4**）。

裝飾

1 將原味海綿蛋糕放在底部，塗抹上覆盆子果醬。可以任何口味的果醬取代（**1**）。

2 把步驟 **1** 墊在冷凍過後的蛋糕體下方後，移除模型（**2**）。

3 準備好基本的克林姆醬（在奶油裡加入香草醬），塗抹於整個蛋糕外層（**3**）。

4 底部邊緣以巧克力碎片裝飾（**4**）。

5 將綠色的杏仁膏底擀成圓形後，再以刀子切成 14 等分，平均擺放在蛋糕正面（**5**）。

6 正中央撒上開心果顆粒，杏仁膏上擠出克林姆醬，再裝飾上巧克力片（**6**）

裝飾

1

2

3

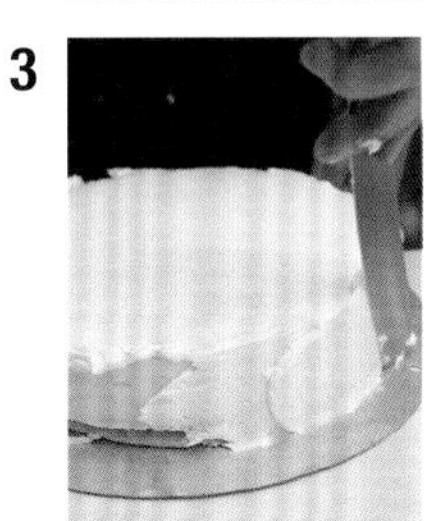

4

5

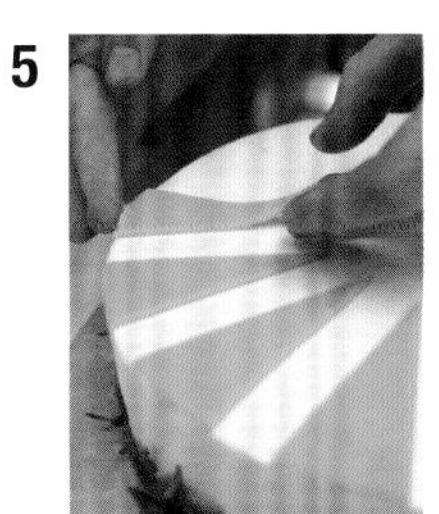

6

Kapitel

6

Traditionelle Süßwaren und Lebkuchen

以風味獨特的麵團製作傳統點心

Rehrücken

雷修肯鹿背蛋糕

以杏仁所製造出來小小的尖刺，
製作成這一款外形有如肋骨般的圓拱形長條蛋糕。
極富特色的裝飾象徵了鹿的背肉料理，
為奧地利最著名的傳統點心之一。

尺寸　30cm的雷修肯模型1個

〔雷修肯麵團〕（合計=582g）

蛋黃　Eigelb —— 80g
蛋黃用砂糖　Zucker —— 50g
柳橙皮　Abrieb von Orange —— 1顆
蛋白　Eiweiß —— 120g
鹽　Salz —— 2g
蛋白用砂糖　Zucker —— 100g
低筋麵粉　Weizenmehl —— 30g
杏仁粉　Mandeln, gerieben —— 150g
麵包粉　Brösel —— 50g

〔裝飾〕

杏桃果醬　Aprikosenkonfitüre —— 100g
調溫巧克力
Kuvertüre —— 200g
杏仁條
Mandelsplitter —— 100g

準備

- 雷修肯模型內薄塗一層奶油，以 16 等分杏仁顆粒沾滿內側（**a**）。
- 混合杏仁粉、低筋麵粉、麵包粉（**b**）。

製作麵團

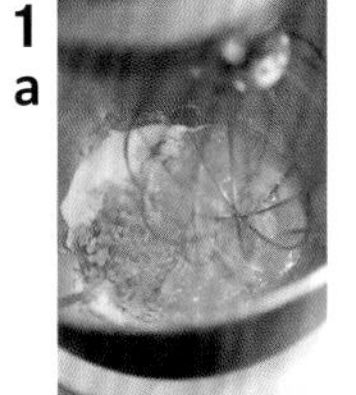

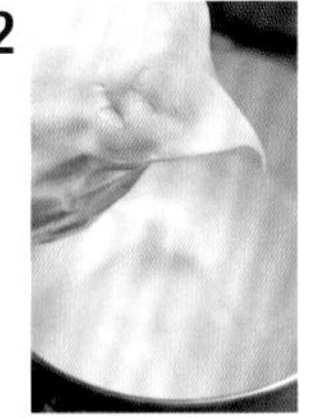

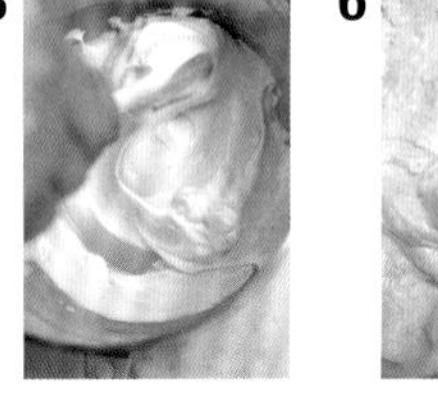

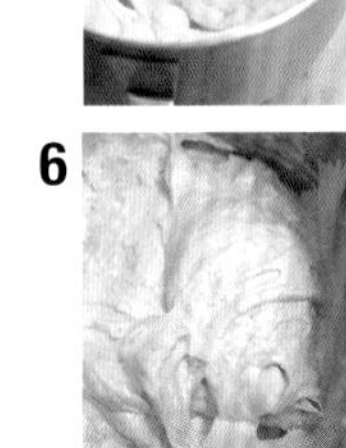

製作麵團

1 將蛋黃放入攪拌盆中打散，加入柳橙皮、砂糖（**1a**），打發至顏色變白，質地黏稠即可（**1b**）。

2 另取一個攪拌盆，放入蛋白、砂糖，打發成蛋白糖霜（**2**）。

3 在步驟 **1** 的蛋黃裡加入 1/3 份量的蛋白糖霜，仔細混勻（**3**）。

4 再加入 1/3 份量的蛋白糖霜，以切拌的方式混勻，趁糖霜尚未完全消失前，慢慢倒入粉類，混合均勻（**4**）。

5 在粉類完全倒完之前，倒入最後剩下的 1/3 蛋白糖霜。

6 倒入剩下的粉類，整體攪拌均勻（**6**）。

倒入模型

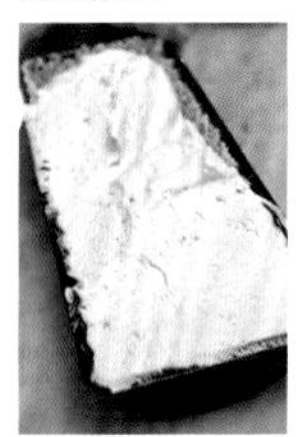

倒入模型

從準備好的模型中央開始以刮杓把麵團倒入模型裡。左右二邊的凹凸處確實以刮杓壓緊麵團，以貼合模型。麵團要填滿整個模型。

烘烤

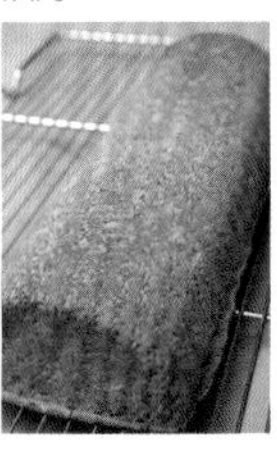

烘烤

1 放入烤箱，以 190℃烤約 25 分鐘。

2 出爐後放在網架上，上下顛倒，連同模型一起散熱至不燙手後，取下模型，繼續放涼冷卻。

裝飾

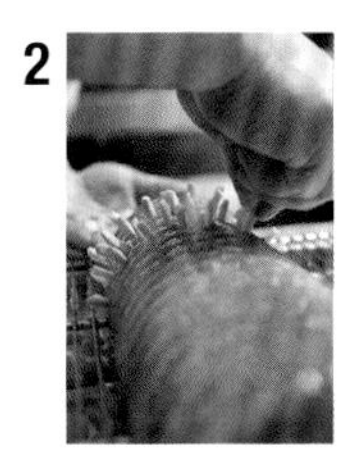

裝飾

1 杏桃果醬加溫，可加水調整濃度，但不可過稀，以免滲透到蛋糕。塗在冷卻後雷修肯蛋糕上（**1**）。

2 交互插上烘烤過的杏仁條（**2**）。

3 將隔水加熱融化的調溫巧克力，經過調溫（Tempering）後，從上方淋下覆蓋整個外表（**3**）。

4 待巧克力完全凝固後，再以溫熱過的刀子先按壓出紋路，再等分切開。

Mohrenkopf

摩爾頭

造型有如摩爾人頭形的小點心。
口感輕爽的餅乾質地，類似日本的傳統餅乾「丸芳露」。
中間夾了大量的奶油夾心，是德國人相當喜愛的一道甜點。

尺寸　直徑5cm 共7個

〔餅乾麥森麵團〕（合計=501g）

蛋黃　Eigelb —— 100g
水　Wasser —— 10g
蛋黃用砂糖　Zucker —— 35g
現磨萊姆皮　geriebene Zitronenschale —— 1/2顆
香草籽　Vanilleschote —— 1/2本
蛋白　Eiweiß —— 180g
蛋白用砂糖　Zucker —— 65g
鹽　Salz —— 1g
低筋麵粉　Weizenmehl —— 55g
小麥澱粉　Weizenpuder —— 55g

〔巧克力淋醬材料〕

調溫巧克力
　Kuvertüre —— 100g
可可粉　Kakaobutter —— 20g

〔發泡鮮奶油的材料〕(a)

鮮奶油　Sahne —— 500g
砂糖　Zucker —— 50g

〔覆盆子鮮奶油的材料〕

發泡鮮奶油(a)　Schlagsahne —— 500g
調溫巧克力　Himbeerkonfitüre —— 50g

〔巧克力鮮奶油的材料〕

發泡鮮奶油(a)　Schlagsahne —— 500g
調溫巧克力
　Kuvertüre —— 100g

〔裝飾〕

冷凍乾燥的覆盆子…裝飾於覆盆子奶油夾心的摩爾頭表面
烘烤過的開心果…壓碎後裝飾於巧克力奶油夾心的摩爾頭表面
削成薄片的調溫巧克力…裝飾於巧克力奶油夾心的摩爾頭表面

製作麵團

3

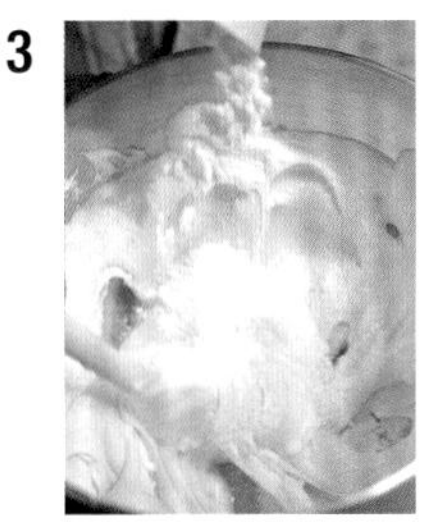

4b

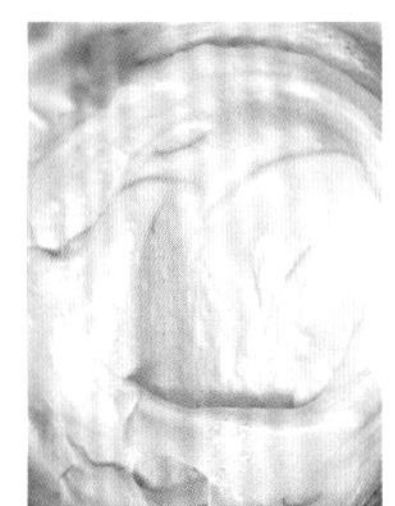

4a

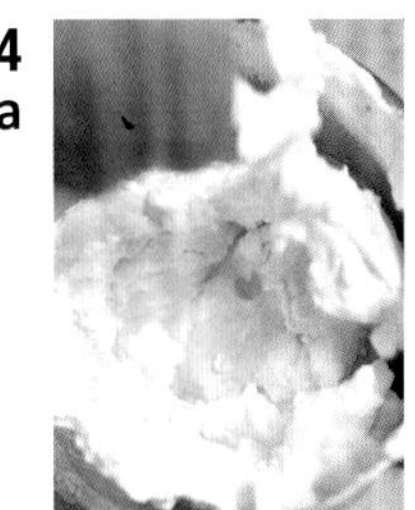

成形

1

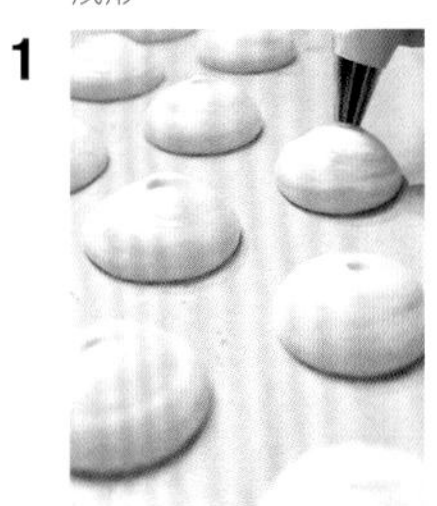

烘烤

準備

低筋麵粉和小麥澱粉過篩後混合備用。

製作麵團

1　將蛋黃、現磨萊姆皮、香草籽、砂糖、水放入攪拌盆中，徹底攪拌打發。

2　另取一個攪拌盆，放入蛋白、鹽、砂糖，打發至蛋白糖霜質地緊實，撈起後前端呈彎曲針尖狀。

3　待步驟 **1** 顏色變淡、份量膨脹後，加入步驟 **2** 的1/3 份量的蛋白糖霜，混合均勻。再加入低筋麵粉和小麥澱粉（**3**）。

4　把步驟 **3** 倒回剩下的蛋白糖霜裡，混合均勻（**4a**）。最後完成柔軟膨鬆、質地潤滑的麵團（**4b**）。

成形

1　把麵團裝入裝有 12 號圓形花嘴的擠花袋裡，在鋪好烘焙紙的烤盤上，擠出直 徑 5cm 的圓頂形狀（**1**）。

2　將小麥澱粉（份量外）撒於表面，以避免烘烤時裂開，才能把表面烤得光滑結實。

烘烤

放入烤箱，以180℃烤20分鐘，烘烤時將烤箱門半開。

3
a

3
b

3
c

裝飾

1. 以隔水加熱方式融化調溫巧克力後，加入可可粉。
2. 出爐冷卻後，將餅乾浸漬到步驟**1**，使巧克力完全包覆。放在網架上瀝乾，等待巧克力凝固（**2**）。
3. 平坦的那面擠上喜歡的夾心（**3a**）。撒上適量的裝飾（**3b**）。再以另一片夾起（**3c**）。

◎鮮奶油夾心

〔發泡鮮奶油〕

加了5%砂糖的鮮奶油打發起泡後，擠出作為夾心。

〔覆盆子鮮奶油〕

發泡鮮奶油裡加入覆盆子果醬，擠在餅乾上。將冷凍乾燥的覆盆子撒在鮮奶油上，以另一片餅乾夾起。最上方也以冷凍乾燥的覆盆子，作最後點綴。

〔巧克力鮮奶油〕

混合融化的調溫巧克力和發泡鮮奶油，擠在餅乾上，再以另一片餅乾夾起。最頂部撒上微烤過的開心果碎片和削成薄片的巧克力。

Mutzenmandeln

杏仁甜甜圈

以杏仁麵團作出的油炸點心。
將麵團揉成水滴形狀後，入鍋油炸，
再撒上些許肉桂粉調味。

尺寸　40個

〔杏仁甜甜圈麵團〕（合計=440g）
低筋麵粉　Weizenmehl——200g
糖粉　Puderzucker——80g
奶油　Butter——50g
蛋　Vollei——70g
杏仁粉　Mandeln, gerieben——30g
蘭姆酒　Rum——6g
泡打粉　Backpulver——3g
鹽　Salz——1g

〔炸油〕
油　Öl——適量

〔裝飾〕
肉桂糖　Zimtzucker——適量

2

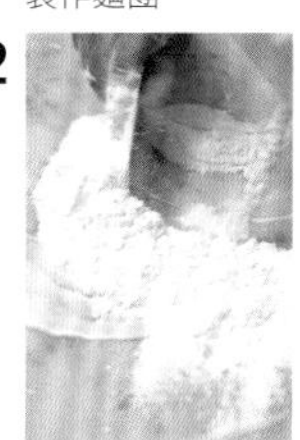

油炸

3

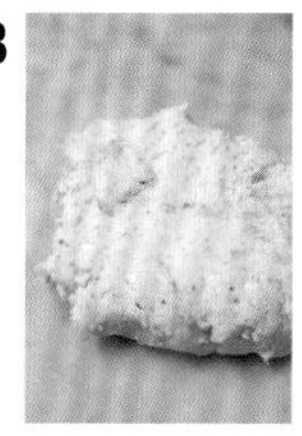

4

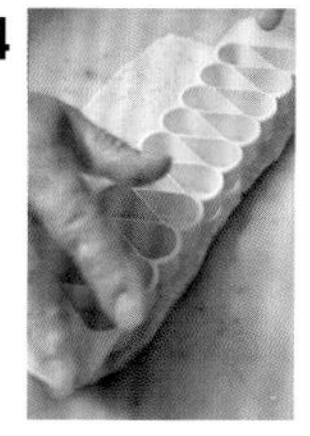

製作麵團

1. 混合糖粉、奶油、蘭姆酒、鹽，再加入蛋，攪拌均勻。
2. 將低筋麵粉、杏仁粉、泡打粉混合在一起，倒入步驟 **1** 中，拌勻（**2**）。
3. 麵團混合好後，裝入保鮮袋，放入冰箱冷藏休息（**3**）。
4. 以擀麵棍將麵團擀成1cm厚，再以水滴狀模型壓出需要的數量（**4**）。

油炸

放入鍋中，以180℃的熱油，進行油炸。炸成整體呈金黃色後，即可撈起，瀝去多餘熱油。

裝飾

撒上肉桂糖。

Spritzkuchen

花式甜甜圈

以泡芙麵團作成的油炸甜點。
是一款歷史悠久的甜點，
也是西班牙油條的原形。

製作泡芙麵團

2

4

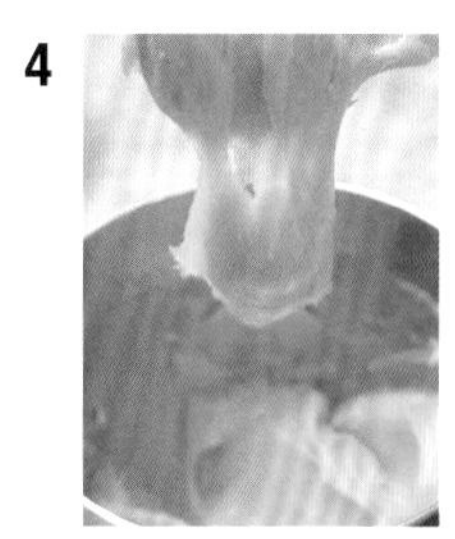

成形

2

油炸

1

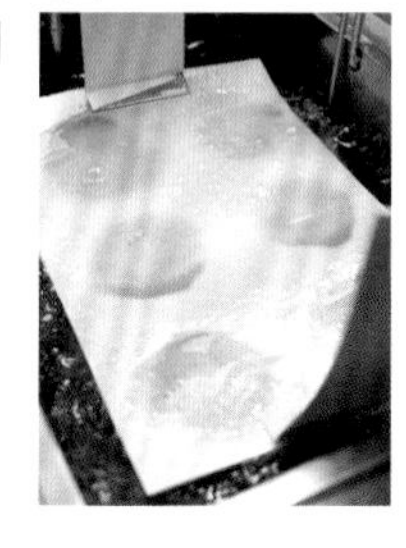

2

裝飾

1a

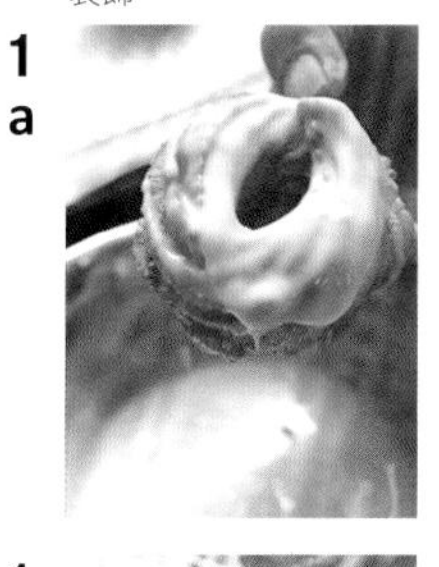

2a

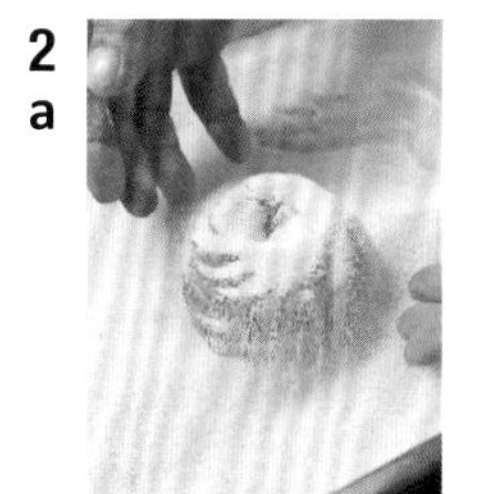

1b

2b

尺寸　12個

〔泡芙麵團〕（合計＝1004g）

牛奶　Milch——200g
奶油　Butter——120g
砂糖　Zucker——10g
鹽　Salz——3g
水　Wasser——200g
低筋麵粉　Weizenmehl——200g
現磨萊姆皮　geriebene Zitronenschale——1/4顆
蛋　Vollei——270g

〔油炸〕

油　Öl——適量

〔糖衣的材料〕

糖粉　Puderzucker——200g
水　Wasser——20g
蘭姆酒　Rum——10g

〔肉桂糖的材料〕

砂糖　Zucker——500g
肉桂粉　Zimtpulver——5g

製作泡芙麵團

1 將牛奶、奶油、砂糖、鹽、水放入鍋中，加熱至沸騰。
2 倒入低筋麵粉，並以刮杓攪拌均勻，持續以大火加熱，直至鍋底出現一層白色的薄膜，即加熱完成（**2**）。
3 將加熱至質地變得黏稠的麵團放入攪拌盆裡，放入現磨萊姆皮，再慢慢倒入蛋，攪拌均勻。
4 攪拌至以刮杓撈起，麵團會以非常緩慢的速度像要掉落又黏住的程度，即表示完成（**4**）。

成形

1 準備好加上把手（夾子）的畫紙。在表面塗上奶油後，擠上麵團。
2 以8個切口的12號花嘴將麵團擠成圓圈狀。指尖沾水，沿著圓內側抹一圈，以避免油炸時內圈縮小（**2**）。

油炸

1 將麵團連同畫紙直接放入180℃的熱油中，等待麵團離開畫紙浮在油中（**1**）。
2 將麵團兩面都炸得金黃（**2**）。

裝飾

1 將油瀝乾後，上面淋上糖衣（**1a**、**1b**）。
2 或沾上肉桂糖（**2a**、**2b**）。

＊糖衣的作法是把材料溶解稀釋即可。

Spekulatius
聖誕香料餅乾

人偶造型的香料餅乾
是從古代便相當繁榮的
萊茵蘭地區所流傳下來的傳統點心。
鄰國的比利時或法國，
這款可愛的小點心被稱為Spéculoos，
於天主教的將臨期
（聖誕節前四週）期間製作。

製作麵團

3

4

成形

2

3

4

尺寸　72片
〔香料餅乾麵團〕（合計=671g）
奶油　Butter —— 120g
鹽　Salz —— 2g
現磨萊姆皮　geriebene Zitronenschale —— 1/2顆
砂糖　Zucker —— 180g
牛奶　Milch —— 30g
蛋　Vollei —— 30g
低筋麵粉　Weizenmehl —— 300g
香料餅乾專用辛香料　Spekulatiusgewürz —— 9g

準備
將香料餅乾專用辛香料：香草籽6g、丁香1g、多香果1g、八角1g、肉豆蔻1g，混合後再取所需的份量。也可以依照個人喜好調配。在德國，可直接購買已經混合好的商品。將低筋麵粉和辛香料混合備用。

製作麵團
1. 奶油裡加入鹽、現磨萊姆皮、砂糖，攪拌均勻。
2. 再加入牛奶、打散的蛋液。
3. 加入混合好的低筋麵粉＋香料，拌勻（**3**）。
4. 為了讓餅乾保有酥脆口感，麵團不要過度攪拌。混合完成後，以保鮮膜包覆，放入冰箱冷藏一晚（**4**）。

成形
1. 把麵團擀成 5mm 厚。
2. 把麵團放在香料餅乾專用的模型上，以擀麵棍壓過（**2**）。
3. 以刀子從麵團和模型中間切開，去除不要的麵團（**3**）。
   ＊也可以線繩切開。
4. 從模型裡取出麵團（**4**）。
5. 為了增加光澤度，可以刷上牛奶或蛋黃，亦可沾上杏仁片（份量外）作裝飾。

烘烤
放入烤箱，以200℃烤15分鐘。

Cafe Siefert
Braunstrasse 17 D-64720 Michelstadt

從中世紀傳承下來的美味傳統
蜂蜜＆香料即為點心的起源

在砂糖傳入歐洲以前，蜂蜜被視為是主要提供甜味的珍貴食材。現今德國仍有濃厚的蜂蜜甜點文化。以蜂蜜為主要材料所製作出來的點心，例如：蜂蜜蛋糕、香料餅乾……皆是德國當地著名的名產。而最知名的地方糕點為當屬紐倫堡（Nürnberg）的德式薑餅（Lebkuchen）；阿亨（Aachen）的香料餅乾（Aachener printen）。其中德式薑餅的作法是以溫熱的蜂蜜為基底，混合了水果乾、麵粉、堅果、香料等食材後，經過半年的發酵期所製成。

中世紀時期，由於基督教教會需要大量的蠟燭，因此蜜蠟的需求帶動了養蜂業的盛行。當時的副產品──蜂蜜，就經由蠟燭的製造業者加工後，變成甜點。漸漸地，薑餅就成了人們前來教會或大教堂參訪時的記念品，在當時廣為流傳。

不只在現今德國的領土範圍內，中世紀時期包括現在的義大利、法國、奧地利等，這片廣大的區域皆隨處可見香料餅乾的蹤跡，是相當珍貴且廣受喜愛的點心。因為這層背景，在當時無論料理或甜點，都流行使用香料入味。追求具有刺激性的味道，被視為是最棒的享受。在沒有冰箱冷藏的時代裡，大量使用辛香料也是防止食物腐壞的方法之一。除此之外，辛香料也有醫療用途，並且和食物、宗教等生活息息相關，至今德式薑餅仍是德國人在聖誕節時的應景點心。不僅營養豐富，香料也擁有幫助身體暖和的效果。在嚴寒的冬季裡，更是家家戶戶不可或缺的食材。是一款從歐洲的歷史背景到飲食文化，深深扎根，影響深遠的重要點心。

德式薑餅專用的香料，德文稱為Lebkuchengewürz。主要有香草、肉桂，再搭配上其他香料。配方比例則會隨著點心師傅的喜好而變換，也會因為地域的不同，在口味上有所的差異。

紐倫堡的德式薑餅Elisenlebkuchen是主要以肉桂和丁香製作；漢堡當地的配方除了肉桂粉比例較重之外，還加了丁香、多香果、肉豆蔻、八角、小豆蔻、芫荽，甚至白胡椒；德國北部由於港口貿易盛行，香料的種類也較為豐富，在此小豆蔻的含量較多；德國東部則多會使用苦杏仁、苦橙；往南到了瑞士巴塞爾，則是使用小豆蔻、肉豆蔻皮。本書針對東方人的口味改良的德式薑餅，配方中含有較多的香草和肉桂，其他的香料的比例相對較低，較符合東方人的喜好。
許多德式薑餅的麵團中，都會摻有鹿角鹽或膨脹劑（Pottasche,碳酸鉀）。鹿角鹽（Hirschhornsalz）如同字面上的含義，古代是從鹿的角提取出的碳酸氨。無論哪一種，皆屬於膨鬆劑，會在麵團中留下獨特的苦味，演變至今成了德式薑餅麵團微苦的特色。

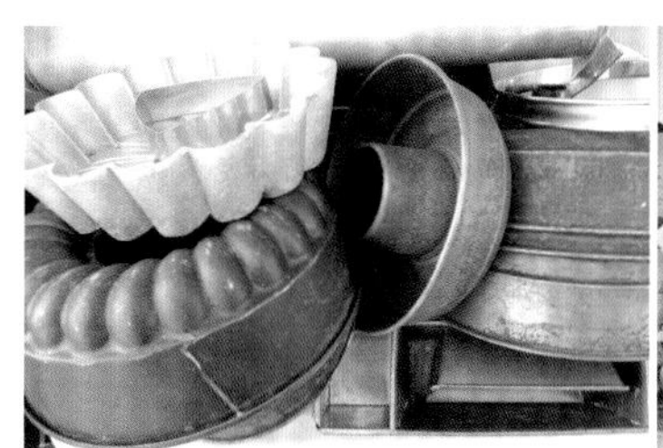

【Cafe Siefert】

Elisenlebkuchen

紐倫堡德式薑餅

德式薑餅是河港城市——紐倫堡的名產。
表面看上去乾燥，入口後卻能立刻感受到彈牙口感及甜味。
裝飾用堅果或大或小，有使用榛果製作，有時也使用核桃，
只要稍微作點變化，整體口感就能與眾不同！

尺寸　8cm圓形15個

〔麵團〕（合計=840g）

蛋　Vollei —— 180g
糖粉　Puderzucker —— 235g
榛果粉　Haselnüsse, gerieben —— 120g
榛果粗顆粒　Haselnüsse, grob gehackt —— 120g
核桃粗顆粒　Walnüsse, grob gehackt —— 25g
糖漬橙皮（切碎）　Orangeat, gehackt —— 50g
糖漬萊姆皮（切碎）　Zitronat, gehackt —— 50g
糖漬薑片（切末）　Ingwer, gehackt —— 10g
柳橙皮　Abrieb von Orange —— 1/2顆
德式薑餅香料＊　Lebkuchengewürz —— 15g
香草籽　Vanilleschote —— 1根
現磨萊姆皮　geriebene Zitronenschale —— 1/2顆
麵粉　Weizenmehl —— 50g

〔組合〕

烘烤用的脆餅　Oblaten —— 15片
對半切開的杏仁（去皮）
halbierte Mandeln —— 60g

〔德式薑餅用香料〕＊

肉桂粉　Zimtpulver —— 200g
丁香粉　Nelkenpulver —— 4g
芫荽粉　Korianderpulver —— 80g
多香果粉　Pimentpulver —— 1.5g
肉豆蔻皮　Macis —— 1.5g
小豆蔻粉　Kardamompulver —— 1.5g

製作麵團

2

4

3

組合

1a

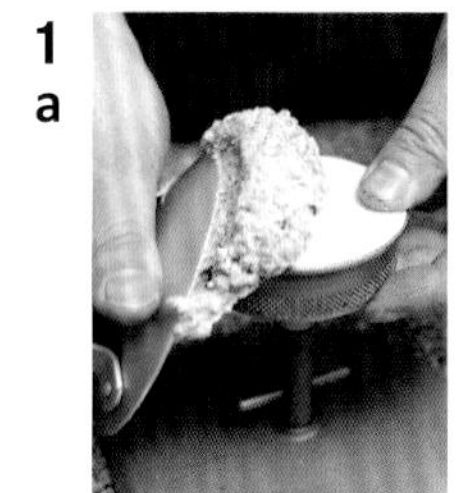

2

1b

製作麵團

1 將蛋和糖粉放入攪拌盆，一邊攪拌，一邊在盆底以蒸氣加熱至40℃。充分加熱且攪拌至顏色偏白、整體膨脹後，再以機器攪拌，同時降溫。

＊降溫至35℃左右時，質地仍稀薄。加熱至40℃是為了讓蛋產生黏性，增加麵團的緊實度。

2 將步驟**1**以外的其他材料，放入另一個攪拌盆裡混合（**2**）。

＊材料的顆粒大小會影響口感。若想追求細緻口感，請以食物調理機混合；若想保留食材中的顆粒感，以雙手攪拌即可。本書中稍微使用了調理機，口感剛好介於中間。

3 待步驟**1**的溫度和體溫差不多後（約36℃至37℃），倒入步驟**2**中，混合均勻（**3**）。

4 混合至出現黏性，即完成扎實的薑餅麵團（**4**）。以保鮮膜覆蓋攪拌盆，靜置1小時休息。

組合

1 在專用的模型中，放上硬質的烘烤用脆餅（也稱為聖餐餅），加上圓頂狀的麵團（**1a**,**1b**）。

＊模型除了圓形之外也有方形。尺寸也有許多選擇，請選擇容易操作的大小。

2 排列於烤盤上，以對半切開的杏仁作點綴（搭配糖衣裝飾）（**2**）。如果以巧克力作裝飾，即放置一個晚上，等待乾燥後再進行烘烤，即可烤出外表乾爽、內裡濕潤的餅乾。

烘烤

放入烤箱，以200℃烤15分鐘。

裝飾

可以糖衣或調溫巧克力作為表層。糖衣的作法為500g的砂糖配100g的水，煮至120℃沸騰後，以刷子刷在剛出爐的德式薑餅上。若是以巧克力裝飾的餅乾，就將巧克力刷在冷卻後的餅乾上，再黏上烘烤過的對切杏仁。

【Cafe Siefert】

Dominosteine

多米諾巧克力

雖然造型十分具有現代感，
但麵團的作法卻是從古代流傳至今的Honigkuchen（蜂蜜蛋糕）的一種。
Hirschhornsalz（鹿角鹽）即是把鹿角磨碎後，
當中的碳酸氨成分使麵團膨脹。

尺寸 3cm立方 60個

〔德式薑餅堤格麵團〕（合計＝394g）

蜂蜜 Honig——80g
砂糖 Zucker——65g
水 Wasser——18g
德式薑餅香料 Lebkuchengewürz——6g
麵粉 Weizenmehl——100g
裸麥粉 Roggenmehl——100g
蛋黃 Eigelb——1個
碳酸氨 Hirschhornsalz——3g
膨脹劑 Pottasche——2g
牛奶 Milch——20g

〔覆盆子果凍〕（合計＝792g）

覆盆子果泥 Himbeerpüree——180g
水 Wasser——120g
果膠 Pektin——16g
砂糖 Zucker——320g
麥芽糖 Glukose——140g
萊姆汁 Zitronensaft——16g

〔組合〕

杏仁膏底 Marzipanrohmasse——300g

〔裝飾〕

調溫巧克力 Kuvertüre——300g

製作德式薑餅堤格麵團

1

8
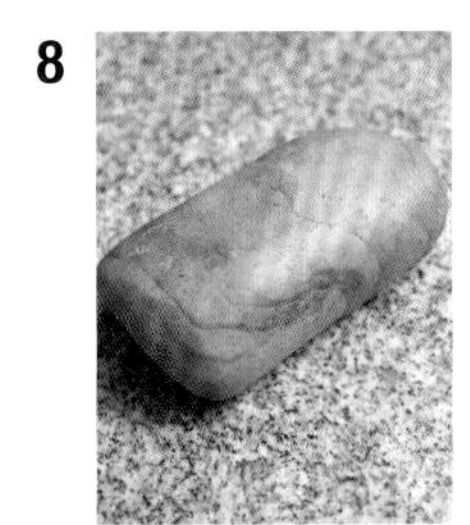

2
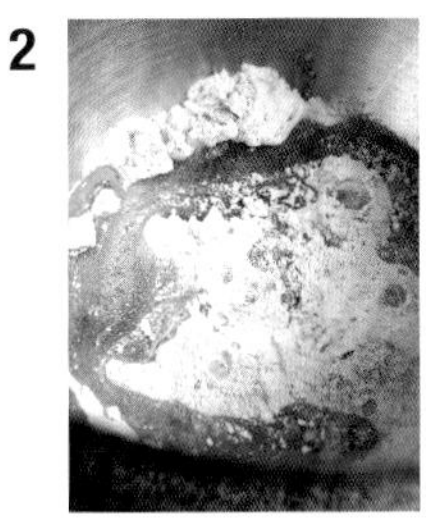

9

3
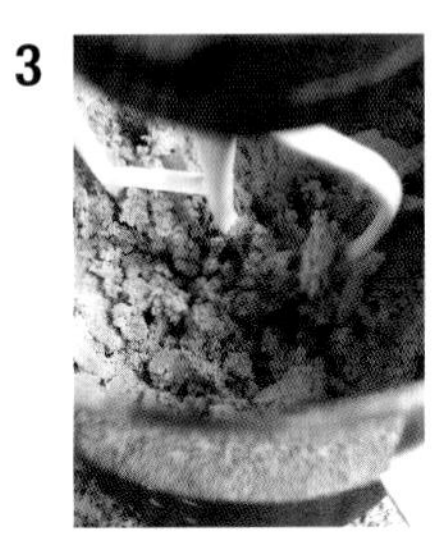

10

5

11

6
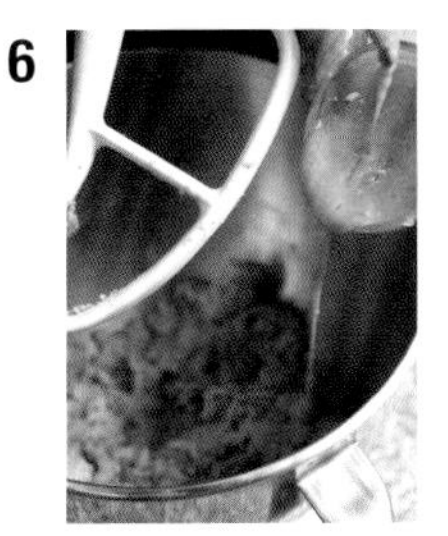

12

7
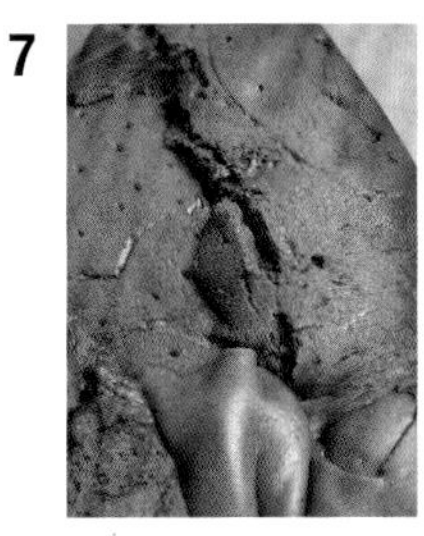

製作德式薑餅堤格麵團

1 將蜂蜜、砂糖、水放入鍋中混合後，加熱至無結晶殘留（**1**）。

2 將裸麥粉、麵粉、香料放入攪拌盆中混合後，倒入稍微散熱的步驟 **1**（**2**）。

＊若步驟 **1** 還有熱度即放入混合，會煮熟麵粉，請稍微冷卻後再進行。

3 以電動攪拌器開始攪拌。初期粉末類無法順利結合，顯得破碎鬆散（**3**）。

4 攪拌至粉末完全結合消失後，放置於陰涼處 3 個月以上。

5 牛奶及碳酸氨混合後，加入放置 3 個多月後的麵團，混合均勻（**5**）。

6 步驟 **5** 攪拌均勻後（相隔幾天為佳），再加入混合了蛋黃及膨脹劑的蛋液，攪拌均勻（**6**）。

＊亦可加入半年前發酵過的酵種麵團。

7 經過半年後，麵團會呈現自然膨脹後的狀態（**7**）。

＊使用前一定要先取少量的麵團試烤，確認膨脹的狀態及味道。

8 取需要的份量，進行揉麵（**8**）。

9 撒上手粉，擀平麵團（**9**）。

10 切出每片需要的大小（此處為 30cm 正方形），以刀子刺洞，使麵團平均膨脹（**10**）。

11 放在烤盤上，以模型固定。刷上牛奶，讓出爐後的顏色和光澤更好看（**11**）。

12 放入烤箱，以 200℃烤 20 分鐘（**12**）。

製作果凍

2

4

3

組合

1

4

3

裝飾

1

2

製作果凍

1 以新鮮或冷凍的覆盆子直接打碎成果泥。放在鍋裡，加入水，慢慢地加熱。
2 混合果膠和砂糖 40g 後，倒入步驟 **1** 裡，煮至沸騰（**2**）。
3 倒入剩下的砂糖和麥芽糖，煮至融化。持續加熱至 106℃（**3**）。
4 加入萊姆汁混合，熄火（**4**）。

組合

1 趁果凍還有熱度，倒在薑餅上，塗 均勻（**1**）。
2 擀平杏仁膏底，切成與模型同等大小。
3 等果凍凝結後，將擀平的杏仁膏底疊在上面（**3**）。繼續散熱。
＊可先以刀子在模型和薑餅之間入刀，方便出爐後脫模。
4 冷卻後上下顛倒，取下模型。將調溫巧克力塗抹在薑餅上。等待冷卻固定（**4**）。

裝飾

1 巧克力凝固後，上下顛倒翻回正面，切成每塊 3cm 大小（**1**）。
2 把薑餅浸入融化的巧克力裡，完成巧克力外膜（**2**）。

【Cafe Siefert】

Basler Lekerli

巴賽爾蜂蜜香料餅乾

尺寸 3×5cm 50個

〔麵團〕（合計=457g）

蜂蜜 Honig —— 75g
砂糖 Zucker —— 40g
麵粉 Weizenmehl —— 90g
杏仁顆粒 Mandeln, gehackt —— 65g
糖漬橙皮（切碎）Orangeat, gehackt —— 150g
肉桂粉 Zimtpulver —— 4g
香草籽 Vanilleschote —— 1根
肉豆蔻粉 Muskatpulver —— 2g
丁香粉 Nelkenpulver —— 1g
萊姆汁 Zitronensaft —— 1顆
現磨萊姆皮 geriebene Zitronenschale —— 1顆
櫻桃利口酒 Kirschwasser —— 30g
牛奶 Milch —— 適量

〔裝飾〕

糖衣…砂糖500g加入水100g

位處萊茵河要衝的巴塞爾，
在鄰近的法國與德國包夾之中，
成為了瑞士相當重要的貿易之都。
而巴塞爾當地的名產
正是巴塞爾蜂蜜香料餅乾。

製作麵團

3

5

烘烤

1

裝飾

1

製作麵團

1. 以鍋子溫熱蜂蜜，加入砂糖溶化。持續加熱至95℃。
2. 將麵粉、香料、杏仁、糖漬橙皮、萊姆皮、萊姆汁放入攪拌盆中，混合均勻。
3. 將熱騰騰的步驟**1**一口氣倒入步驟**2**（**3**）。
4. 再倒入櫻桃利口酒，以單鉤攪拌棒混合。
5. 攪拌均勻後，換成刮杓，以手動方式從盆底向上翻舀的方式，混合均勻（**5**）。

＊靜置一晚。如果時間不夠，也可以倒入大面積的淺盆中冷卻，使麵團稍微變硬。

烘烤

1. 把麵團擀平成模型大小（30cm正方形）後，放入模型，表面刷上牛奶（**1**）。

＊使用有深度的模型或重疊使用，目的在於使麵團烘烤時，即使膨脹，四角仍然整齊好看。

2. 放入烤箱，以210℃烘烤15分鐘。

裝飾

1. 以糖衣來裝飾。在出爐後仍有餘溫的餅乾上，刷上加熱至120℃的糖衣（**1**）。
2. 糖衣冷卻後會變硬，請以鋒利的刀子切成長方形。

Kapitel

7

Teegebäck

以花式麵團製作小巧點心

Spritzgebäck Vanille

香草餅乾

以擠花袋製作Teegebäck（烤餅）的基本形之一。
透過各種造型、食譜、裝飾，
創造出多彩繽紛的變化。

尺寸　1個15g　共38個

〔擠花餅乾麵團的材料〕（合計=587g）

杏仁膏底　Marzipanrohmasse —— 50g
現磨萊姆皮　geriebene Zitronenschale —— 1/2顆
鹽　Salz —— 1g
香草籽　Vanilleschote —— 1/2根
奶油　Butter —— 190g
糖粉　Puderzucker —— 70g
蛋　Vollei —— 50g
低筋麵粉　Weizenmehl —— 225g

製作麵團

1. 將杏仁膏底、現磨萊姆皮、鹽、香草籽放入攪拌盆中。加入少量奶油，以電動攪拌器慢速混合。拌勻後，加入剩下的奶油。
2. 加入糖粉，混合均勻。
3. 加入蛋，攪拌混合至顏色變白即可。
4. 全部混合均勻後，慢慢倒入低筋麵粉，均勻攪拌至粉末完全消失即可（**4**）。

成形

攪拌完成後的麵團放入裝有9號星形花嘴的擠花袋中，擠出餅乾的形狀。

烘烤

放入烤箱，以200℃的下火烤10分鐘，再加上上火續烤8分鐘。

裝飾

以融化後的調溫巧克力沾在餅乾的一端，或撒上烘烤過的杏仁片。

J字擠花範例（巧克力裝飾口味）

1. 從右上往左下畫出弧線，停止後稍微返回（**1**）。
2. 出爐（**2**）。
3. 一端沾上巧克力（另一端為香草口味）（**3**）。

小花形擠花範例（中央加上果醬）

1. 像畫出小圓形般擠出麵團（**1**）。
2. 中央點綴上覆盆子果醬（**2**）。
3. 出爐（**3**）！

製作麵團

4

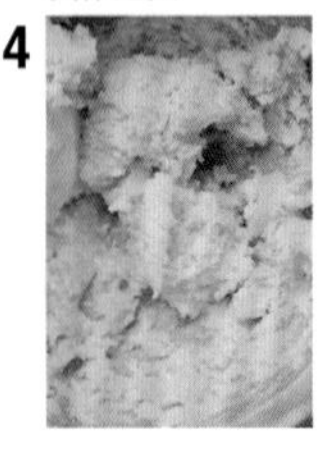

J字形的擠花範例（巧克力裝飾口味）

1

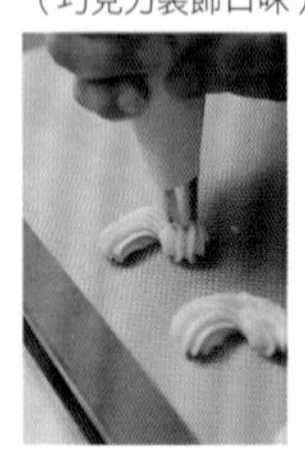

2

3

小花形的擠花範例（中央加上果醬）

1

2

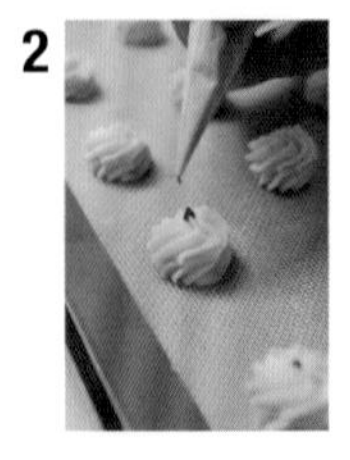

3

Spritzgebäck Mandel

杏仁餅乾

杏仁膏底和杏仁粉的美味相輔相成。
擠花出麵團後烘烤，
再裝飾上巧克力，
就大功告成了。

尺寸　1個15g　總共34個

〔杏仁擠花餅乾麵團的材料〕（合計=526g）

杏仁膏底　Marzipanrohmasse —— 65g
現磨萊姆皮　geriebene Zitronenschale —— 1/2顆
鹽　Salz —— 1g
香草籽　Vanilleschote —— 1/2根
奶油　Butter —— 125g
糖粉　Puderzucker —— 60g
蛋　Vollei —— 50g
低筋麵粉　Weizenmehl —— 150g
杏仁粉　Mandeln, gerieben —— 75g

製作麵團

1. 將杏仁膏底、現磨萊姆皮、鹽、香草籽、少量的奶油放入攪拌盆，以電動攪拌器低速拌勻。
2. 加入剩下的奶油，混合均勻。
3. 加入糖粉，混合均勻。
4. 加入蛋，持續攪拌打發至顏色變白。
5. 全部混合均勻後，慢慢倒入混合好的低筋麵粉＋杏仁粉，攪拌至粉末完全消失即可（**5**）。

成形

完成後的麵團倒入裝有9號星形花嘴的擠花袋裡，擠出餅乾的形狀。如果想作得更小，可換成7號花嘴。

烘烤

放入烤箱，以200℃的下火烤8分鐘，再加上上火續烤8分鐘。

圓圈擠花範例（巧克力、杏仁裝飾口味）

1. 注意力道，維持同樣粗細程度，以麵團畫圓圈（**1**）。
2. 出爐（**2**）。
3. 點綴上融化後的巧克力。也可以趁巧克力還未凝固前，撒上烘烤過的杏仁片（**3**）。

倒S字形擠花範例

1. 擠出倒著寫的 S 形。
2. 出爐（**2**）！

製作麵團

5

圓圈形擠花範例（巧克力和杏仁裝飾的口味）

1

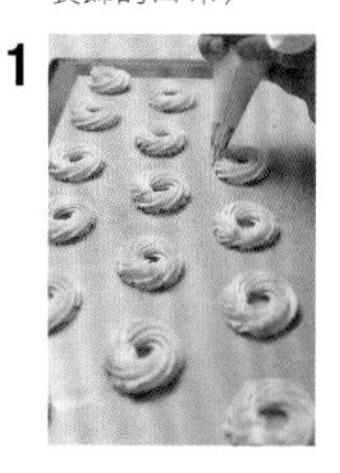

2

3

倒S字形擠花範例

1

2

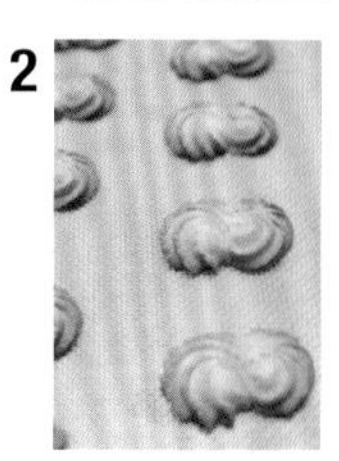

Spritzgebäck Haselnuss

榛果餅乾

作法是在榛果粉上擠出榛果麵團。
整片餅乾香氣四溢，
是德國人相當喜愛的口味。

尺寸　1個15g　共34個

〔榛果餅乾麵團的材料〕（合計=528g）

杏仁膏底　Marzipanrohmasse——65g
現磨萊姆皮　geriebene Zitronenschale——1/2顆
香草籽　Vanilleschote——1/2根
鹽　Salz——1g
奶油　Butter——125g
糖粉　Puderzucker——60g
蛋　Vollei——50g
低筋麵粉　Weizenmehl——150g
烘烤過的榛果粉
Haselnüsse, geröstet, gerieben——75g
肉桂粉　Zimtpulver——2g

〔裝飾〕

烘烤過的榛果粉
Haselnüsse, geröstet, gerieben——500g

製作麵團

1　將杏仁膏底、現磨萊姆皮、香草籽、鹽放入攪拌盆，混合均勻。
2　加入少量奶油，以電動攪拌器低速拌勻。混合好後，再加入剩下的奶油。
3　加入糖粉，混合均勻。
4　加入蛋，持續攪拌打發至顏色變白。
5　在步驟 **4** 裡慢慢倒入混合好的低筋麵粉＋榛果粉＋肉桂粉，仔細攪拌均勻（**5**）。

成形

將麵團裝入附有12號圓形花嘴的擠花袋裡，擠在鋪了榛果粉的淺盆中。輕輕翻動麵團，使榛果粉均勻附著。

烘烤

放入烤箱，以200℃的下火烤10分鐘，再加上續烤10分鐘。

直線擠花範例

1　在榛果粉上直接擠出麵團。翻動沾滿榛果粉（**1**）。
2　撥去過多的榛果粉，整齊排列在烤盤上（**2**）。
3　出爐的樣子（**3**）。

製作麵團

5

直線擠花範例

1

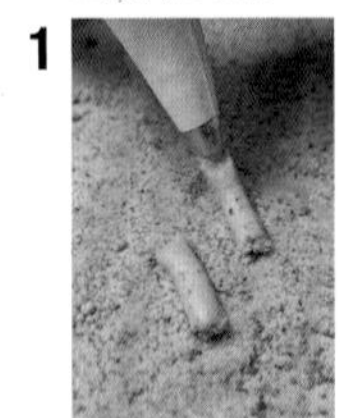

3

2

Spritzgebäck Schokolade

巧克力餅乾

巧克力是烘烤餅乾
不可或缺的定番口味。
擠出美麗的褐色波紋，
出爐後再以巧克力作裝飾。

尺寸　1個15g　總共40個
〔巧克力餅乾麵團的材料〕（合計=611g）
杏仁膏底　Marzipanrohmasse —— 50g
現磨萊姆皮　geriebene Zitronenschale —— 1/2顆
鹽　Salz —— 1g
香草籽　Vanilleschote —— 1/2根
奶油　Butter —— 190g
糖粉　Puderzucker —— 80g
蛋　Vollei —— 70g
低筋麵粉　Weizenmehl —— 200g
可可粉　Kakaopulver —— 20g

製作麵團

1. 將杏仁膏底、現磨萊姆皮、鹽、香草籽、少量的奶油放入攪拌盆，以電動攪拌器低速拌勻。
2. 加入剩下的奶油，混合均勻。
3. 加入糖粉，混合均勻。
4. 加入蛋，持續攪拌打發至顏色變白。
5. 全部混合均勻後，慢慢倒入混合好的低筋麵粉+可可粉，攪拌均勻（**5**）。

成形

完成後的麵團倒入裝有9號星形花嘴的擠花袋裡，擠出餅乾的形狀。

烘烤

放入烤箱，以200℃的上火烤7分鐘，再改以換下火烤7分鐘。

半圓形的擠花範例

1. 在畫半圓形這類弧形時，要注意中央彎曲的部位不要變細（**1**）。
2. 出爐（**2**）。
3. 餅乾出爐後，以融化的巧克力塗抹兩端，再沾取杏仁顆粒（**3**）。亦可只沾巧克力，或任何裝飾都不加。

製作麵團

1

半圓形擠花範例

1

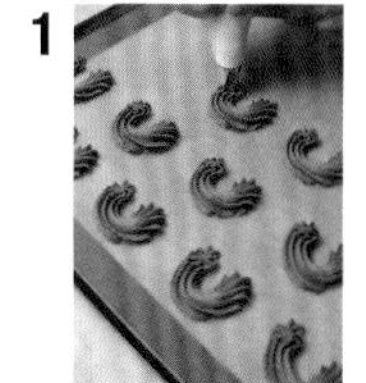

3

2

Spitzbuben

小男孩果醬餅乾

其名原意為調皮的小男孩，
是一款果醬夾心的餅乾。

尺寸　1個15g 共40個

〔1-2-3派皮堤格麵團〕（P.19）——640g

〔裝飾〕
覆盆子果醬——120g　1組使用3g
糖粉——適量

製作麵團

以基本的1-2-3派皮堤格麵團的作法製作麵團。

成形

把準備好的麵團擀成3mm厚，以直徑6cm的菊花模壓切。其中一半的份量，中央以直徑2cm的圓形模型壓切（**1**）。

成形

1

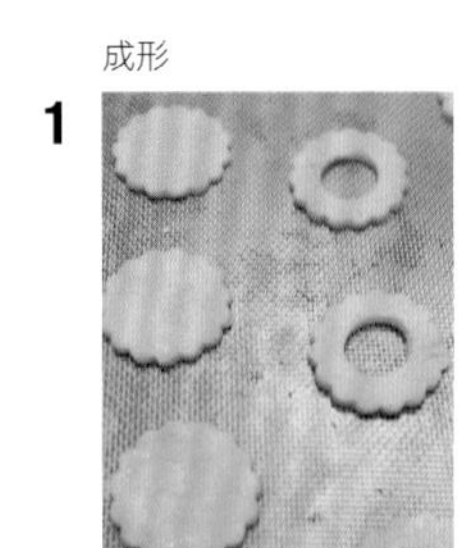

裝飾

1

2

烘烤

放入烤箱，以180℃烤20分鐘。

裝飾

1. 出爐後散熱冷卻，中央有洞的餅乾撒上糖粉（**1**）。
2. 有洞的餅乾疊於沒有洞的餅乾之上。將覆盆子果醬加熱至沸騰，趁熱擠入餅乾的洞裡。果醬會流入兩片餅乾中間，使餅乾緊緊附著在一起（**2**）。

＊派皮堤格麵團擀平後，以模型壓出需要的份量後，多餘的麵團可以重新揉合在一起後擀平，再以模型壓出。是有效利用剩餘麵團的方法。

Bretzel

蝴蝶餅

蝴蝶麵包
是最能代表德國標誌的一種點心麵包，
而在此介紹的是，相同形狀的餅乾版。

尺寸　1個15g 共40個

〔1-2-3派皮堤格麵團〕（P.19）——640g

〔蘭姆酒風味糖漿的材料〕
糖粉　Puderzucker——100g
水　Wasser——20g
糖漿　Lauterzucker——10g
＊水和砂糖以等比混合
蘭姆酒　Rum——3g

成形

1a

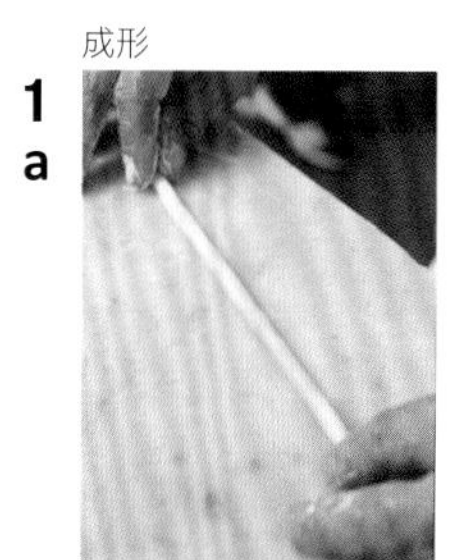

1c

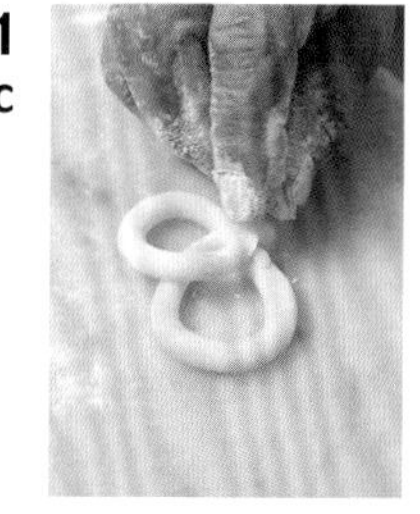

1b

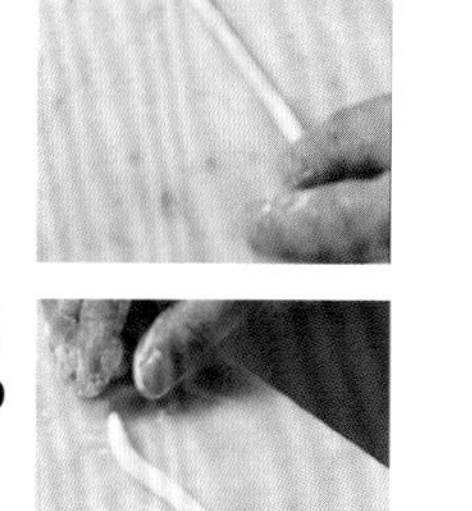

裝飾

製作麵團
以基本的1-2-3派皮堤格麵團的作法製作麵團。

成形
把麵團揉成細長棒狀，左右兩端往內側交叉，調整成蝴蝶餅的形狀（**1a,1b,1c**）。

烘烤
放入烤箱，以200℃下火烤15分鐘。

裝飾
將糖粉和蘭姆酒、水、糖漿混合，作成糖衣。出爐後趁熱刷上糖衣，等待乾燥即可。

Schwarz-Weiß-Gebäck

格子餅乾

尺寸　1片15g 共80片

〔1-2-3派皮堤格麵團（香草口味）〕(P.19)
——640g

〔1-2-3派皮堤格麵團（巧克力口味）〕(合計=643g)
奶油　Butter——200g
鹽　Salz——1g
糖粉　Puderzucker——100g
蛋　Vollei——30g
蛋黃　Eigelb——12g
低筋麵粉　Weizenmehl——270g
可可粉　Kakaopulver——30g

以巧克力麵團和香草麵團交互重疊，
製造出美麗鮮明的對比色調。

製作香草口味麵團（1-2-3派皮堤格麵團）

以基本的1-2-3派皮堤格麵團的作法製作麵團。

製作巧克力口味麵團（1-2-3派皮堤格巧克力麵團）

1. 將奶油拌開，加入香草籽、現磨萊姆皮、鹽，混合均勻。
2. 加入糖粉，混合。
3. 混合好可可粉＋低筋麵粉，再倒入步驟**2**。
4. 將麵團揉整成一大塊後，以保鮮膜包起，放入冰箱冷藏2小時以上。

製作外圍麵團

列出食譜以香草麵團同樣的方法步驟進行。不添加任何調味，僅以基本食材製作。要加入可可粉，則將食譜所標示的粉類以30%的比例置換。麵團　平成3mm厚度後使用（**a**）。

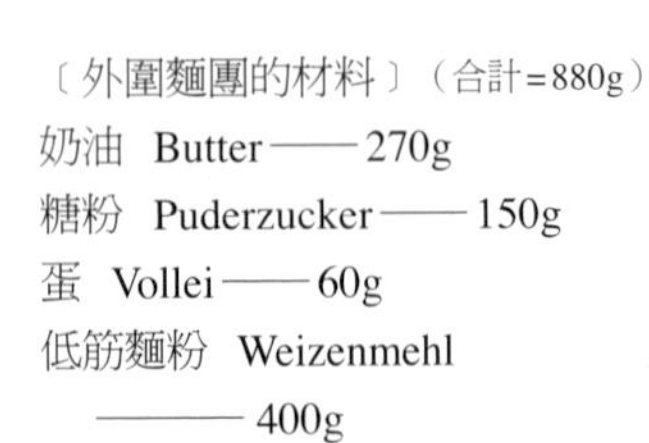

〔外圍麵團的材料〕(合計=880g)
奶油　Butter——270g
糖粉　Puderzucker——150g
蛋　Vollei——60g
低筋麵粉　Weizenmehl
——400g

外圍麵團

a

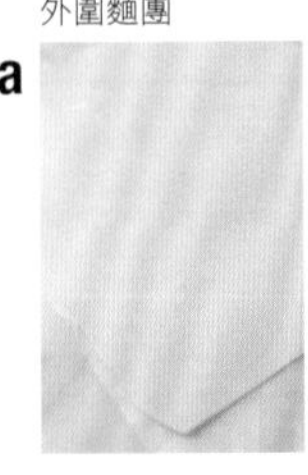

成形
格子圖案

1 

4 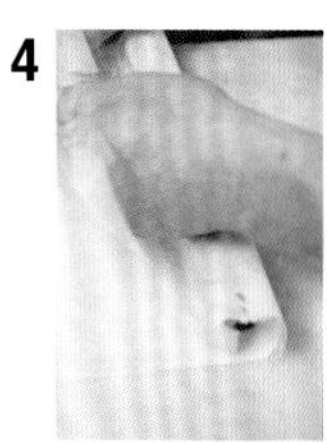

2 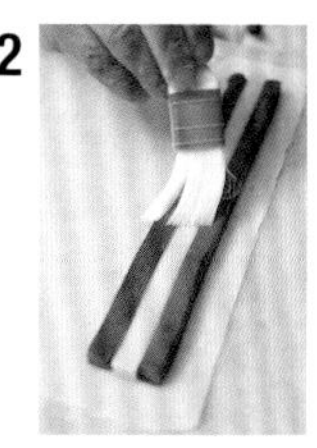

5 

3 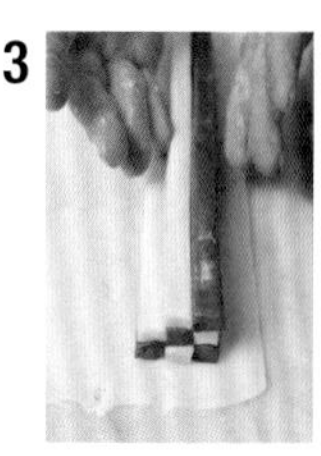

橫條紋圖案

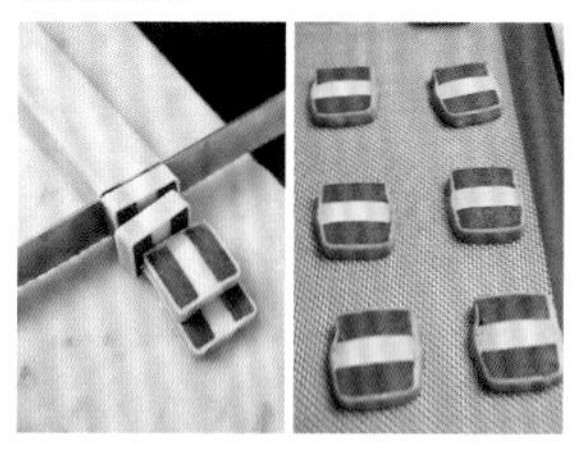

漩渦圖案

a b

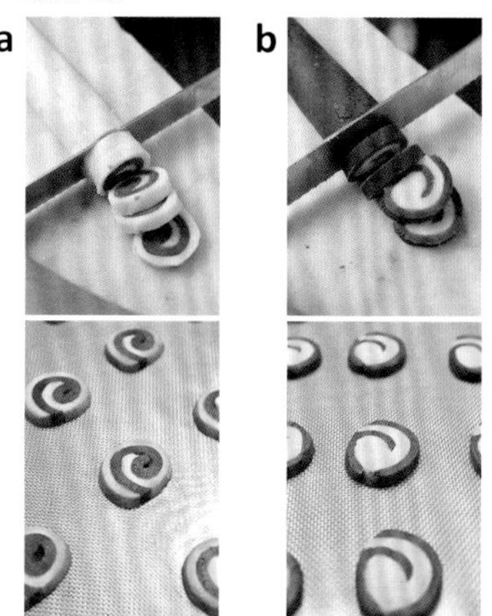

同心圓圖案

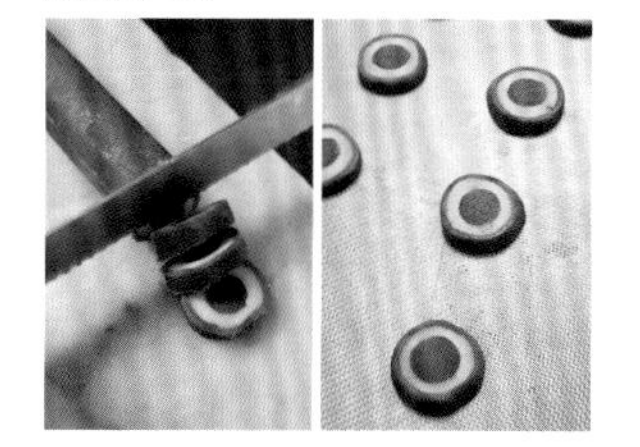

成形

格子圖案

1. 準備1cm的立方長條香草麵團5根，巧克力麵團4根（**1**）。
2. 麵團與麵團之間以水黏合，開始組合（**2**）。
3. 顏色組合要交互穿差（**3**）。
4. 以外圍麵團包覆一圈（**4**）。
5. 經由冷凍庫冷藏固定後，切開成1cm寬（**5**）。

橫條紋圖案

準備厚度1cm，寬度3cm的巧克力麵團2根、香草口味1根。以巧克力麵團夾住香草麵團的方式排列組合。連接的面塗上水分。以外圍麵團包覆一圈。經由冷凍庫冷藏固定後，切開成1cm寬。

漩渦圖案

把巧克力麵團擀成厚1cm的長方形，重疊在厚度3mm的香草麵團上，再捲成圓筒狀。放入冷凍庫冷卻固定之後，切成1cm寬（**a**）。如果用香草麵團去捲巧克力麵團，就會變成（**b**）的圖案。

同心圓圖案

把巧克力麵團擀成直徑1cm的棒狀，以厚1cm香草麵團包裹一圈，切去多餘麵團。再以厚度3mm的巧克力麵團包裹一圈。放入冷凍庫，冷藏固定，取出後切成1cm寬。

烘烤

在鋪好烘焙紙的烤盤上間隔排列好。放入烤箱，以180℃烘烤20分鐘。

Ochsenaugen

牛眼餅乾

尺寸　24個
〔1-2-3派皮堤格麵團〕（P.19）——640g

〔蛋白杏仁餅Makronen麵團的材料〕（合計=361g）
杏仁膏底　Marzipanrohmasse——200g
砂糖　Zucker——120g
蛋白　Eiweiß——40g
鹽　Salz——1g
現磨萊姆皮　geriebene Zitronenschale——1/4顆

有著牛眼餅乾如此特別的名字，
圓滾滾造型又填滿果醬，
真的跟牛的眼睛有點像呢！

製作派皮堤格麵團

以基本的1-2-3派皮堤格麵團的作法製作麵團。

製作杏仁蛋白餅Makronen麵團

1　將杏仁膏底、現磨萊姆皮、鹽放入攪拌盆中，混合均勻。

2　加入蛋白，攪拌混合。

3　加入砂糖，混合攪拌，使麵團裡飽含空氣，攪拌至適合擠花袋擠出的濃度。（**3**）。

＊藉由混合空氣在麵團裡，在烘烤時麵團才能順利膨脹。

成形

1　把派皮堤格麵團擀成3mm厚，以直徑5cm的菊花模型壓切（**1a**）後。放入烤箱，以180℃烘烤15分鐘（**1b**）。

2　待步驟**1**出爐冷卻後，將杏仁蛋白餅麵團以裝有7號星形花嘴的擠花袋，直接擠上（**2**）。

烘烤

放入烤箱，以160℃烤20分鐘。

裝飾

1　把覆盆子果醬加熱軟化，以擠花袋擠出裝飾餅乾中心（**1**）。

2　亦可以杏桃果醬取代（**2**）。

＊Makronen杏仁蛋白餅麵團是使用杏仁或榛果等富含油脂的堅果類，搭配必要的砂糖和蛋白混合而成。牛眼餅乾使用的Makronen麵團的杏仁膏底就等於堅果。

製作杏仁蛋白餅麵團

3

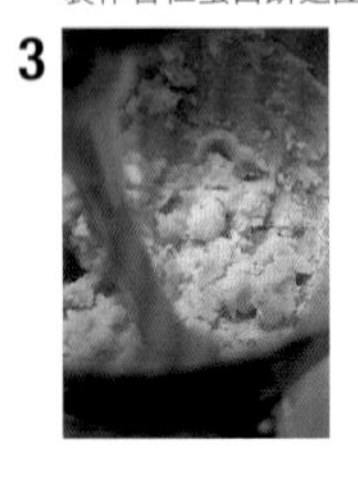

成形

1a

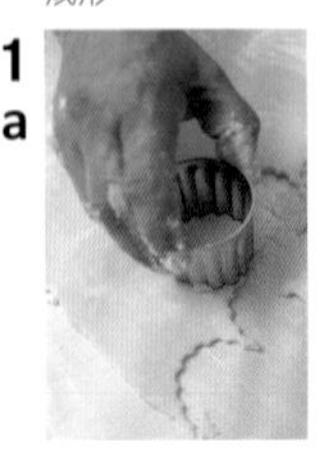

1b

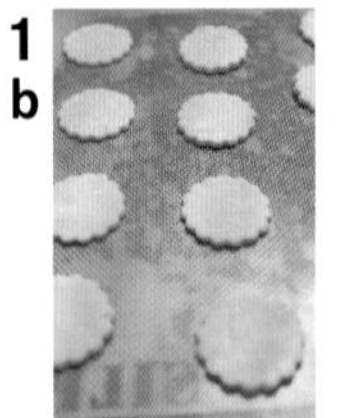

2

裝飾

1

2

Vanillekipfel

香草半月酥餅

尺寸　75個

〔香草半月酥餅麵團〕（合計=751g）

奶油　Butter —— 250g
鹽　Salz —— 1g
香草籽　Vanilleschote —— 1根
粉糖　Puderzucker —— 125g
低筋麵粉　Weizenmehl —— 250g
杏仁粉　Mandeln, gerieben —— 125g

〔裝飾〕

糖粉　Puderzucker —— 250g

香草口味的半月形餅乾。
在酥爽簡單的口感中，
交織著香草味的香甜。

製作麵團

3

4

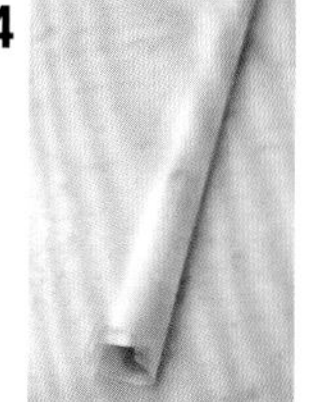

成形

1

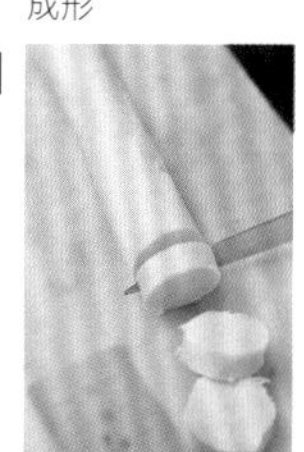

2a

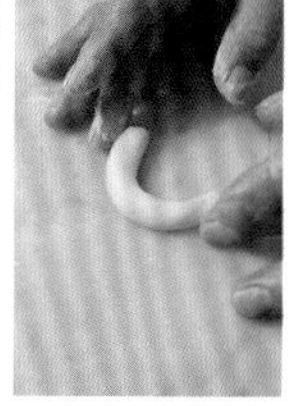

2b

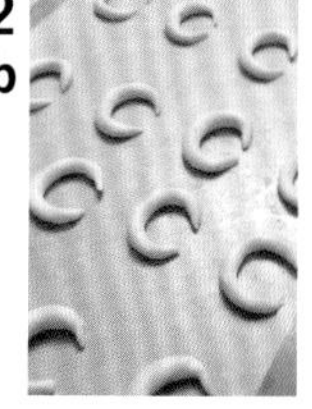

裝飾

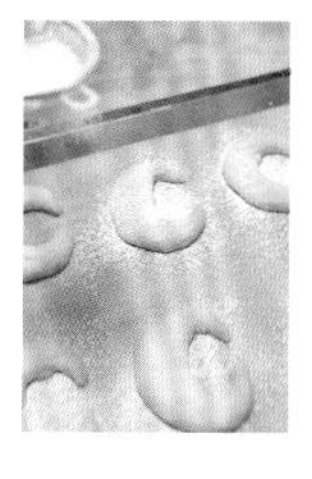

製作麵團

1　將軟化後的奶油放入攪拌盆裡，再加入鹽、香草籽，混合均匀。
2　加入糖粉，仔細攪拌均匀。
3　將混合好低筋麵粉＋杏仁粉，加入步驟**2**裡，拌勻（**3**）。
4　以石蠟紙包住各1/2量的麵團，揉成直徑3cm的棒狀。放入冰箱冷藏1小時以上，冷卻固定(**4**)。

成形

1　麵團切成每塊寬1cm、重10g（**1**）。
2　推成9cm長的棒狀，把兩端揉細，彎成半月形（**2a,2b**）。

烘烤

放入烤箱，以180℃烤20分鐘。

裝飾

出爐趁熱撒上糖粉。

＊香草半月酥餅也有不使用杏仁粉而以榛果粉製作的種類。這個配方的堅果成分較多，麵團質感介於派皮堤格麵團和林茲蛋糕之間。特色是沒有黏性，口感鬆碎。也有另一種作法是將麵粉烘烤過後使用。

Zimtsterne

肉桂星星餅乾

Zimt為肉桂，Sterne為星星之意。
是一款富有濃郁香料風味的餅乾，
也是聖誕節時的應景點心之一。

尺寸　1個25g 共25個

〔肉桂星星餅乾麵團〕（合計=790g）

杏仁膏底　Marzipanrohmasse——100g
鹽　Salz——2g
蛋白　Eiweiß——100g
糖粉　Puderzucker——280g
帶皮杏仁粉　Mandeln, gerieben——200g
肉桂粉　Zimtpulver——8g
麵包粉　Brösel——100g

〔裝飾〕（合計=100g）

麵包粉　Brösel——50g
帶皮杏仁粉　Mandeln, gerieben——50g

〔蛋白糖衣〕（合計=270g）

蛋白　Eiweiß——40g
糖粉　Puderzucker——230g

製作麵團

1. 混合帶皮杏仁粉、肉桂粉、麵包粉。
2. 攪拌盆裡放入杏仁膏底、鹽，以電動攪拌器混合的同時慢慢倒入蛋白，混合均勻。
3. 加入糖粉，攪拌混合至質地柔軟滑順（**3**）。
4. 將步驟1加入步驟3，混合攪拌至粉末消失（**4a**）。待麵團整合成一團後，以保鮮膜包覆，放入冰箱冷藏固定（**4b**）。

蛋白糖衣

蛋白中慢慢加入糖粉，攪拌混合。不要打入太多空氣，請以慢速攪拌。

成形

1. 將麵包粉和帶皮杏仁粉混合後，鋪散在工作檯上，再放上麵團，以擀麵棍擀平麵團，厚度為1cm。擀麵的動作可使麵團和底部的粉類確實密合。
2. 麵團刷上蛋白糖衣後，靜置30分鐘至1小時。
3. 以星星模型壓切（**3a,3b**）。

烘烤

放入烤箱，以160℃烘烤20分鐘。

製作麵團

3
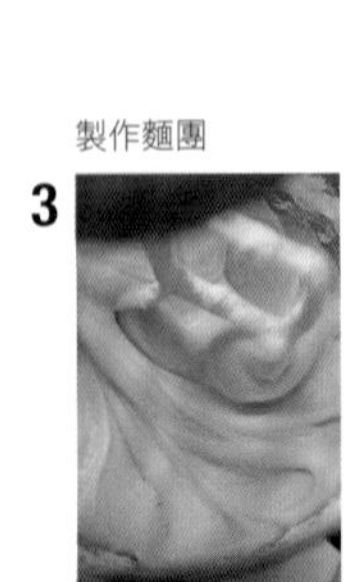

4a
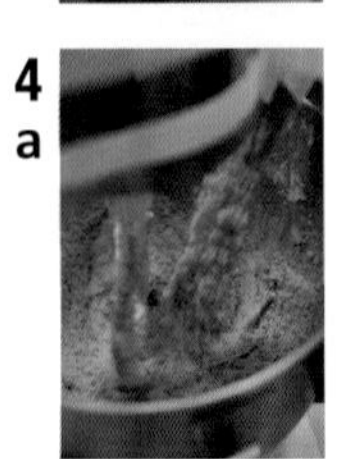

4b

成形

3a

3b
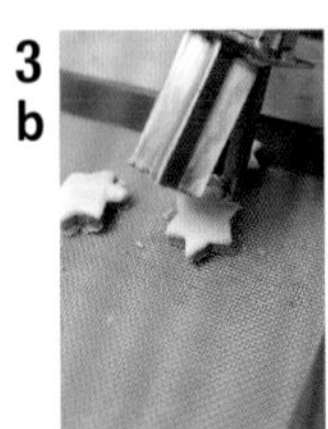

Heidesand

海德砂餅乾

雖然使用了焦化奶油，
但不會因此顏色變深，
是一款有著微微煙燻香的餅乾。

尺寸　1個15g 共42個

〔海德砂餅乾麵團〕（合計=631g）

奶油　Butter —— 200g

鹽　Salz —— 1g

現磨萊姆皮　geriebene Zitronenschale —— 1/2顆

香草籽　Vanilleschote —— 1/2根

糖粉　Puderzucker —— 150g

鮮奶油　Sahne —— 30g

低筋麵粉　Weizenmehl —— 250g

〔裝飾〕

砂糖　Zucker —— 適量

製作麵團

1　製作焦化奶油。奶油放入鍋中，加熱至奶油溶化，且顏色變成咖啡色即可。以斗笠形狀的濾網過濾後，液狀奶油以冰箱冷藏冷卻（**1**）。

2　在冷卻凝固的步驟**1**裡，加入鹽、現磨萊姆皮、香草籽，混合均勻（**2**）。

3　慢慢加入糖粉，混合均勻。

4　奶油變成乳霜狀後，加入鮮奶油，繼續攪拌至質地柔滑即可（**4**）。

5　加入低筋麵粉，變成稍微有硬度的麵團（**5**）。

6　以石蠟紙分別取1/2份量的麵團，揉成直徑3cm的棒狀，放入冷凍庫1小時以上，冷卻固定（**6**）。

成形

冰鎮過後的麵團放在裝在淺盆等容器內的砂糖上轉動，讓表面沾取砂糖。再切成每片5mm厚。

烘烤

放入烤箱，以180℃烤20分鐘。

製作麵團

1
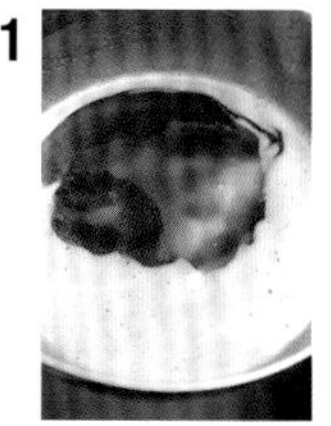

4
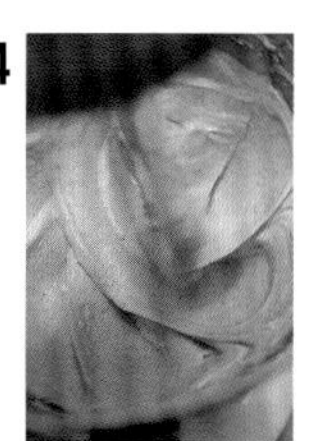

6
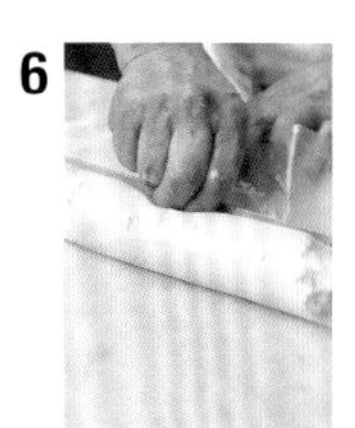

2

5

成形

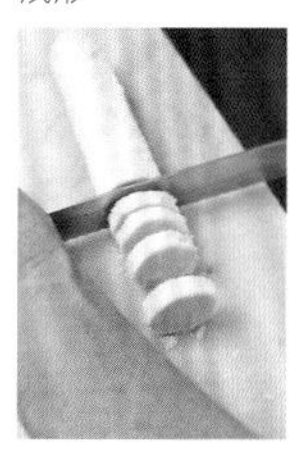

Makronli

小馬卡羅

以堅果、砂糖、蛋白
為基本材料所組合完成的
輕盈口感小點心。
加入巧克力碎片，畫龍點晴。

尺寸　1個15g 共35個

〔麵團〕（合計=530g）

蛋白　Eiweiß —— 65g

現磨萊姆皮　geriebene Zitronenschale —— 1/4顆

鹽　Salz —— 1g

糖粉　Puderzucker —— 150g

削成碎片的調溫巧克力
Kuvertüre, gerieben —— 100g

杏仁粉　Mandeln, gerieben —— 100g

榛果粉　Haselnüsse, gerieben —— 100g

融化奶油　Butter, flüssig —— 14g

準備

將榛果粉、杏仁粉、削成碎片的調溫巧克力放入攪拌盆中，混合均勻。

製作麵團

1. 蛋白和現磨萊姆皮、鹽混合備用。
2. 加入糖粉，以電動攪拌器打發起泡至顏色變白、質地膨鬆的狀態。
3. 將混合後的榛果粉、杏仁粉、削成碎片的調溫巧克力，加入步驟 **2** 裡（**3**）。
4. 融化後的奶油，以刮杓銜接的方式倒入攪拌盆內，拌勻(**4a**)。最後變成顆粒明顯的麵團(**4b**)。

成形

砂糖在淺盆裡撒散開來，把麵團分成每個 15g，以湯匙盛入淺盆中沾取砂糖。

烘烤

放入烤箱，以 180℃烤 25 分鐘。

製作麵團

3

4a

4b

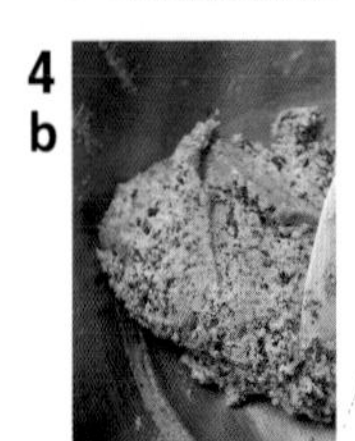

成形

Florentiner

佛羅倫斯餅乾

尺寸　1片10g 共70片

〔麵團〕（計=796g）

麥芽糖　Glukose —— 50g
蜂蜜　Honig —— 100g
鹽　Salz —— 1g
現磨萊姆皮　geriebene Zitronenschale —— 1/2顆
香草籽　Vanilleschote —— 1/2根
鮮奶油　Sahne —— 100g
砂糖　Zucker —— 150g
奶油　Butter —— 100g
杏仁片　Mandeln, gehobelt —— 250g
糖漬橙皮　Orangeat —— 25g
糖漬裝飾用櫻桃　Belegkirschen —— 20g

〔裝飾〕

調溫巧克力　Kuvertüre —— 適量

由當時來自義大利佛羅倫斯的
法國皇后——凱薩琳·德·麥地奇
（Catherine de Médicis）
所帶來的杏仁口味點心。
單純以焦糖堅果調味就很好吃，
再加上巧克力製作美味更佳。

製作麵團

2

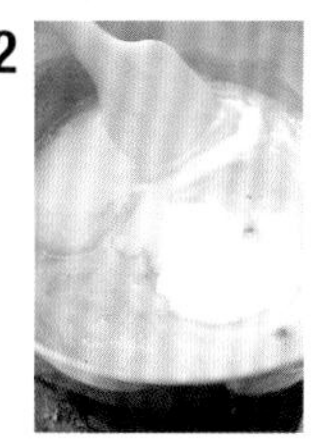

4

5

烘烤

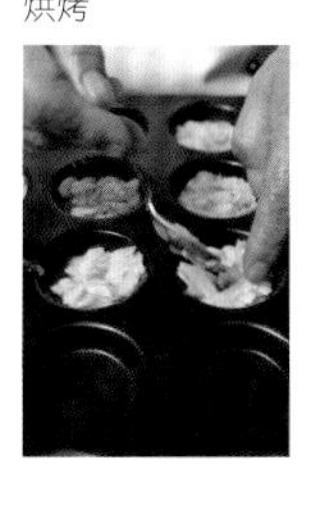

裝飾

製作麵團

1　將麥芽糖、蜂蜜、鹽、現磨萊姆皮、香草籽、鮮奶油放入鍋中，混合後加熱。
2　步驟**1**混和完成後，加入砂糖，仔細攪拌至糖融化，並持續加熱至沸騰（**2**）。
3　熄火後，加入奶油，利用餘熱使奶油融化。
4　等奶油完全融化後，再次點火，加熱至即將沸騰前，加入切碎的糖漬橙皮，混合均勻（**4**）。
5　步驟**4**裡加入杏仁片拌勻，持續加熱但注意不要讓顏色變深。混合均勻後即可熄火（**5**）。
6　稍微放涼散熱，等待產生黏度。

烘烤

在佛羅倫斯餅乾用的模型裡1片放10g麵團，放入烤箱，以180℃下火烤9分鐘，再加上上火續烤9分鐘。

裝飾

餅乾出爐冷卻後，在背面淋上融化的調溫巧克力，再以叉子劃出波浪線條，等待乾燥。

Bobbes

波波斯小蛋糕

以充滿奶油香氣馥郁的麵團，
包裹杏仁膏或果乾類後烘烤而成。
表面撒上滿滿的奶酥，
硬脆的口感別有一番風味。

尺寸　4cm寬共8個
（35cm×8cm×高4.5cm的模型）

〔波波斯麵團〕（合計=841g）
奶油 Butter —— 250g
糖粉 Puderzucker —— 150g
蛋黃 Eigelb —— 40g
低筋麵粉 Weizenmehl —— 400g
香草籽 Vanilleschote —— 1/2根
現磨萊姆皮 geriebene Zitronenschale —— 1/4顆
鹽 Salz —— 1g

〔內餡〕
杏仁膏底 Marzipanrohmasse —— 200g
茴香酒 Alak —— 4g
葡萄乾 Rosinen —— 80g
糖漬橙皮 Orangeat —— 50g

增加光澤度用的蛋黃 Eigelb —— 20g
奶酥（P.27）—— 200g

製作麵團　組合

1　2

2　3

3　4

製作麵團

1. 奶油打散軟化後，加入糖粉、香草籽、現磨萊姆皮、鹽拌勻，再加入蛋黃，全部攪拌均勻（**1**）。
2. 混合均勻後，倒入低筋麵粉，攪拌均勻（**2**）。
3. 全部拌勻後，揉成一個完整團塊，以保鮮膜包覆後，放入冰箱冷藏數小時休息（**3**）。

組合

1. 準備杏仁膏。茴香酒和杏仁膏底混合均勻後，整成長 30cm 的棒狀。
2. 將休息過的麵團擀成 35cm X 30cm 的橫長狀長方形（**2**）。
3. 在麵團上撒滿葡萄乾和糖漬橙皮。邊緣四周 1cm 的距離塗水，然後把步驟 **1** 的杏仁膏以麵團捲起成蛋糕捲狀（**3**）。
4. 放入模型中，表面刷上蛋黃後，鋪滿奶酥（**4**）。

烘烤

放入烤箱，以200℃烘烤1小時。

切開

等分切開，每塊4cm寬。

Hippenmasse Mandel
杏仁捲心酥

尺寸　1片8g 共30片

〔捲心酥麵團〕（合計=251g）

杏仁膏底 Marzipanrohmasse —— 75g

鹽 Salz —— 1g

香草籽 Vanilleschote —— 1/4根

蛋白 Eiweiß —— 90g

鮮奶油 Sahne —— 10g

糖粉 Puderzucker —— 50g

低筋麵粉 Weizenmehl —— 25g

〔裝飾〕

16等分杏仁顆粒 Mandeln, gehackt —— 250g

調溫巧克力 Kuvertüre —— 適量

以杏仁膏為基底的薄烤麵團製作而成，
出爐後質地柔軟。
可以捲起或整成圓形，
或作成各種可愛的形狀。

製作麵團

4

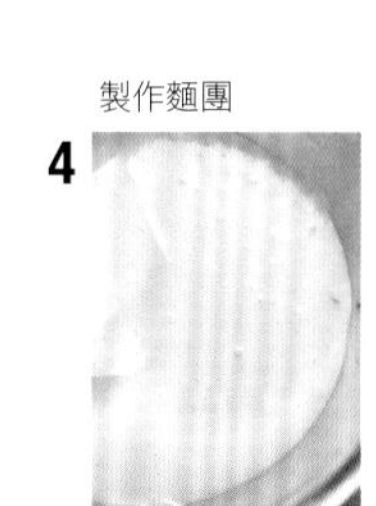

擠出

a b

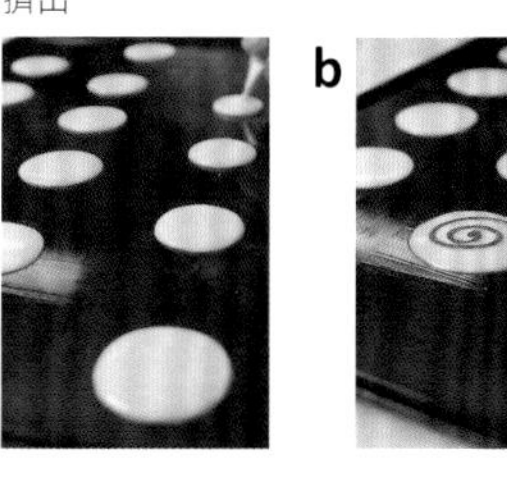

成形

1

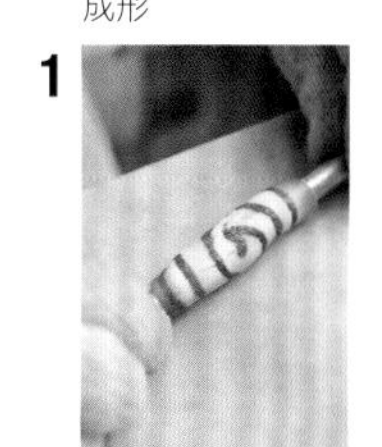

2

準備

在烤盤上薄塗一層奶油。捲心酥麵團不用烘焙紙，直接擠在烤盤上，使麵團自然延伸成圓形。

製作麵團

1. 將杏仁膏底、鹽、香草籽、蛋白放入攪拌盆裡，混合均勻。
2. 加入鮮奶油，攪拌均勻。
3. 加入糖粉，以慢速至中速，慢慢增加攪拌的次數，混合均勻。
4. 加入低筋麵粉，拌勻（**4**）。

擠出

將麵團裝入擠花袋裡，在準備好的烤盤上，擠出直徑5cm的圓形（**a**原味／**b**花紋）。

烘烤

放入烤箱，以200℃烘烤5至7分鐘。

成形（捲菸形）

1. 剛出爐的捲心酥仍很柔軟，趁熱以棒子將餅乾捲起，作成捲菸狀。
2. 巧克力口味也以同樣方式成形。

Hippenmasse Kakao

可可捲心酥

尺寸　1片8g 共30片

〔捲心酥麵團〕（合計=257g）

杏仁膏底 Marzipanrohmasse —— 75g

鹽 Salz —— 1g

蛋白 Eiweiß —— 90g

糖粉 Puderzucker —— 60g

低筋麵粉 Weizenmehl —— 20g

可可粉 Kakaopulver —— 10g

肉桂粉 Zimtpulver —— 1g

鮮奶油 Sahner —— 10g

在準備烤成薄片的
捲心酥麵團裡加入可可粉，
變化成另一種口味。
最後再以杏仁點綴邊緣。

擠出

a

b

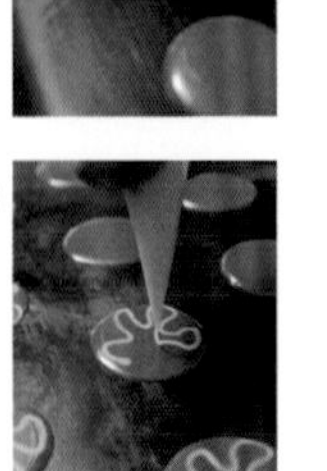

成形

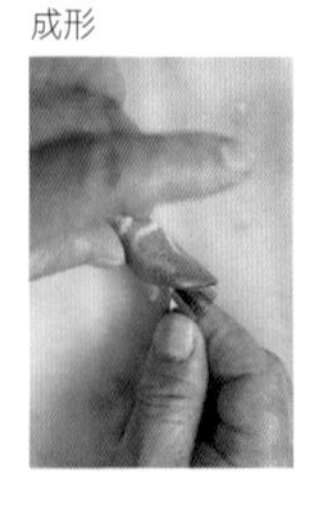

裝飾

準備

在烤盤上薄塗一層奶油。捲心酥麵團不用烘焙紙，直接擠在烤盤上，讓麵團自然延伸成圓形。

製作麵團

1. 將杏仁膏底、鹽、蛋白放入攪拌盆裡，混合均匀。
2. 加入鮮奶油，攪拌均匀。
3. 加入糖粉，混合均匀。
4. 混合低筋麵粉＋可可粉＋肉桂粉後，加入步驟 **3** 裡，攪拌均匀。

擠出

把麵團裝入擠花袋裡，在準備好的烤盤上擠出直徑5cm 的圓形（**a** 原味／ **b** 花紋）。

烘烤

放入烤箱，以 200℃烤 5 至 7 分鐘。

成形

趁餅乾出爐仍有溫度時，以花嘴協助捲成圓椎狀。

裝飾

以調溫巧克力和杏仁碎顆粒點綴。

Dochess

多榭餅乾

尺寸　1片8g2片一組 共30組

〔麵團〕（計=532g）

蛋白 Eiweiß —— 160g

糖粉 Puderzucker —— 200g

現磨萊姆皮 geriebene Zitronenschale —— 1/2顆

鹽 Salz —— 1g

香草籽 Vanilleschote —— 1/4根

低筋麵粉 Weizenmehl —— 35g

杏仁粉 Mandeln, gerieben —— 135g

肉桂粉 Zimtpulver —— 1g

〔內餡〕

調溫巧克力 Kuvertüre —— 適量

以蛋白麵團製作出的清爽口感。
在酥脆的餅乾之間，
夾入巧克力奶油醬。

製作麵團

2

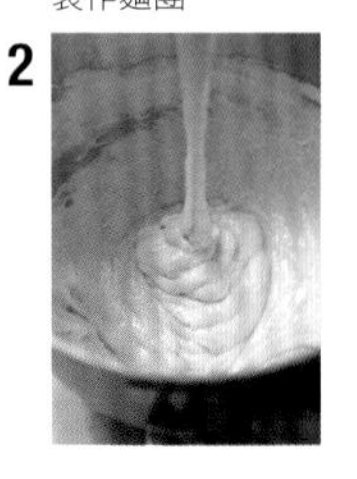

擠出

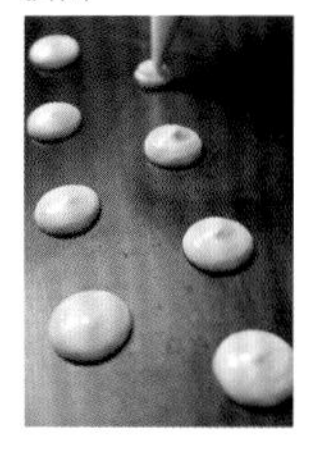

裝飾

1

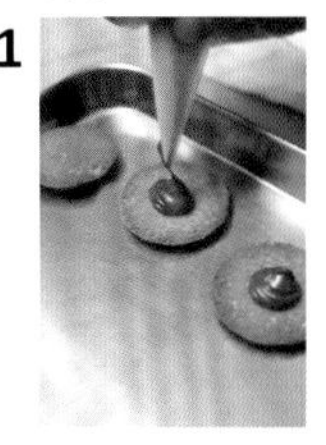

烘烤（烤2次後）

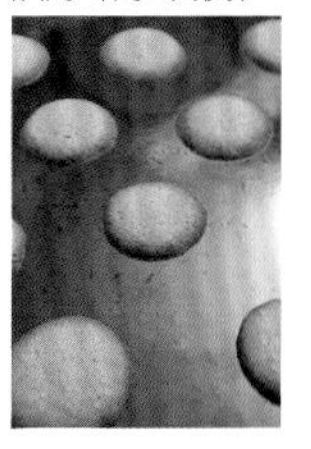

2

準備

在烤盤上薄塗一層奶油。捲心酥麵團不用烘焙紙，直接擠在烤盤上，讓麵團自然延伸成圓形。

製作麵團

1　將蛋白、現磨萊姆皮、鹽、香草籽、糖粉放入攪拌盆，打發成撈起後會呈現如緞帶般垂落的蛋白糖霜。

2　將低筋麵粉＋杏仁粉＋肉桂粉混合完成後，加入步驟**1**的蛋白混勻。製成輕柔軟綿的蛋白麵團（**2**）。

擠出

把麵團裝入擠花袋裡，在塗上奶油的烤盤上，擠出直徑3cm的圓形。

烘烤

放入烤箱，以200℃烘烤10分鐘，稍微散熱後，再以210℃烤3分鐘（烤2次）。

＊由於蛋白麵團中的麵粉含量較少，為防止蛋白造成口感過於黏牙，所以烘烤第2次，以蒸散水分，使餅乾口感保持酥脆。

裝飾

將融化後的調溫巧克力擠在一片的中間，再以另一片夾起作成夾心（**1**）。表面以擠出的巧克力細線作裝飾（**2**）。

Orangenhörnchen

橙香辮子餅乾

尺寸　30個

〔麵團〕

酥皮堤格麵團（P.25）——500g（250g×2片）

〔橙香杏仁膏底〕（合計=365g）

杏仁膏底　Marzipanrohmasse——75g

茴香酒　Alak——40g

蛋黃　Eigelb——50g

糖粉　Puderzucker——75g

糖漬橙皮　Orangeat——50g

杏仁粉　Mandeln, gerieben——75g

在酥皮堤格麵團（Blätterteig）上，
塗上滿滿糖漬橙皮的杏仁膏底後，
捲出辮子花樣。
製作成這一款香氣迷人的烤餅乾。

擀平麵團

把酥皮堤格麵團擀成3mm厚、30×40cm的長方形。切開成1/2量。

製作橙香杏仁膏底

1. 將杏仁膏底，加入茴香酒、糖漬橙皮放入攪拌盆，拌勻。
2. 加入蛋黃，混合均勻後，倒入糖粉，拌勻。
3. 加入杏仁粉，整體攪拌均勻（**3**）。

製作橙香杏仁膏底

3

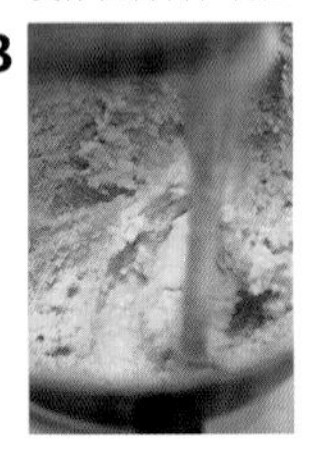

成形

1. 在酥皮堤格麵團上均勻塗抹橙香杏仁膏底（**1a**）。1片250g的酥皮搭配100g的杏仁膏底。疊上第2片酥皮，變成夾心。上方以擀麵棒滾動下壓，以確實密合（**1b**）。
2. 放入冷凍庫，冷藏固定。
3. 切成5mm寬的條狀（**3a**）。
扭轉麵團時，會稍微看見中間的杏仁膏底（**3b**）。扭整成像蝴蝶餅的樣子（**3c**）。
4. 撒上杏仁片（份量外）。也可以刷上蛋液後再撒杏仁片。但這個作法比較容易烤焦，要注意烤箱溫度。

成形

1a

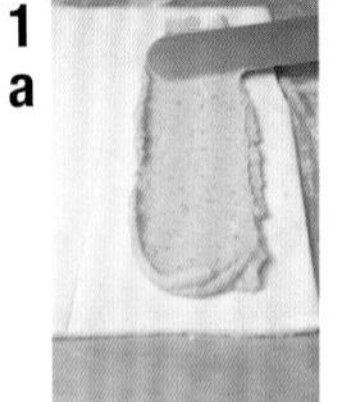

3a

1b

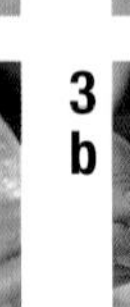

3b

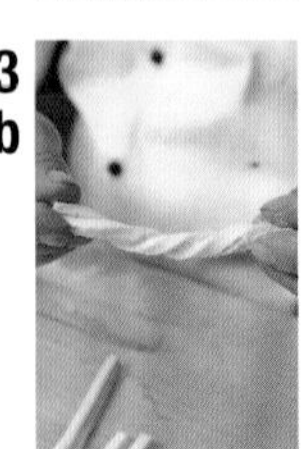

3c

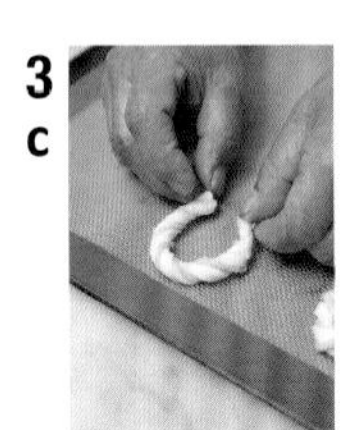

烘烤

放入烤箱，以200℃的下火烘烤15分鐘，再改以上火烤15分鐘。

Schweineohren

小豬耳朵餅乾

以酥皮堤格麵團作成的
小豬耳朵造型的餅乾。
據說以豬來命名的點心會帶來好運呢！

成形

4
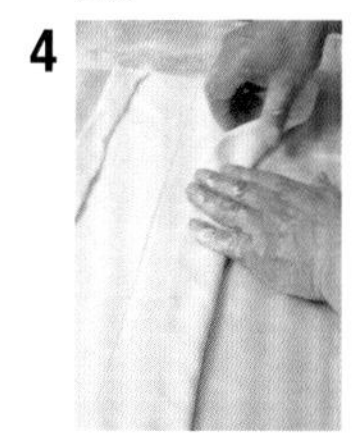

7
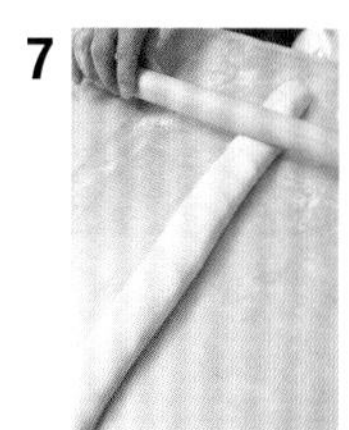

5
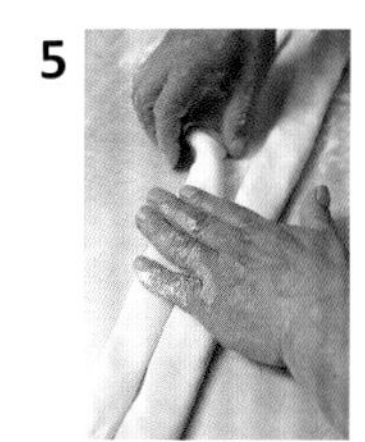

9
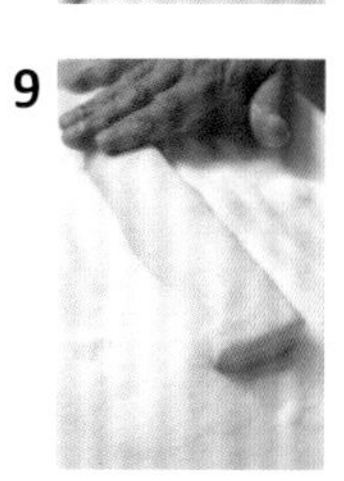

6
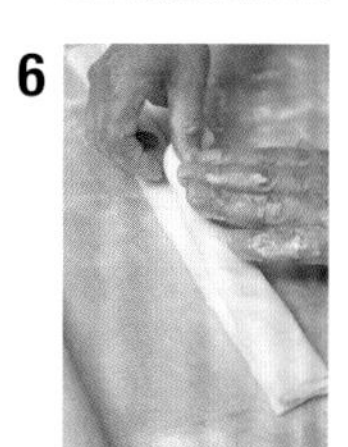

10
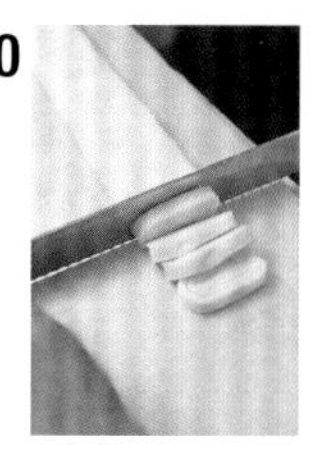

烘烤

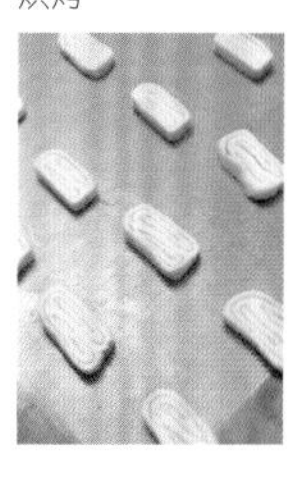

尺寸　50個
〔材料〕
酥皮堤格麵團（P.25）——500g
砂糖　Zucker——50g

成形

1. 酥皮堤格麵團擀成厚度3mm、30×40cm的長方形。
2. 撒上手粉後，在麵團表面撒上50g砂糖。
3. 將麵團的長邊轉成上下側，在中心線以刀子橫畫一道。
4. 上下的長邊各自向中心線內摺1.5cm（**4**）。
5. 摺好後在中央處留有3mm的空隙（**5**）。
6. 在中央處刷上水分，再以中央為內側，將上下側摺疊的麵團重疊起來（**6**）。
7. 從上方用擀麵棒下壓，使摺層能密合，調整形狀（**7**）。
8. 放入冷凍，冰鎮固定。
9. 表面撒上砂糖（**9**）。
10. 10切成每片厚度7mm（1片8g）。

烘烤

放入烤箱，以200℃下火烘烤10分鐘，再以上火烤10至15分鐘。

風靡日本的德國甜點

正式將德國甜點的製作技術帶進日本，是一位名Karl Juchheim的德國人。在1915年正臨第一次世界大戰時，Karl成為日軍的俘虜，從中國的青島被帶到日本。當時總共有4791名德國戰俘被送到日本十二個地區的收容所安置。1919年3月4日至12日，於廣島縣物產陳列館（現在的原爆紀念館）舉辦德國軍俘的作品展時，Karl的年輪蛋糕一推出即銷售一空，相當熱賣。於是他知道德國甜點符合日本人的喜好，便放棄回到青島甚至遠行美國的夢想，留在日本扎根。1920年1月，Karl Juchheim從戰俘的身分解放，於東京銀座的明治屋咖啡館Café Europe擔任2年的點心主廚。1922年3月7日，於橫濱開設了一家自己的咖啡糕餅舖。1923年9月1日，發生了關東大地震，店鋪受震災損毀，Karl搭乘逃難船遷移至神戶。便於1923年12月1日成立了神戶本店。Karl負責烘烤年輪蛋糕，妻子Elise則負責招待客人、店舗經營。神戶本店大受神戶人的喜愛，遠近馳名。谷崎潤一郎也曾於《細雪》一書中曾提及，儼然成為了神戶當地的名店。在90年代以前的日本，能夠成立一家外國正統菓子咖啡店的德國人，就只有Karl和Elise夫妻兩人。

Karl的父親在德國一處名為Kaub am Rhien的貧窮村莊經營一家小啤酒廠。Karl出生於1886年12月25日（聖誕節），是Juchheim家的第十個小孩。成為糕點師傅的夢想是他從小到大的夢想。身高180公分的Karl，不但成為了製作年輪蛋糕的名人，同時也是擁有優異指尖觸感，並可靈敏地使用器具（Fingerspitzengefühl）的專業甜點廚師。製作糕點時，他秉持著「每一片都來自於專業的巧手」（Stück für Stück von Meisterhand）用心製作每一片給顧客品嘗的蛋糕。

他也說過，完成美味點心的必要條件，就是必需使用好的食材。「純正的材料正是美味的祕訣」（Exquisiter Geschmack durch feinste Zutaten.）是Karl堅持的信念，他認為食品的基礎應該是「吃到大自然之味」。

Karl Juchheim的名言錄還包括了「甜點是神」、「好吃的東西無論對誰來說都好吃。想必是神的安排吧！」、「對我而言，甜點就是神。那麼，我必須認真完成」這就是他的風格。

Juchheim夫妻在日本能夠成功，其來有自。正是因為他們歷經了困窮、戰爭、地震、子女死別，歷經了難以想像的辛酸過程。有著博愛精神及體貼他人的善意，相信日本人，善待日本的員工，更將祕方以科學的方式傳承下來。

在專業人士眼中，以OJT（on-the-job training，在職訓練）為主。當師傅說道：「凝事，站在旁邊看！」而徒弟便暗中偷學師傅的技巧知識，並默默地牢記下來。

然而，Karl卻不認為他的技術需要「被竊取」，反而希望能以科學的方式傳遞。他非常珍惜「研究」和「熱情」。他說鍋具一定要保持乾淨，而操作者也要每天洗澡，指甲每三天修剪一次。

Karl最為人知的成就，就是首次在日本烘烤出德國著名的年輪蛋糕。年輪蛋糕的作法是讓木棒在轉動的同時淋上麵團，直接在熱源上烘烤。這樣的烘烤方式可以追溯至人類文明的起源。在採集狩獵的時代，會以木棒穿過捕捉到的獵物，一邊旋轉，一邊燒烤。這個作法一直流傳至今，是相當寶貴的技術。BAUM=樹的KUCHEN＝蛋糕，年輪蛋糕的命名約在300年前就出現了。Karl說年輪蛋糕的命名由來，就像日本的「竹輪」一樣，是以木棒穿過食材，旋轉烘烤而成的食物。

Karl Juchheim的糕點技術，由田村末二郎、山口政榮、川村勇等三位愛徒所傳承，再間接傳給井上讓二、山田茂。如今由Karl的第三代弟子——安藤明，認證延續，並由日本柴田書店發行此本德國甜點的專業書籍。安藤明先生於1978年就讀德國沃爾芬比特爾（Wolfenbüttel）專業學校（Meisterschule），取得德國甜點專業資格証書Meister Briefs，成為神戶市專業糕點師傅，並榮獲日本厚生勞動省受賞榮譽「現代的名工（技術卓越的專業達人）」，成為代表日本甜點精湛技術的大師。所謂的職人，就是領域的專家，並能熟知一切，而且工作是以雙手、擁有「人」才能完成的精湛功夫。安藤先生正是一名優秀的職人。

製作甜點是一項幸福的產業。透過西式點心，使生活獲得滋潤及滿足。希望藉由西式點心帶來嶄新生活型態，創造出不一樣的生活文化。本書的出版，相關人士及我個人都感到相當興奮，欣喜若狂地迎接這一天的到來。希望您能夠透過本書，慢慢咀爵出Karl Juchheim所說的「甜點是神」的真義。同時，若能藉由本書讓更多人品嚐到職人安藤明先生在本書中所傳達的德國甜點精髓之味，更是我無上的光榮與幸福。

2012年8月
株式会社Juchheim
負責人 河本 武

烘焙良品 61

德國食尚甜點聖經

14堂必學麵團基本功×82款德國傳統甜點

技術監修／安藤 明
譯者／丁廣貞
發行人／詹慶和
總編輯／蔡麗玲
執行編輯／李佳穎
編輯／蔡毓玲・劉蕙寧・黃璟安・陳姿伶
李宛真
封面設計／韓欣恬
美術編輯／陳麗娜・周盈汝・韓欣恬
內頁排版／韓欣恬
出版者／良品文化館
郵政劃撥帳號／18225950
戶名／雅書堂文化事業有限公司
地址／220新北市板橋區板新路206號3樓
電子信箱／elegant.books@msa.hinet.net
電話／(02)8952-4078
傳真／(02)8952-4084

2016年12月初版一刷　定價 1200元

總經銷／朝日文化事業有限公司
進退貨地址／235新北市中和市橋安街15巷1號7樓
電話／02-2249-7714
傳真／02-2249-8715

國家圖書館出版品預行編目(CIP)資料

德國食尚甜點聖經：14堂必學麵團基本功×82款德國傳統甜點 / 技術監修　安藤 明；丁廣貞譯.
-- 初版. -- 新北市：良品文化館, 2016.12
面；　公分. -- (烘焙良品；61)
ISBN 978-986-5724-87-0(精裝)

1.點心食譜

427.16　　105021811

staff

攝影／大山裕平
設計／ohmae-d（中川 純）
編輯／浅井裕子
協助／株式会社JUCHHEIM
參考文獻／＊'Das Konditorbuch in Lernfeldern' von Josef Loderbauer Dr. Felix Büchner ／ Handwerk und Technik 2009
＊《甜點們的指標》熊崎賢三著／合同酒精株式会社製菓研究室 1992